機械材料實驗

陳長有、許禎祥、許振聲、陳伯宜、楊棟賢　編著

全華圖書股份有限公司

編輯大意

　　本書係由機械工程實驗(一)材料實驗改編而成，除了供一般大學院校之教學外，亦可做為工程從業人員參考之用。本書共分為十六章，具備下列五項特色：

1. 條理清楚，每章之實驗目的、實驗設備、實驗原理、實驗方法等井然有序。

2. 說明簡潔扼要，無太艱深的理論及太繁複的說明，學生對於每項實驗重點均可一目了然。

3. 圖片及參考資料齊全，教師教學方便，學生學習容易。

4. 每章均附有實驗表格，引導學生做實驗及整理數據。

5. 每章問題討論，使學生對整個實驗能有更深入的了解。

　　根據教育部的建議，在一學期中，至少需做八個單元項目之試驗，除了拉伸、硬度、衝擊、火花、金相組織及非破壞檢驗為必做的試驗外，其他二項應做疲勞及熱處理試驗。因運轉中之機件，十之八九都是由於疲勞而損壞，此項試驗可以讓同學充分了解疲勞的整個意義和過程。另外熱處理可以配合硬度、衝擊、金相組織等試驗來做，讓同學了解不同熱處理方式，其各種機械性質和組織的變化，為一重要的試驗。

　　編者才疏學淺，難免有疏漏之處，尚祈專家和讀者惠予指正，不勝感激。

編者謹識虎尾科技大學材料系

編輯部序

「系統編輯」是我們的編輯方針,我們所提供給您的,絕不是一本書,而是關於這門學問的所有知識,它們由淺入深,循序漸進。

本書係由機械工程實驗(一)材料實驗改編而成,原作者於虎尾科技大學任教此課程多年,學生的學習效果非常良好。書中各章均按實驗目的、設備、原理、實驗方法等編排,讓學生按步就班的進行,此外書中之圖及參考資料相當齊全,不但方便教師教學且學生在學習上也非常容易。最後,在每章中提供的實驗表格,可引導學生做實驗及整理的數據。

同時,為了使您能有系統且循序漸進研習機械方面的叢書,我們以流程圖的方式,列出各有關圖書的閱讀順序,以減少您研習此門學問的摸索時間,並能對這門學問有完整的知識。若您在這方面有任何問題,歡迎來函連繫,我們將竭誠為您服務。

相關叢書介紹

書號：0330072
書名：工程材料學(精裝本)
　　　(修訂二版)
編著：楊榮顯
16K/512 頁/550 元

書號：05931
書名：工程材料科學
編著：洪敏雄.王木琴.許志雄.蔡明雄
　　　呂英治.方冠榮.盧陽明
16K/544 頁/550 元

書號：0561502
書名：工程材料科學(新版)
編著：劉國雄.鄭晃忠.李勝隆
　　　林樹均.葉均蔚
16K/824 頁/750 元

書號：0350703
書名：非破壞檢測(第四版)
編著：陳永增.鄧惠源
20K/376 頁/450 元

書號：0197901
書名：材料工程實驗與原理
　　　(修訂版)
編著：林樹均.葉均蔚
　　　劉增豐.李勝隆
20K/768 頁/500 元

書號：0552403
書名：金屬材料對照手冊
　　　(含各國標準)(第四版)
編著：理工科技顧問有限公司
　　　張印本.楊良太.徐沛麒
　　　簡汶彬
橫 16/1048 頁/900 元

書號：0268701
書名：物理冶金(第三版)(修訂版)
英譯：劉偉隆.林淳杰
　　　曾春風.陳文照
16K/1048 頁/790 元

◎上列書價若有變動，請
以最新定價為準。

流程圖

書號：0253301 書名：機械材料學 　　　(修訂版) 編著：劉國雄.林樹均 　　　李勝隆.鄭晃忠 　　　葉均蔚	書號：0552403 書名：金屬材料對照手冊 　　　(含各國標準)(第四版) 編著：理工科技顧問有限公司 　　　張印本.楊良太.徐沛麒 　　　簡汶彬	
書號：05615 書名：工程材料科學(新版) 編著：劉國雄.鄭晃忠 　　　李勝隆.林樹均 　　　葉均蔚	書號：0157702 書名：機械材料實驗(第三版) 編著：陳長有.許禎祥 　　　許振聲.陳伯宜	書號：0350703 書名：非破壞檢測(第四版) 編著：陳永增.鄧惠源
書號：0330072 書名：工程材料學 　　　(精裝本)(修訂二版) 編著：楊榮顯	書號：0197901 書名：材料工程實驗與原理 　　　(修訂版) 編著：林樹均.葉均蔚 　　　劉增豐.李勝隆	書號：0268701 書名：物理冶金(第三版) 　　　(修訂版) 英譯：劉偉隆.林淳杰 　　　曾春風.陳文照

CHWA TECHNOLOGY

目次

第 1 章　材料試驗簡介

第 2 章　拉伸試驗

第 3 章　壓縮試驗

第 4 章　抗折與彎曲試驗

第 5 章　剪斷試驗

第 6 章　衝擊試驗

第 9 章　　維氏硬度試驗

第10章　蕭氏硬度試驗

第11章　疲勞試驗

第 12 章　火花試驗

第 13 章　磨耗試驗

第 14 章　金相組織試驗

第 15 章　碳鋼的熱處理實驗

第 16 章　非破壞試驗

附　錄

1 材料試驗簡介

1-1 材料試驗的意義及目的

　　材料試驗(Materials testing)係指利用各種試驗儀器進行對材料的測試與檢驗，以期獲知工程材料之特性，並進而測定出可以描述此種特性的參數。機械性質之測試項目中有拉伸、硬度、衝擊、疲勞等重要的材料試驗，工程人員藉著這些方法，直接從事測試，而得到第一手有關材料特性以及各種強度、硬度、衝擊值、疲勞強度等數值。

　　材料試驗是研究發展新材料、設計開發新機件過程中不可或缺的一部分，亦是機械製造過程要維持產品品質之重要工具。材料試驗之目的可廣義地陳述爲對於工程材料應用生產中，在於確定產品品質是否符合特定之規範，並作爲品質管制之依據。若更明確來說，材料試驗目的可說明如下：

1. 驗證材料受機械行爲後之反應，進而證明材料力學上之原理。
2. 材料試驗所得到的各種性質參數可作爲設計之根據。
3. 購置原料時可依據材料抽樣試驗結果，以審核原料品質。
4. 工廠可做爲品質管制之用使產品符合需求之標準。
5. 研究與發展新材料時，可經由材料試驗之執行，獲得有關且必要之材料基本特性。

1-2 材料試驗分類

　　有關材料試驗方法很多，程度深淺不一，一般可以分別利用機械、物理與化學等原理進行，茲說明如下：

1. **機械式試驗**

利用機械方式加外力於試件上，以獲知材料受外加應力時其形狀改變的特性。有關這類試驗諸如拉伸、硬度、衝擊、疲勞、壓縮、彎曲、剪斷、磨耗等等。這類試驗簡稱為材料機械性質的測試，亦為現階段材料試驗的主要部分。

2. **物理式試驗**

利用光學、熱學、電學、聲學等物理原理來判定材料之種種物理特性，這類試驗有金相試驗(含光學顯微鏡與電子顯微鏡觀察)、X 光繞射試驗、彈性係數、比熱、導電係數、導熱係數等等，本書中僅介紹光學顯微鏡之金相試驗。

3. **化學式試驗**

係用來分析材料所含之化學成分或抵抗化學反應的特性。化學成分的滴定試驗，材料之抗腐蝕性能之測試、測驗電鍍表面品質之鹽霧試驗，亦可歸在此類試驗中。

然而，若再將工程材料試驗方法依破壞程度區分，可分為破壞性、局部破壞性、非破壞性等三大類，概由下列表中分述之。

(1) 破壞性試驗
- 靜態試驗：拉伸、彎曲、壓縮、剪斷、扭轉、潛變等試驗
- 動態試驗：衝擊、疲勞、破壞韌性等試驗
- 其他工業試驗：磨耗、銲接、切削等試驗

(2) 局部破壞性試驗
- 硬度試驗：壓痕、反跳、刮痕等硬度試驗
- 火花試驗

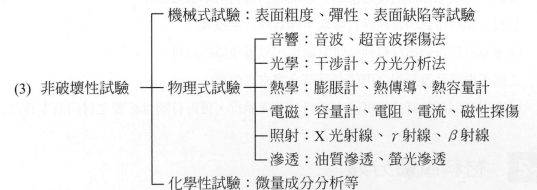

(3) 非破壞性試驗
- 機械式試驗：表面粗度、彈性、表面缺陷等試驗
- 物理式試驗
  - 音響：音波、超音波探傷法
  - 光學：干涉計、分光分析法
  - 熱學：膨脹計、熱傳導、熱容量計
  - 電磁：容量計、電阻、電流、磁性探傷
  - 照射：X 光射線、γ 射線、β 射線
  - 滲透：油質滲透、螢光滲透
- 化學性試驗：微量成分分析等

材料試驗方法眾多，本書目標為大專工科學校材料試驗使用，參酌課程標準，全書僅列出十二種試驗項目，如拉伸、壓縮、彎曲、剪斷、衝擊、硬度、疲勞、火花、磨耗、金相、碳鋼熱處理、非破壞性等，可讓教師與學習者充分參考應用。

1-3　材料試驗規範

　　材料試驗規範是當材料試驗時，用來作為依據的統一準則，規範中通常皆包括有試片型式與大小、試驗基本原理、試驗時注意事項及試驗程序等。目前國內於工程材料測試中，參照之規範亦未統一，但不外乎有下列幾種。

1. 中華民國國家標準(Chinese National Standards，CNS)。
2. 美國材料試驗學會(American Society for Testing and Materials，ASTM)。
3. 美國鋼鐵學會(American Iron & Steel Institute，AISI)。
4. 日本工業標準(Japanese Industrial Standards，JIS)。
5. 美國汽車工程學會(Society of Automotive Engineering，SAE)。
6. ISO 國際標準化組織(International Organization for Standardization)。

　　除了以上介紹六種外，如英國國家標準(BS)，德國工業標準(DIN)也是有名的標準規範，規範自 1902 年創立發行以來，已為全世界廣泛採用。一般工科圖書館中便可查到 ASTM 規範規定之資料，例如拉伸試驗規範，在 ASTM 編號為 A370 者，即為這類試驗規範。

1-4　材料試驗課程之準備與進行

　　要使材料試驗教學成效提高，教師、技術員與學員皆需要有充分準備始可達到。這裡提供幾點參考：

1. 工作分配

　　試驗前將學生分成若干小組，每組人數視設備多寡及空間大小而定，一般以 3～6 人為宜，每小組中成員皆須輪流操作、執行各項任務，例如一組 3 人的試驗工作分配如下：

(1) 實驗數據記錄員：記錄所有數據並擔任小組長任務，負責指揮試驗之進行。

(2) 儀器操作員：先得熟練儀器操作程序，負責操作試驗儀器。

(3) 觀察員：負責核對儀表、讀取數據以供記錄，並注意儀器操作之安全性，以防止負荷過量或不良操作方法。

2. **試驗原理之瞭解**

    試驗中所應用之原理必須瞭解，若利用到材料力學之原理，學員必須加以熟習之。

3. **儀器善加使用**

    儀器之操作必須正確瞭解並注意其性能。同時材料試驗儀器皆為貴重儀器，進行實驗時必須愛惜使用，若有任何疑問得馬上報告指導教師或技術員，絕不可擅自嘗試，以免發生意外。

4. **仔細觀察**

    材料試驗皆採直接試驗，必須仔細觀察試驗過程並詳載獲得數據，並且仔細觀察試片形狀的改變。

5. **撰寫試驗報告**

    報告型式可參照本書附錄一所規定內容繕寫，一般各校皆備有實驗報告紙，其格式大同小異，但內容最好依照本書介紹之必須包括部分整理。

2 拉伸試驗

2-1 實驗目的

　　了解應用於棒、板、管、型和絲材等冶金產品的檢驗材料受到拉力時，材料在彈性範圍及塑性範圍內抵抗伸長變形的能力及斷裂的特性。並且從試驗中測定比例限、彈性限、彈性係數、降伏強度、抗拉強度、破斷強度、伸長率、斷面縮率等數種材料機械性質參數，以做為工程設計的參考或研究發展的基本數據。

2-2 使用規範

1.　CNS 9470　B6076　拉伸試驗機 Tensile testing machines
2.　CNS 9471　B7211　拉伸試驗機檢驗法 Method of test for tensile testing machines
3.　CNS 2111　G2013　金屬材料拉伸試驗法 Method of tensile test for metallic materials
4.　CNS 2112　G2014　金屬材料拉伸試驗試片 Test pieces of tensile test for metallic materials

2-3　實驗設備

1.　油壓式萬能試驗機(Universal testing machine)，如圖 2-1 所示，其構造原理如圖 2-2 所示。將油壓泵設置於計測機下面內部油槽中，由此流出的油送到試驗機工作台下方的油壓缸中，使滑塊上升。上部夾頭與工作台連接，隨著滑塊的移動，與工作台一體昇降。下部夾頭則藉著減速機、鏈條、螺桿等電氣驅動系統而昇降，所以在負荷中下部夾頭保持靜止不動。在上部夾頭與下部夾頭之間可以進行拉伸試驗，在下部夾頭與工作台之間則可以進行壓縮、彎曲、抗折及剪斷試驗。

2.　伸長計(Extensometer)，如圖 2-3 所示。

3.　標點分割機(Dividing machine for test bars)，如圖 2-4 所示。

4.　游標卡尺(Vernier caliper)，分厘卡(Micrometer)。

5.　V 型及平面夾塊。

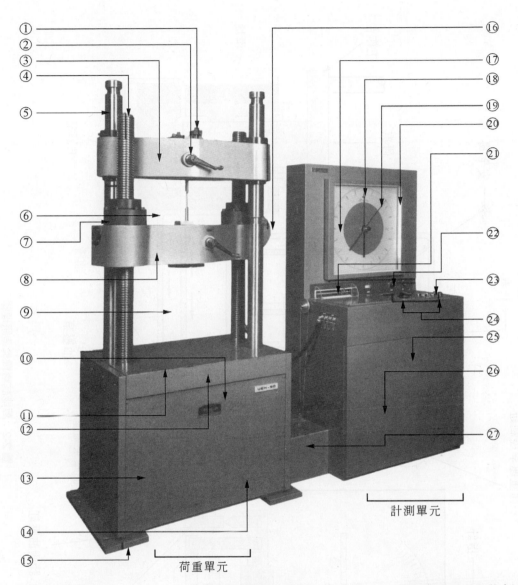

荷重單元

計測單元

① 上夾頭襯墊   ⑩ 負荷修正裝置   ⑲ 最大負荷指針(紅色)
② 固定把手   ⑪ 工作台面護墊   ⑳ 照明燈
③ 上夾頭   ⑫ 工作台   ㉑ 自動記錄器
④ 下夾頭昇降導桿   ⑬ 護蓋   ㉒ 荷重選擇鈕
⑤ 上夾頭施力柱   ⑭ 滑塊油壓缸(內部)   ㉓ 下夾頭移動按鈕
⑥ 拉伸試驗空間   ⑮ 底座   ㉔ 控制面板
⑦ 齒隙減震器   ⑯ 下夾頭移動馬達   ㉕ 箱蓋
⑧ 下夾頭   ⑰ 刻度盤   ㉖ 高速油壓泵(內部)
⑨ 壓縮、彎曲試驗空間   ⑱ 負荷指針(黑色)   ㉗ 管線蓋

圖 2-1 油壓式萬能試驗機

CH 2

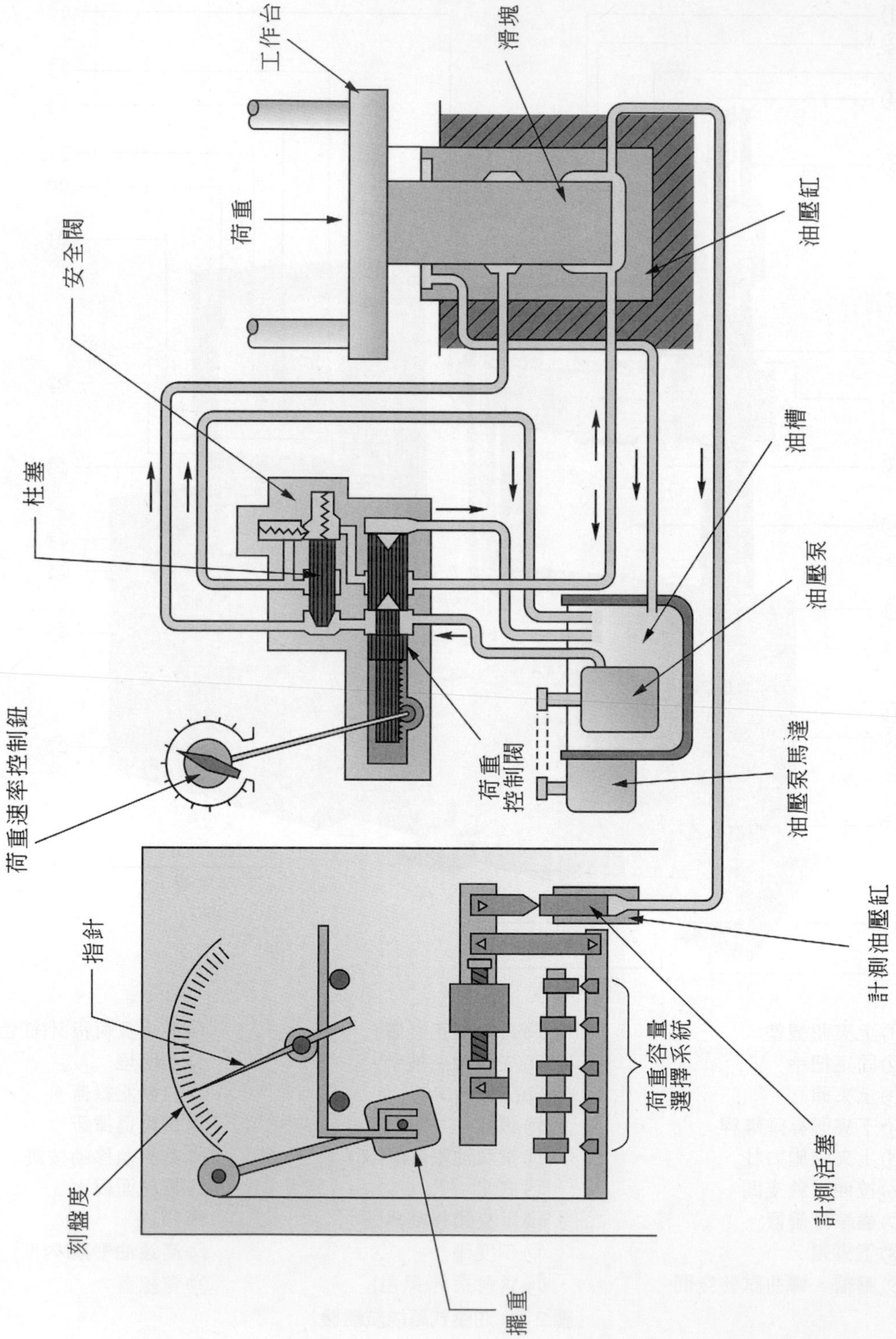

工作台

滑塊

油壓缸

荷重

安全閥

柱塞

油槽

油壓泵

荷重速率控制鈕

荷重控制閥

油壓泵馬達

指針

計測油壓缸

刻盤度

荷重容量選擇系統

計測活塞

擺重

圖 2-2　萬能試驗機構造原理圖

圖 2-3　伸長計

圖 2-4　標點分割機

2-4　實驗原理

將試桿裝在萬能試驗機夾頭上，然後打開油壓系統施以荷重，則隨著荷重的增加，試桿會逐漸伸長，經過儀器自動的繪圖記錄，可得如圖 2-5 所示的荷重─伸長量曲線，由圖上我們可以得到以下各種的數據和資料。

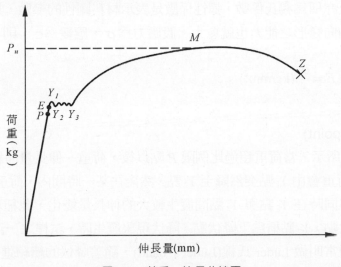
圖 2-5　荷重─伸長曲線圖

1. **比例限(Proportional limit)**

　　此為材料能維持荷重與伸長量成正比關係的最大應力。從圖 2-5 中，我們可看出當荷重在 P 點以下時，荷重與伸長量成正比關係。在比例限內，荷重與伸長量係依虎克定律而變化。此 P 點之荷重 P_P 除以試桿原斷面積 A_O 所得之值稱之為比例限。

$$比例限 = \frac{P_P}{A_O}\,(\text{kg/mm}^2)$$

2. **彈性限(Elastic limit)**

　　此為材料所能承受拉力而不呈現永久變形之最大應力。如圖 2-5 曲線所示，當荷重不超過 E 點，則荷重除去後，試桿仍會恢復原狀，亦即無永久變形之發生。此種受到 E 點以下的荷重時所發生的變形稱為彈性變形；E 點的荷重 P_E 除以試桿的原斷面積 A_O 所得之值稱之為彈性限。

$$彈性限 = \frac{P_E}{A_O}\,(\text{kg/mm}^2)$$

　　材料之彈性限，在工程設計上是一重要的參數，但由於量測不易，故常以降伏強度來代替彈性限。

3. **彈性係數(Modulus of elasticity)**

　　彈性係數亦稱為楊氏係數，彈性係數是表示材料剛性的參數，其值愈高則材料愈堅韌，抵抗軸向變形之能力也就愈大。設應力為 σ，應變為 $\in$，則：

$$彈性係數 E = \frac{\sigma}{\in}\,(\text{kg/mm}^2)$$

4. **降伏點(Yield point)**

　　如圖 2-5 所示，當荷重超過比例限 P 點以後，荷重—伸長量曲線不再成正比，而過了 Y_1 點，荷重會由 Y_1 點突然降至 Y_2 點，然後在某一時間內，荷重在 Y_2 點附近上下變動，試桿亦同時在 Y_2 點與 Y_3 點間發生較大的伸長量變化，此種現象稱為降伏，Y_1 點稱為上降伏點，Y_2 點稱為下降伏點。降伏現象發生時，試桿之一部分會出現塑性變形之區域，通常叫做 Lüder 氏線(Lüder's band)，隨著降伏的繼續進行，此 Band 會逐漸擴展，到達 Y_3 點時，此 Band 擴展到試片全面，降伏現象亦隨之結束，然後試桿開始進入應變硬化區域。降伏之產生乃因原子平面的滑動所造成，此時差排脫離 C、N 等不純物所產生的應力場，開始移動而產生塑性變形，故發生降伏現象。

5. **降伏強度**(Yield strength)

　　降伏點的荷重除以試桿原來的斷面積稱為降伏強度。由於 Y_2 與 Y_3 間的荷重不穩定，通常以上降伏點 Y_1 點之荷重 P_{Y_1} 除以試桿之原斷面積 A_O，代表材料之降伏強度。

$$降伏強度\ \sigma_Y = \frac{P_{Y_1}}{A_O}\ (\text{kg/mm}^2)$$

　　降伏點僅在未受硬化，熱作過的鋼料及少數非鐵合金上發生，至於大多數的金屬材料，在荷重—伸長量曲線上並無明顯的降伏點，此時降伏強度可以由以下三種方法求得：

(1) 指針暫停法：當儀表上的荷重指針第一次暫停時，讀取荷重，以此荷重除以試桿之原斷面積 A_O，即為降伏強度。

(2) 0.2%橫距法(Off-set yield strength method)：此法採用試桿的永久變形(伸長量)達到某一預定數值的應力做為降伏強度。永久變形伸長量通常是取標距長度的 0.2%，如圖 2-6(a)所示，從 M 點繪一與彈性比例直線 OA 平行之直線 MB，與荷重—伸長量曲線交於 Y 點，以此點之應力做為降伏點，則：

$$降伏強度\ \sigma_Y = \frac{P_Y}{A_O}\ (\text{kg/mm}^2)$$

　　降伏強度，亦可以由應力—應變圖上求得，如圖 2-6(b)所示。

　　假定試桿標距為 100 mm，則 0.2%變形量為 0.2 mm，此值太小，根本無法在一般未經放大的荷重—伸長量曲線上畫平行線，所以要以 0.2%橫距法求降伏強度，必須先在試桿上裝置伸長計，然後再經過放大器將圖形放大數十乃至數千倍，才有辦法求得降伏強度，如圖 2-7 所示。

(3) 0.5%全應變法：此為 ASTM 之規定，如圖 2-6(c)所示，在全應變的 0.5%處，即 M 點繪一垂直線 MB 與曲線交於 Y 點，則 Y 點的應力 σ_Y 即為降伏強度。

　　以上三種方法以第二種較準確，亦廣為大家所接受。

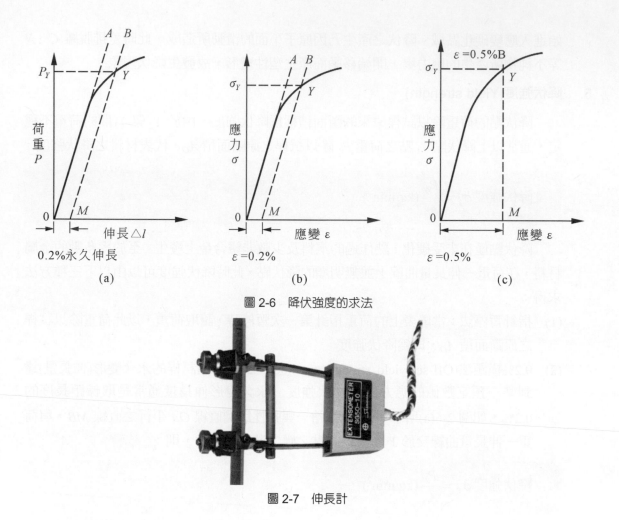

圖 2-6　降伏強度的求法

圖 2-7　伸長計

6. **抗拉強度**(Tensile strength)

　　試桿在測試過程中所能承受的最大荷重除以其原斷面積之值，稱為抗拉強度，一般又稱為極限強度(Ultimate tensile strength)：

$$抗拉強度\ \sigma_u = \frac{P_u}{A_O}\ (\text{kg/mm}^2)$$

　　如圖 2-5 所示，M 點即為最大荷重所在，過 M 點材料開始頸縮，荷重亦隨之下降。

7. **破斷強度(Breaking strength)**

材料破斷時之荷重除以原斷面積之值稱為破斷強度。

$$破斷強度\ \sigma_F = \frac{P_F}{A_O}\ (\text{kg/mm}^2)$$

如圖 2-5 所示，荷重過 M 點以後開始下降，直至破斷為止，Z 點即為破斷點。

8. **伸長率(Percentage of elongation)**

試桿破斷後，將兩斷口接合，量取標距長 L_f，則破斷後標距 L_f 減去原來標距 L_0，再除以原來標距 L_0，所得之值以百分率表示，稱為伸長率。

$$伸長率 = \frac{L_f - L_0}{L_0} \times 100\%$$

通常試桿受力未達最大荷重以前，其伸長普及於全部而均勻變形，達最大荷重以後，則僅在頸縮部分附近作局部伸長，由於斷口恒在頸縮部分之中央，所以拉斷後，斷口兩側伸長量最大，離斷口愈遠者伸長量愈小。因此斷口在標距中央三分之一範圍以外者，頸縮部分延伸至標點以外，其伸長率必然較斷口在標距中央三分之一以內者小，如此結果將不準確，應當捨棄重做，但如果因試桿有限不便重新試驗時，可以下列方法修正伸長率：

(1) 八等分法：如圖 2-8 所示，先將試桿標點距離八等分，則：

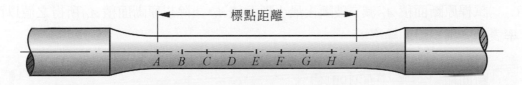

圖 2-8　八等分法求伸長度近似值

① 斷口在 C 與 G 之間，則伸長度＝試驗後 AI－試驗前 AI。

② 斷口在 A 與 C 之間，但距 B 較近，距 A 較遠，則伸長度＝試驗後 AC＋試驗後 2CF－試驗前 AI。

③ 斷口在 A 與 AB 之中點間，則伸長度＝試驗後 2AE－試驗前 AI。

(2) 十等分法：如圖 2-9 所示，先將試桿標點距離十等分，假定斷口在第二格之處，斷口接緊後以破斷處第二格為中心，向右取兩格使與破斷處左方格數相同，剩下的六格分為兩部分，假定第一格至第四格的距離為 L_1，第四格至第七格的距離為 L_2，第七格至第十格的距離為 L_3，則：

$$伸長率 = \frac{L_1 + 2L_2 - L_0}{L_0} \times 100\%$$

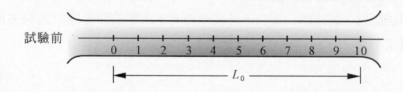

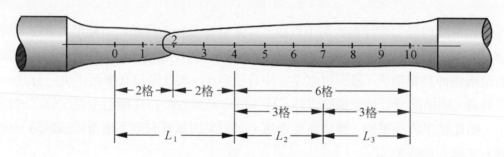

圖 2-9　十等分法求伸長度近似值

9. 斷面縮率(Percentage of area reduction)

試桿原斷面積 A_O 減去破斷後最小斷面積 A_f，再除以原斷面積 A_O 所得之值以百分率表示，稱為斷面縮率：

$$斷面縮率 = \frac{A_O - A_f}{A_O} \times 100\%$$

當荷重超過 M 點後，通常試桿中央部分會發生局部變形，此種現象，稱之為頸縮，發生頸縮以後，該部分的直徑逐漸縮小，直至拉斷為止。

2-5　實驗方法

1. 準備試桿

(1) 中華民國國家標準(CNS)將拉伸試驗用金屬材料標準試桿分成 14 號，如附錄二所示。所以依材料之種類、形狀及大小不同，先車製出標準的試桿。

(2) 用分厘卡測定標點兩端及中央部分之直徑，測定直徑時須要測定互相直交的兩個方向，測定到規定尺寸的 0.5% 之數值，(例如直徑為 15 mm，則 $15 \times 0.5\% = 0.075$，即測定至 0.05 mm 即可)。然後三點平均求出直徑大小，並計算出斷面積。

(3) 在試桿表面先塗上奇異墨水，然後用中心衝、標點分割機或游標卡尺，量畫出標距，並將標距八等分或十等分。

2. 試驗機之準備(注意：切不可先夾試棒，依如下順序操作。)

(1) 由試桿的材質和直徑大小，推算出大概之強度而選定試驗機之適當荷重容量。島津牌 UMH-30 萬能試驗機有 1.5，3，6，15，30 噸等 5 種荷重容量。假定試桿斷面積為 300 mm²，抗拉強度為 40 kg/mm²，則欲拉斷此材料所需之最大荷重為 40 kg/mm² × 300 mm² = 12000 kg，此時所選定的荷重容量應為 15 噸，不可用 6 噸，亦不要用 30 噸以免影響精度，同時須注意荷重容量選定後在試驗中不可隨意更換。(學生對材料強度不了解，鋼鐵拉伸試驗宜先選用 30 噸為宜)

(2) 將自動記錄用方格紙固定於記錄器之圓筒上，並在滑輪上選定自動記錄器放大倍數。島津牌 UMH-30 有 1 倍(大圈)，2 倍(中圈)，4 倍(小圈)三種。

(3) 將歸零調整鈕順時針旋轉到最右邊。

(4) 打開油泵開關，並旋轉荷重速率控制鈕至 OPEN 處，等刻度盤上油壓指示針指到十二點鐘方向，再反轉至 HOLD 位置，此時油壓缸內之油剛好飽和，不再加力亦不減力。

(5) 調整記錄筆與方格紙接觸，並選定基準點。

(6) 反時針旋轉歸零調整鈕，使荷重指針(黑針)歸零，再調整最大荷重指針(紅針)緊靠黑針之右側。

(7) 將試桿上端夾緊在上夾頭，試桿夾持方法須正確，如圖 2-10 所示，並應避免偏心現象。

(8) 將試桿下端固定在試驗機之下夾頭上，薄板或薄片於 0.8mm~5mm 必須於夾持端添加楔行片貼合試片夾頭，如圖 2-10 所示，目的為了防止試片兩端於夾持時，為夾頭所破壞，而導致拉伸測試時，於兩端斷裂，影響量測的結果。並使試片受力於上下夾頭中心軸。

(9) 使用伸長計時，將伸長計夾緊在試桿的平行部位，以便讀取伸長量，但須注意試桿斷裂前必須取下，以免損壞。

3. **開始試驗**

(1) 旋轉荷重速率控制鈕到 LOAD 位置，慢慢增加荷重。

(2) 當指針第一次暫停或回降時，讀取降伏點的荷重。

(3) 降伏現象結束後，稍為增加荷重速率。

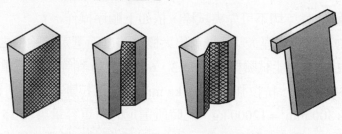

拉伸試驗用之楔形夾頭之墊片

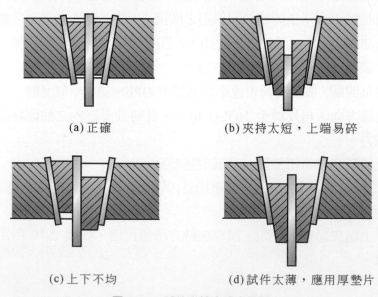

(a) 正確　　　　　　　　(b) 夾持太短，上端易碎

(c) 上下不均　　　　　　(d) 試件太薄，應用厚墊片

圖 2-10　試件夾持方式之正誤

(4) 荷重指針往回擺時，最大荷重指針停下，讀取最大荷重之值，此時並仔細觀察試桿局部變形之情形。

(5) 由試桿破斷時之聲響讀取荷重指針之指數，此即破壞荷重。

(6) 試桿破斷後，立刻旋轉荷重速率控制鈕至 HOLD 位置並取下試桿。

(7) 將荷重速率控制鈕由 HOLD 旋至 RETURN 位置，稍微降低工作台面高度(勿使油全部回流)，再旋轉至 HOLD 位置。

(8) 依同樣步驟，繼續做另一根的試驗。

(9) 所有試驗結束後，將荷重速率控制鈕旋轉至 RETURN 位置，取出自動記錄紙，並將試驗機回復原狀。

(10) 觀察試桿斷口狀況並計算出各種數據。

2-6　拉伸速度對降伏強度之影響

降伏現象是由原子平面的滑動所造成，變形速度愈大，滑動抵抗亦增大，結果會使降伏點上升，亦即增加了降伏強度。依一般規定，當荷重在降伏點之一半以前，可以任何適當之速度操作，由此荷重至降伏點，速度應控制在 $60\sim180$ kg/mm^2/分(JIS 規格)或 $7\sim70$ kg/mm^2/分(ASTM 規格)之規定範圍內，降伏現象結束後，可以增加拉伸速度直至斷裂為止，因金屬材料之抗拉強度受拉伸速度的影響較小。

2-7　拉伸破斷面觀察

金屬材料因其脆性不同，拉斷後其斷口亦顯現各種不同的特徵，圖 2-11 為各種金屬拉伸斷口的形狀，大致可區別為兩大類：

1. **脆性材料**

這類材料抗拉強度較抗剪強度小，斷裂均由剪應力產生，斷面與試件軸多成直交，所以呈現粒狀平斷口，如圖 2-11(a)所示，一般鑄鐵等脆性材料斷面都是此類型態。

2. **延性材料**

這類材料頸縮部分中央之軸向主應力與徑向主應力大致相同，最大剪應力甚小，因此試件多受拉應力而斷裂，中央部分先行斷裂，此即拉斷。至於邊緣部分則因軸向主應力大於徑向主應力而產生較大的剪應力，故原子平面漸起滑動而造成剪應力破壞，此為剪斷，剪斷面大致與試件軸成 45°。所以延性材料斷面通常呈現兩個截然不同的區域，如圖 2-11(b)～(f)所示。其中(b)顯示材料荷重與試桿軸一致，斷面是完整的杯錐形。(c)顯示材料荷重與試桿軸不一致而形成部分杯錐形。另外(b)圖屬於較軟的材料，中央拉斷部分呈現點狀的纖維條，而(d)圖材料經過常溫加工或熱處理而有內應力存在，其斷口上有放射狀的條紋斷口。

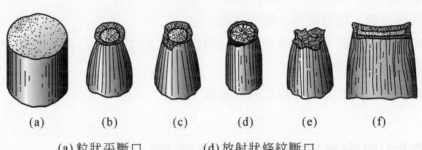

(a)	(b)	(c)	(d)	(e)	(f)

(a) 粒狀平斷口 　　　　　(d) 放射狀條紋斷口
(b) 平滑杯錐狀 　　　　　(e) 不規則纖維條
(c) 平滑部份杯錐狀 　　　(f) 平板試片之平滑杯錐狀

圖 2-11　金屬的拉伸破斷口形狀

2-8　杯錐狀破斷過程分析

延性材料破斷面大都成杯錐狀，如圖 2-12 所示。由杯錐狀的深淺大致可以判別材料延展性的程度，圖 2-13 為杯錐狀破斷面發展的過程：

1. 圖(a)顯示頸縮開始形成後，隨即在該處產生一三軸向的應力。
2. 圖(b)顯示在頸縮區之中心，沿試件之軸向有一拉力之均等分力，因此產生許多微細的裂孔。
3. 圖(c)顯示微細裂孔長大且合併為中央部分之裂紋。
4. 圖(d)顯示此裂紋發展之方向與試件之縱軸垂直，即在水平方向發展至接近邊緣為止。
5. 圖(e)顯示裂紋沿局部剪切面朝與縱軸約成 45° 之方向發展而形成破斷面之 "錐" 形部分。中間之鋸齒形纖維，係由無數小孔之中間撕裂而成。錐面之晶粒滑動迅速，破裂後局部溫度也略為升高。

圖 2-12　杯錐狀破斷面

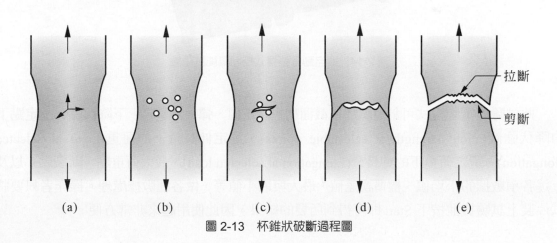

(a)　　　　　(b)　　　　　(c)　　　　　(d)　　　　　(e)

圖 2-13　杯錐狀破斷過程圖

2-9　全自動電腦程式控制萬能試驗機

　　此試驗機與電腦連接如圖 2-14 所示，程式軟體可由圖 2-15(a)之主目錄選擇測試(Test)、應用(Utility)或重新分析(Re-analysis)三種功能。測試條件(Testing conditions)如測試速率，最大荷重等可由電腦直接輸入，如圖 2-15(b)所示。數據處理條件(Data processing conditions)可依試片型態和測試目的進行選擇，如圖 2-15(c)所示。試片條件(Specimen conditions)可直接輸入以進行平均值，標準誤差等各種計算，如圖 2-15(d)所示。條件輸入完成，只要按 Start 即可進行測試，結束後各種測試結果立即顯示，如圖 2-15(e)所示。詳細的重新分析可把圖叫出來用放大功能來做，如圖 2-15(f)所示。

CH 2

圖 2-14　全自動電腦程式控制萬能試驗機

　　此試驗機電腦程式可針對試片橫截面積、能量值、彈性係數、上下降伏點、選定點下的降伏強度(Yield strength at selectable points)、選定伸長量下的荷重(Load at selected elongation)、選定荷重下的伸長量(Elongation at selected load)、最大荷重點、斷裂點、以及上述各項數據的平均值、標準誤差值、最大與最小值等，做各種數據處理。操作者只要將試片裝上試驗機並按下 Start 即可得到所要的結果，因此使用起來非常方便。

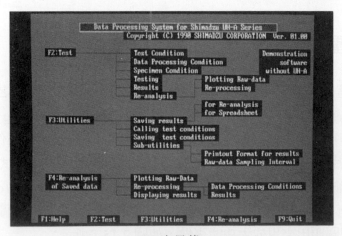

(a) 主目錄

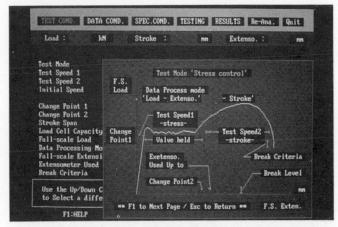

(b) 測試條件

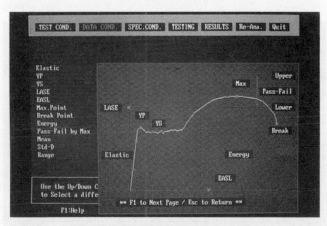

(c) 數據處理條件

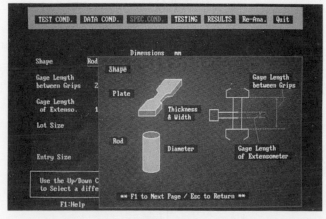

(d) 試片條件

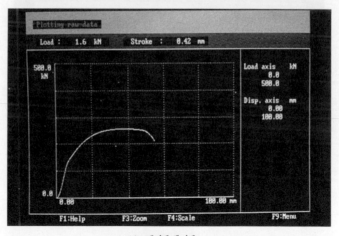

(e) 測試結果

(f) 重新分析

圖 2-15

2-10　實驗結果

材料種類				
處理狀況				
試件編號				
直徑	試驗前 D_o(mm)			
	試驗後 D_f(mm)			
斷面積	試驗前 A_o(mm^2)			
	試驗後 A_f(mm^2)			
標點距離	試驗前 L_o(mm)			
	試驗後 L_f(mm)			
降伏點	荷重 P_Y(kg)			
	降伏強度 $\sigma_Y = \dfrac{P_{Y_1}}{A_O}$ (kg/mm^2)			
最大荷重點	荷重 P_u(kg)			
	抗拉強度 $\sigma_Y = \dfrac{P_u}{A_O}$ (kg/mm^2)			
破斷點	荷重 P_F(kg)			
	破斷強度 $\sigma_F = \dfrac{P_F}{A_O}$ (kg/mm^2)			
伸長量	$(L_f - L_o)$ (mm)			
伸長率	$(L_f - L_o) / L_o$ %			
斷面縮率	$(A_o - A_f) / A_o$ %			
蒲松氏比				
彈性係數				
斷口之形狀				
備註				

2-11　問題討論

1. 何謂 0.2%偏移降伏強度？採用 0.2%偏移之理由為何？

2. 由試桿破斷面狀況可否判斷材料的延脆性？如何判別？

3. 試件在正常情況下斷口應發生於何處？其理由為何？如偏向兩側斷裂時是否會影響伸長率？應如何修正？

4. 荷重速率對降伏強度和抗拉強度有何影響？

5. 抗拉強度與硬度有何關係？

6. 延性試桿其破斷面呈杯錐狀，請說明其發展過程。

<h1>3 壓縮試驗</h1>

<h2>3-1 實驗目的</h2>

測定材料受到壓力時縮短變形的特性,並測定材料之抗壓強度、降伏強度、縮短率及斷面脹大率等。

<h2>3-2 使用規範</h2>

1. CNS 9211 B6073 壓縮試驗機 Compression testing machines
2. CNS 9212 B7197 壓縮試驗機檢驗法 Method of test for compression testing machines

<h2>3-3 實驗設備</h2>

萬能試驗機及所附加壓砧座,如圖 3-1 所示。

圖 3-1 壓縮試驗裝置

3-4　實驗原理

　　壓縮試驗時材料受力方向與拉伸試驗相反，因此其變形的方向也不一樣，前者是伸長，後者是縮短。測試材料時往往依實際之受力狀態而選用拉伸試驗或壓縮試驗，像金屬材料其原子以金屬鍵結合在一起，抵抗拉伸的能力比較好，做拉伸試驗比壓縮試驗更適當，至於像水泥、石磚、陶瓷等脆性材料，其抗拉強度比抗壓強度低，適用於抵抗壓縮力的場合，對於這些材料，做壓縮試驗比較重要而且有意義。有些金屬，像鑄鐵其抗拉強度比抗壓強度低，但經常被用來抵擋壓力或拉力，拉伸及壓縮兩種試驗都要測試。

　　設試件原斷面積為 A_o，高度為 h_o，壓縮後降伏荷重為 P_Y，破壞荷重為 P_u，破壞後斷面積為 A_f，高度 h_f，則由壓縮試驗我們可以得到以下數據：

$$降伏強度 = \frac{P_Y}{A_o}$$

$$抗壓強度 = \frac{P_u}{A_o}$$

$$縮短率 = \frac{h_o - h_f}{h_o} \times 100\%$$

$$斷面脹大率 = \frac{A_f - A_o}{A_o} \times 100\%$$

　　脆性材料如鑄鐵和混凝土等，當壓力達到某一數值時突然破壞，此時之荷重除以原斷面積即為抗壓強度。延性材料如鋼鐵、銅、鋁等，有時荷重很大也不會破壞而可壓縮至極薄程度，此時抗壓強度以降伏強度代替，或者將試片壓至一半高度，而以此時的荷重為最大荷重。

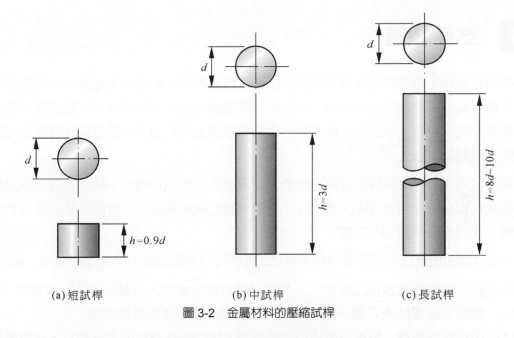

(a) 短試桿　　　　　(b) 中試桿　　　　　(c) 長試桿

圖 3-2　金屬材料的壓縮試桿

表 3-1　金屬圓柱體試桿之規格

試片型式	直徑 d (mm)	高度 h (mm)	測試範圍
短型	30±0.25	27±1.0	適用於測試軸承材料
中型	13±0.25	39±1.0	一般測試用
	20±0.25	60±3.0	
	25±0.25	75±3.0	
	30±0.25	90±3.0	
長型	20±0.25	160±3.0	適用於測定彈性係數
	32±0.25	＞320	

3-5　試件規格

　　壓縮試件斷面可為矩形、圓形等任何形狀，但以圓形斷面為最適當，因為壓縮過程中圓柱試桿的應力分佈最均勻。一般常用的試桿有三種規格，如圖 3-2 所示，其詳細尺寸則如表 3-1 所示。短型試桿適用於軸承合金，中型試桿適用於一般金屬材料諸性能之測定，長型試桿有足夠的長度放置量規因此適用於金屬材料彈性係數之測定。

3-6　試件裝置

　　壓縮試驗時，通常會產生兩種現象：①真正均衡的同心荷重不易達到，試件如果稍有偏差便很容易在試件內引起彎曲應力。②試件的端面與壓縮板間的摩擦，阻撓端面的橫向變形而使中間部分脹大成鼓形。為避免以上兩種現象造成的誤差，裝置試件時須注意到以下三點及其輔助方法：

1. 壓力保持正中，使試桿中線與試驗機之中線重合以免試件彎曲，輔助的方法為試件一端或兩端砧座使用球面砧，如圖 3-3 所示，如此則兩端面不平行時，球面座可自動調整，使加壓板與端面相接觸。

2. 使試件端面與壓板全面接觸，輔助的方法為試件上下兩端面間填以吸墨紙或塗一層石膏。

3. 減少試件端面與壓板間之摩擦力，使端面可以自由變形，其輔助的方法有兩種：

   (1) 壓板上塗重油或石臘，但其缺點為使抗壓強度實測值降低甚多。

   (2) 使用圓錐壓板，將壓板製成凸出圓錐形，試件兩端製成凹進圓錐形，使與壓板吻合如圖 3-4 所示，其中 ϕ 角為試件與壓板間之摩阻角(angle of friction)，如此試件可以均勻的變形。例如鐵之摩阻角 $\phi = 14°$，即 $\tan\phi = 0.25$，假設試件直徑為 20 mm，則中心高 35 mm，週邊高 40 mm 之試件，可得均勻變形，對於銅、鋁、軟鋼等材料，$\phi = 3°$ 時，可得均勻變形。

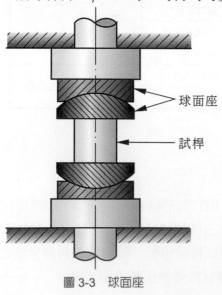

圖 3-3　球面座

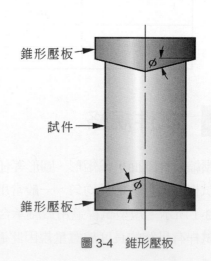

圖 3-4　錐形壓板

3-7　破壞狀況

　　根據材料力學之原理，一試件受純拉力或壓力時，其內部最大剪應力所在平面與橫剖面成 45° 角。但由試驗所得，破壞斷面之方向往往比 45° 還大，此乃由於兩破壞面間之摩阻力所引起的，所以破斷面傾斜度受到剪應力及摩阻力兩種力量的支配，根據 Mohr 圓之破壞理論，破壞角非剪應力最大 45° 面，而為摩阻角之函數，如圖 3-5 所示。

設　　　$\phi =$ 內部摩阻角

　　　　$\theta =$ 實際破壞角

則　　　$2\alpha + \phi = 90°$

即　　　$\alpha = 45° - \dfrac{\phi}{2}$　　或　　$\theta = 45° + \dfrac{\phi}{2}$

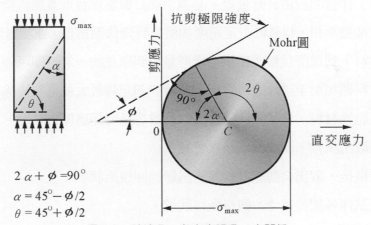

$2\alpha + \phi = 90°$

$\alpha = 45° - \phi/2$

$\theta = 45° + \phi/2$

圖 3-5　破壞角 θ 與內摩阻角 ϕ 之關係

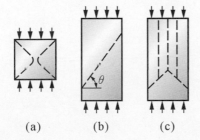

(a) 剪刀錐或細腰型(砂漿或立方形石頭)

(b) 剪切面(鑄鐵或混凝土)

(c) 上方裂開之剪力錐(混凝土)

圖 3-6　脆質材料之斷裂型式

　　鑄鐵之摩阻角約為 20° 左右，其破壞角 θ 約為 55°，其他一般脆性材料如磚頭、河岩、混凝土等破壞角約為 50°～60°，其破壞情形如圖 3-6 所示。

3-8 實驗方法

1. 依圖 3-2 及表 3-1 所示的規格車製出標準試件。

2. 將加壓砧座裝置在萬能試驗機上並清潔之。

3. 將自動記錄方格紙裝在圓筒上。

4. 打開油泵開關並調整零點,其方法同拉伸試驗。

5. 將試件放在砧座上,並確定對準中心線,以防加壓時發生偏心而產生彎曲應力與試件彈出危險傷害。

6. 調整試驗台高度使試件被夾緊為止。

7. 在下夾頭與工作台間放置針盤量規,必須使觸針與壓縮台垂直並將指針歸零。

8. 旋轉荷重速度控制鈕,以最低一定速度加壓直到降伏點為止,並記錄降伏點之荷重。

9. 若為延性材料,到達降伏點或使試件變形量達到原長的一半時即可停止試驗。

10. 若為脆性材料則加壓至試件破裂為止,此時立刻記錄最大荷重然後徐徐除去荷重。

11. 不論延性或脆性材料,當試驗機已達最大荷重容量時即應停止試驗。

12. 降下試驗台取出試件,繼續做下一次實驗。

13. 所有實驗結束後,取出自動記錄紙並將試驗機回復原狀。

14. 量測壓縮後試件各部位尺寸並觀察斷口狀況。

3-9 實驗結果

材料種類	試件編號	試驗前尺寸			試驗後尺寸			降伏荷重 (kg)	降伏強度 (kg/mm²)	最大荷重 (kg)	抗壓強度 (kg/mm²)	縮短率 (%)	斷面膨脹率 (%)	斷面狀況
		直徑 D_o (mm)	高度 h_o (mm)	斷面積 A_o (mm²)	直徑 D_f (mm)	高度 h_f (mm)	斷面積 A_f (mm²)							

3-10　問題討論

1. 何種材料須做拉伸試驗？何種材料須做壓縮試驗？

2. 影響壓縮試驗結果正確性的因素有那些？

3. 欲減少加壓板與試片間之摩擦有那些改善的方法？

4. 試比較脆性及延性材料壓縮試驗時斷裂之情況？

5. 何謂抗壓強度？延性材料做壓縮試驗時並不斷裂，其抗壓強度如何求得？

6. 試討論數種不同等級的灰口鑄鐵試件，其抗壓強度與壓縮率的關係，並觀察每一試件上裂縫與軸線間的角度關係。

4 抗折與彎曲試驗

4-1　實驗目的

1. **抗折試驗**

   測定脆性材料之抗彎強度，彎曲彈性係數。

2. **彎曲試驗**

   測定延性材料之冷彎角度及觀察冷彎裂痕。

4-2　使用規範

1. CNS 3940　G2033　金屬材料彎曲試驗試片 Bend test pieces for metallic materials
2. CNS 3941　G2034　金屬材料之彎曲試驗法 Method of bend test for metallic materials

4-3　實驗設備

萬能試驗機及所附的衝頭及支持座，如圖 4-1 和圖 4-2 所示。

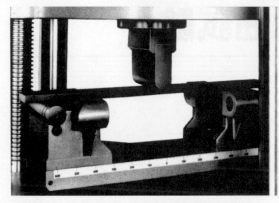

圖 4-1　抗折試驗裝置

圖 4-2　彎曲試驗裝置

4-4　實驗原理

1.　脆性材料的抗折試驗原理

　　抗折試驗對脆性材料而言，其本身也是一種彎曲試驗。當試件受到彎曲荷重時，如圖 4-3 所示，基本上會出現三種應力，上半部為壓應力，下半部為拉應力，剪應力則平行於橫斷面。若荷重在材料之比例限以下時，壓應力與拉應力大小成直線變化，表面應力最大，向內漸漸減小，到中立軸處應力為零。剪應力則愈靠近中立線，其值愈大。

　　彎曲試件的應力分佈除了受彎曲負荷及材料彈性係數影響外，與試件的橫斷面尺寸及彎曲荷重方式也有關係，圖 4-4 為兩種不同的荷重方式。中心荷重下的試件，壓應力、拉應力及剪應力都出現；二點荷重下的試桿，其中間部分則只有壓應力及拉應力存在，剪應力則完全消失掉。中心荷重下的試件，如圖 4-4(a)所示的 O 點，彎曲力矩最大，彎曲應力值也最大，在比例限下，O 點的彎曲應力計算公式。

$$\sigma_{\max} = \frac{M_{\max} C}{I}$$

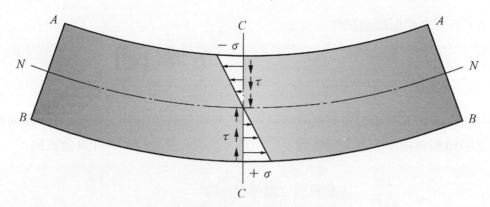

圖 4-3　彎曲應力的種類及分佈區域圖

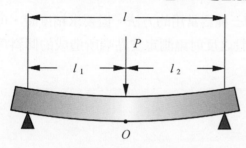

(a) 中心荷重法

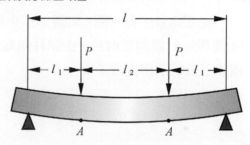

(b) 二點荷重法

圖 4-4　彎曲荷重的方式

其中　　$M_{\max} = \dfrac{Pl}{4}$，為 O 點的彎曲力矩

P = 最大荷重

l = 跨距

C = 表面至中立軸的距離

I = 橫斷面對中立軸線的面積慣性力矩

　　矩形斷面 $I = \dfrac{bh^3}{12}$，b 為寬度，h 為高度

　　圓形斷面 $I = \dfrac{\pi d^4}{64}$，d 為直徑

因此在中心荷重場合，直徑 d 之圓形斷面試件

$$\sigma_{\max} = \frac{16Pl_1}{\pi d^3}$$

寬 b，高 h 之矩形斷面試件

$$\sigma_{\max} = \frac{3Pl_1}{bh^2}$$

試件受彎曲荷重後會產生撓曲現象，此時中立軸所在中立面上一點，離開原來位置之距離稱為撓度，最大撓度發生於中點，在中心荷重時，其計算公式為：

$$\delta_{\max} = \frac{Pl^3}{48EI} \quad E \text{ 為材料之縱彈性係數}$$

撓度測量法有四種，如圖 4-5 所示，前三種為常用的方法，但要求精度時，可用 (d)圖所示的鏡面反射法，由試件兩端所裝設之反射鏡測定支點端所造成的傾斜角，依如下公式求出撓度 δ。

$$\delta = \frac{l}{3} \tan \alpha$$

由撓度公式可得：

$$E = \frac{Pl^3}{48\delta I} = \frac{Pl^2}{16I \tan \alpha}$$

所以只要測出 α 角亦可直接求出 E 值。

以上所述公式僅在比例限或是彈性限內可適用，但實際上彎曲試驗時，試桿所承受的應力往往都超過了彈性限，所以上述公式會失效，但在沒有更好的計算公式下仍然被廣泛應用。當材料受最大彎曲力矩而破壞時，$\sigma_{\max}$ 代表材料的抗彎強度，稱為抗彎破壞係數(Transverse modulus of rupture)，此假應力無具體意義，僅用於比較同種斷面材料之抗彎強度。

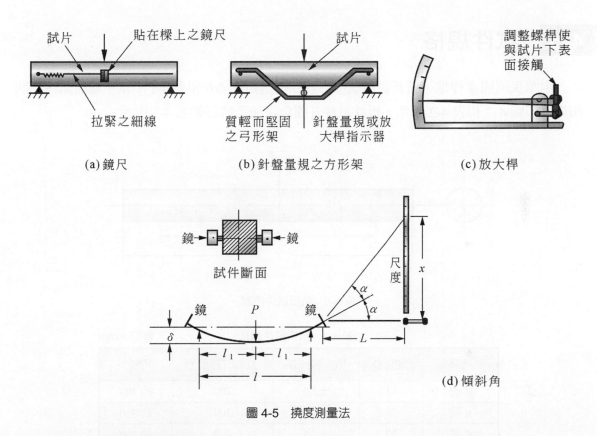

(a) 鏡尺　　　　　(b) 針盤量規之方形架　　　(c) 放大桿

(d) 傾斜角

圖 4-5　撓度測量法

2. 延性材料的彎曲試驗原理

　　延性材料作彎曲試驗時不會折斷，所以不能求其抗彎強度，通常將延性材料彎曲到外側出現裂縫時求其彎曲角度來比較材料之延性，或者將其彎曲至 180°而檢驗試桿是否有龜裂，此種試驗法一般稱為冷彎試驗。假設：

r = 衝頭半徑

t = 圓形試桿直徑或矩形試桿厚度

l = 底座之跨距

即　　　$r = 1.5t$

　　　　$l = 2r + 3t = 6t$

　　做實驗時衝頭之尺寸及底座之跨距都須視試件的 t 值而選用及調整。冷彎試驗可以測出鋼棒中的含碳或含磷量是否太高，或者滾軋過程是否適當。用來強化混凝土中的鋼筋，在檢驗其品質時，冷彎試驗便是一種很重要的試驗，中華民國國家標準規定，建築用的各號鋼筋在彎曲至 180°時不能有裂痕產生。

4-5　試件規格

中華民國國家標準，抗折試驗試件形狀和規格如圖 4-6 和表 4-1 所示，彎曲試件形狀和規格如圖 4-7 和表 4-2 所示。板狀試件外圓角之加工情形如表 4-3 所示。

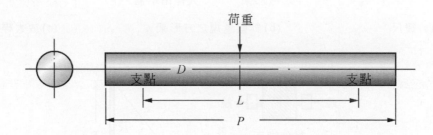

圖 4-6　抗折試件形狀

表 4-1　抗折試件規格　　　　　　　　　單位：mm

試片種類	直徑 D	直徑容許差	支點間距離 L	長度 P
A 號	13	±1.0	200	約 300
B 號	20	±1.0	300	約 350
C 號	30	±1.5	450	約 500
D 號	45	±2.0	600	約 650

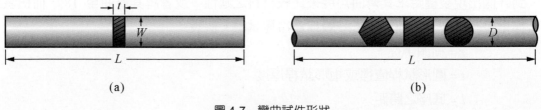

(a)　　　　　　　　　　　　　　(b)

圖 4-7　彎曲試件形狀

表 4-2　彎曲試件規格　　　　　單位：mm

種類	形狀圖 (4-7)	用途		直徑 D 或 厚度 t	寬度 W	長度 L	備註
1 號試片	(a)	鋼板、扁鋼及型鋼		原厚	> 35	> 250	原材 t > 35，可加工成 t > 35 之厚度
2 號試片	(b)	鋼棒、非鐵金屬棒		原尺寸		> 250	原材 D > 35，可加工成 D > 35 之圓形剖面
3 號試片	(a)	薄金屬板		原厚	> 20	> 150	
4 號試片	(a)	彈簧用磷青銅板及彈簧用白銅板		原厚	> 10	> 150	
5 號試片	(a)	鍛鋼件	5A	19	25	> 150	
		鑄鋼件	5 B	15	20	> 150	

表 4-3　板狀試件外圓角之加工情形　　　單位：mm

試片厚度	圓角半徑
10 以下	1.0 以下
10 以上至 50 以下	1.5 以下
50 以上	3.0 以下

4-6　實驗方法

1. 依標準規格車製出試件。
2. 將衝頭及支持座分別裝在試驗機上。
3. 依試件尺寸調整支持座跨距。
4. 打開油泵開關並調整零點，其方法同拉伸試驗。
5. 將試件放在支持座上，並小心地將衝頭對準跨距中心。
6. 抗折試驗時，將撓度計安裝於試件之中點。

CH **4**

7. 旋轉荷重控制鈕緩慢加荷重於試件上，每增加荷重 20 kg，從撓度計讀出撓度。

8. 抗折試驗時必須至試件破斷為止，此時讀取最大荷重並記最大撓度。

9. 彎曲試驗時將試件彎曲至裂痕出現為止。如果須彎成 180° 時，當彎成 170° 後，內插厚度等於 $2r$ 之墊著物，然後再加荷重彎至 180°，如圖 4-8(b)所示。或者在開始時調整支持座，使兩支持座間距離 $l = 2r + 2t$，如此可將試件壓過兩支持座中間而把試件彎至 180°，如圖 4-8(a)所示。如須彎至密貼接觸，當彎成 170° 後用圖 4-8(c)之方法即可。

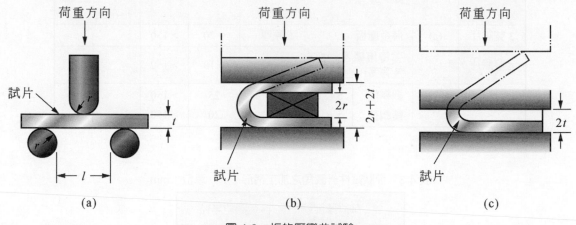

(a)　　　　　　　　(b)　　　　　　　　(c)

圖 4-8　板的壓彎曲試驗

圖 4-9　銲件導彎用夾具

10. 如為銲件之彎曲試驗，可用 4-9 圖所示之彎曲夾具，其合格標準為導彎後，試件凸面任何方向之裂痕總長不得超過 3.2 mm 才算及格。

11. 觀察試件破斷或裂痕狀況。

12. 繪出荷重—撓度曲線並計算出抗彎強度，縱彈性係數等。

4-7　注意事項

　　抗折試驗試件斷裂時有飛射的可能，測試人員必須有適當的屏障，或不要站在可能飛射的方向以確保安全。

4-8　實驗結果

材料種類	試件編號	荷重(kg)．撓度(mm)										破壞荷重 (kg)	最大撓度 (mm)	抗彎強度 (kg/mm²)	縱彈性係數 (kg/mm²)
		荷重	撓度	荷重	撓度	荷重	撓度	荷重	撓度	荷重	撓度				

4-9　問題討論

1. 抗折試驗與彎曲試驗其不同點為何？

2. 試將所得到之抗彎強度與該材料的可能抗拉、抗壓強度做一比較，並討論之。

3. 銲接件往往須做彎曲試驗，其理由為何？

4. 何謂冷彎試驗？有何用途和規定？

5. 冷彎試驗時，底座跨距、沖壓頭半徑、試件直徑(或厚度)間之關係為何？

6. 依數據繪出荷重—撓度曲線，並在曲線上定出彈性限之荷重位置。

5 剪斷試驗

5-1 實驗目的

測定材料的抗剪強度。

5-2 實驗設備

萬能試驗機及所附之剪斷試驗裝置，一般可分為單剪式(圖 5-1)及雙剪式(圖 5-2)兩種。

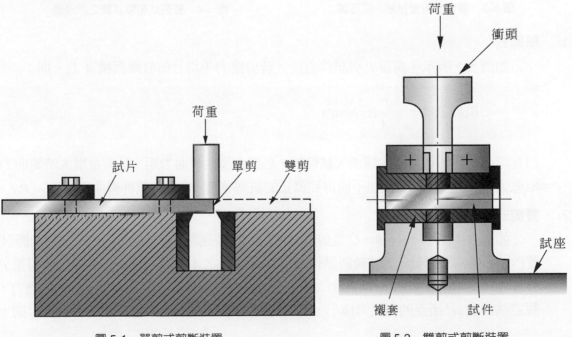

圖 5-1　單剪式剪斷裝置　　　　　　圖 5-2　雙剪式剪斷裝置

5-3 實驗原理

測試材料的抗剪強度有直接剪斷法及扭轉法兩種,直接剪斷法係將圓棒或方棒之試件夾持一部分而加荷重於他部分以剪斷之,依試驗裝置不同可分爲單剪式及雙剪式。

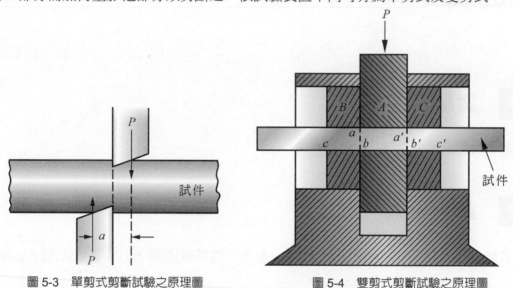

圖 5-3　單剪式剪斷試驗之原理圖　　　　圖 5-4　雙剪式剪斷試驗之原理圖

1. 單剪式

如圖 5-3 所示,荷重 P 與試件直交,若剪應力平均分佈於斷面積 A 上,則:

$$抗剪強度\ \tau_1 = \frac{P}{A}\ (\text{kg/mm}^2)$$

但實際上,當剪切器之尖端進入試件後,必然會產生彎曲力矩,且荷重增大時彎曲力矩愈大,所以直接剪斷試驗不能得到眞正的抗剪強度。單剪時試件彎曲力矩 $M = Pa$。

2. 雙剪式

如圖 5-4 所示,A、B、C 是剪斷試件用之鋼製圓環形模具,B、C 固定在剪斷裝置內,A 可向下滑動。試驗時將試件套進剪斷裝置之 A、B、C 內,然後加垂直荷重 P 於 A 上,B、C 部分支持試件,而 A 向下移動,此時試件 ab 和 $a'b'$ 部分受到剪應力,假定試件在 cc' 所受的摩阻力極小,且剪應力平均分佈在 ab 和 $a'b'$ 兩斷面積上,則:

$$\text{抗剪強度 } \tau_2 = \frac{P}{2A} \, (\text{kg/mm}^2)$$

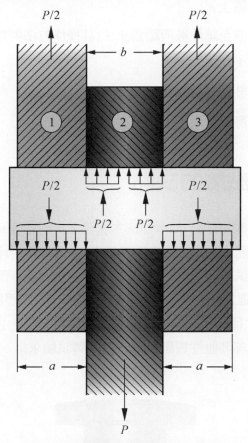

圖 5-5　雙剪式試件受彎曲力矩之情形

雙剪時試件受彎曲力矩的情形如圖 5-5 所示，其彎曲力矩：

$$M = \frac{P}{2}\left(\frac{a}{2}+\frac{b}{2}\right)-\frac{P}{2}\cdot\frac{b}{4}=\frac{P}{4}\left(a+\frac{b}{2}\right)$$

5-4　實驗方法

1.　準備試件，其形狀與尺寸無一定之規定，圓棒或方棒均可，但要與剪斷裝置互相配合。

2.　以分厘卡或游標卡尺量取試件斷面之尺寸。

3.　將剪斷裝置安裝於萬能試驗機上。

4.　將試桿固定於剪斷裝置上。

5.　緩慢加荷重於試件上直至試件被剪斷為止。(其操作方法與拉伸、壓縮試驗相同)

6.　記錄試件剪斷時之最大荷重。

7.　取下試件並觀察斷面狀況。

8.　實驗完畢將試驗機復原。

5-5　直接剪斷試驗的缺點

　　直接剪斷試驗常用來測定鉚釘、曲柄銷、木塊等之抗剪強度，是一種簡單方便的試驗。圖 5-6 為木塊用的剪斷裝置，但因剪斷時受彎曲應力的影響，所得的結果僅為近似的抗剪強度。另外由於直接剪斷試驗不易測得應變量，因此不能求出剪斷時之彈性限及剛性係數(剪斷彈性係數)，所以精確之剪斷性質宜用扭轉試驗，但鑄鐵等脆性材料之抗剪強度不能由扭轉試驗求之，因為此種材料之試桿當未達抗剪強度以前，由其斜向的拉應力先行破斷，唯彈性限及剛性係數等其他性質則仍然可用扭轉試驗求得。

圖 5-6　木塊的剪斷裝置

5-6　實驗結果

材料種類	試件編號	平均直徑	原斷面積 (mm²)		最大荷重 (kg)		抗剪強度 (kg/mm²)		備註
			A	2 A	單剪	雙剪	單剪	雙剪	

5-7　問題討論

1. 直接剪斷法所得之抗剪強度是一種近似值，其原因為何？

2. 單剪與雙剪所得之抗剪強度是否相同？試討論之。

3. 何種材料需做剪斷試驗？

4. 直接剪斷法有那些限制？如何補救？

5. 試將各種材料的抗剪強度與其他的機械性質一併討論之。

6 衝擊試驗

6-1 實驗目的

利用衝擊試驗機,將負荷施於試片上,測定試片被擊斷後所吸收的能量,藉以表示材料的衝擊值,並進而測試低溫脆性、缺口脆性及熱處理所引起的回火脆性等。

6-2 使用規範

1. CNS 10424 B6082　沙丕衝擊試驗機 Charpy impact testing machines
2. CNS 10425 B7255　沙丕衝擊試驗機檢驗法 Method of test for Charpy impact testing machines
3. CNS 8768　B6068　埃若德衝擊試驗機 Izod impact testing machines
4. CNS 3033　G2022　金屬材料衝擊試驗試片 Test pieces for impact test for metallic materials
5. CNS 3033　G2022　金屬材料衝擊試驗法 Method of impact test for metallic materials
6. CNS 10438 G2179　鋼料巨觀組織檢查法 Macro-structure detecting method for steel

6-3　衝擊概說

　　第二章所述的拉伸試驗，我們由拉伸曲線下的面積、伸長度、斷面狀況等大致可以判別材料的韌脆性，這種方法利用油壓慢慢施力是屬於靜力試驗法，但其所得的韌脆性數值實用價值並不高，因為材料表面的缺陷在拉伸過程，易使材料容易受到軸向力的作用而使材料韌性變低，與實際的衝擊值有相當程度的誤差。且材料的性能雖經由拉伸試驗也未必能顯出，尤其是熱處理後的鋼材往往僅經由拉伸試驗並不知道其韌脆性，而需由衝擊試驗才能得悉。所以在今天這個高度工業化的時代，各種機械運動速度愈來愈高，材料的韌脆性不能僅由靜力試驗法得知，而須經由衝擊試驗這種動力測試法來判定，因此在今天衝擊試驗也就顯得愈加重要。

　　衝擊試驗通常可分為單衝擊與反覆衝擊兩大類，如表 6-1 所示。單衝擊者一次將材料衝擊破斷之，而由材料破斷時所吸收的能量來比較其韌性大小。反覆衝擊者乃將一定重量的錘由一定高度落下而反覆撞擊試桿，以破斷時的撞擊次數比較材料的脆韌性。另外反覆衝擊者亦可將衝錘每次高度逐漸增加，每衝一次即增加一定量之落下高度然後再衝擊，至材料破斷時以其最後落下的高度來比較材料的脆韌性。一般金屬材料之衝擊試驗皆使用單衝擊者，至於反覆衝擊者通常用於特種材料，其方法類似疲勞試驗。

　　衝擊試驗之結果因測試方法、試片形狀大小、缺口形狀大小而異，故衝擊試驗之結果不能直接做設計上之數據，僅供材料性質比較而已。

表 6-1　衝擊試驗之分類

衝擊方法	荷重型式	單擊試驗 試驗機	最大容量 ft-lb	最大衝擊速度 ft/sec	恒能衝擊 試驗機	恒能衝擊 最大容量 ft-lb	恒能衝擊 最大衝擊速度 ft/sec	增能衝擊(落高遞增試驗) 試驗機	增能衝擊 最大容量 ft-lb	增能衝擊 最大衝擊速度 ft/sec
落錘	彎	Hatt-Turner	3200	21	Krupp-Stanton	0.48	2.5	AREA	50,000	40
落錘	彎	Fremout	440	29	車輪試驗機	3750 (最小 84 擊)	31	Hatt-Turner	3,200	21
落錘	拉	Olsen	3500	21						
落錘	壓	Olsen	3500	21				Page	13	14
擺錘	彎	Charpy / Izod / Rusell / Oxford	2-240 / 2-260 / 500	11-17 / 11-17 / 11	Heisler	50	11	Heisler	50	11
擺錘	拉	改良之 charpy 或 Izod	250	11-17						
迴轉中之飛輪	剪	Mc Adam	400	16						
迴轉中之飛輪	彎	Guillery	430	29						
迴轉中之飛輪	拉	Mann-Haskell		1000						
迴轉中之飛輪	扭	Carpenter	7138							

CH 6

6-4　實驗設備

1. **沙丕(Charpy)式衝擊試驗機**

   依測試材料不同可分為好幾種等級，圖 6-1 為 30 kg-m 之試驗機，其擺錘重 25.62 kg，試驗仰角 143.5°，擺錘迴轉中心軸至重心距離 650 mm，迴轉中心至衝擊中心距離 750 mm，試片座寬 40±0.2 mm。

2. **埃若德(Izod)式衝擊試驗機**

   依測試材料不同也有幾種等級，圖 6-2 為 17 kg-m 之試驗機。

圖 6-1　Charpy 衝擊試驗機

圖 6-2　Izod 衝擊試驗機

6-5　實驗原理

如圖 6-3 所示，依據能量不滅定律，將擺錘昇至 h_1 高度，則具有一固定的位能，將其釋放後位能全部變成動能，衝斷試片後一部分動能被試片吸收，一部分動能則轉換成位能將重錘擺高至 h_2。

假設　　W＝擺錘重量

　　　　R＝擺錘迴轉中心至重心距離

　　　　α＝擺錘預定落下位置的角度

　　　　β＝擊斷試片後擺錘自由上升的角度

　　　　ϕ＝無試片時擺錘由 α 角落下後之上昇角度

　　　　θ＝無試片時擺錘上升至 β 角時所落下之角度

　　　　ω＝試片重量

　　　　V＝衝擊完了擺錘瞬間速度

擺錘原有位能＝$Wh_1 = WR(1-\cos\alpha)$

擺錘餘留位能＝$Wh_2 = WR(1-\cos\beta)$

擺錘落下時的摩阻損失＝$\dfrac{WR}{2}(\cos\phi - \cos\alpha)$

擺錘上升時摩阻損失＝$\dfrac{WR}{2}(\cos\beta - \cos\theta)$

擺錘開始撞擊瞬間能量＝$WR(1-\cos\alpha) - \dfrac{WR}{2}(\cos\phi - \cos\alpha)$

$$= \dfrac{WR}{2}(2-\cos\alpha - \cos\phi)$$

擺錘撞擊完了瞬間能量＝$WR(1-\cos\beta) + \dfrac{WR}{2}(\cos\beta - \cos\theta)$

$$= \dfrac{WR}{2}(2-\cos\beta - \cos\theta)$$

擺錘撞擊完了瞬間動能＝$\dfrac{WV^2}{2g} = \dfrac{WR}{2}(2-\cos\beta - \cos\theta)$

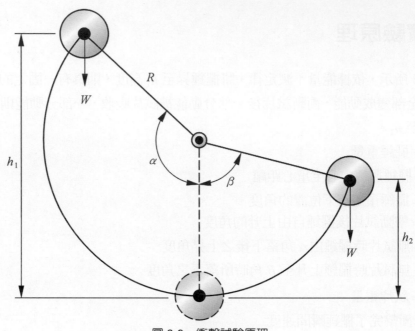

圖 6-3　衝擊試驗原理

假設試片破斷後跳出速度與擺錘瞬間速度 V 相同

則　　　試片之動能 $= \dfrac{\omega V^2}{2g} = \dfrac{WR}{2g}(2 - \cos\beta - \cos\theta)$

故試片破斷所吸收能量為：

$$\dfrac{WR}{2}(2 - \cos\alpha - \cos\phi) - \dfrac{WR}{2}(2 - \cos\beta - \cos\theta) - \dfrac{\omega R}{2}(2 - \cos\beta - \cos\theta)$$

$$= \dfrac{WR}{2}(\cos\beta + \cos\theta - \cos\alpha - \cos\phi) - \dfrac{\omega R}{2}(2 - \cos\beta - \cos\theta)$$

若略去試片之動能及摩阻力，則吸收能量的近似值：

$$\Delta E = WR(\cos\beta - \cos\alpha)$$

上式中 W、R、α 皆為已知數，所以只要由儀表上讀出 β 值，即可求出吸收能量。以此能量除以試片之斷面積 A 即為衝擊值 I：

$$I = \dfrac{\Delta E}{A} \ (\text{kg-m/cm}^2)$$

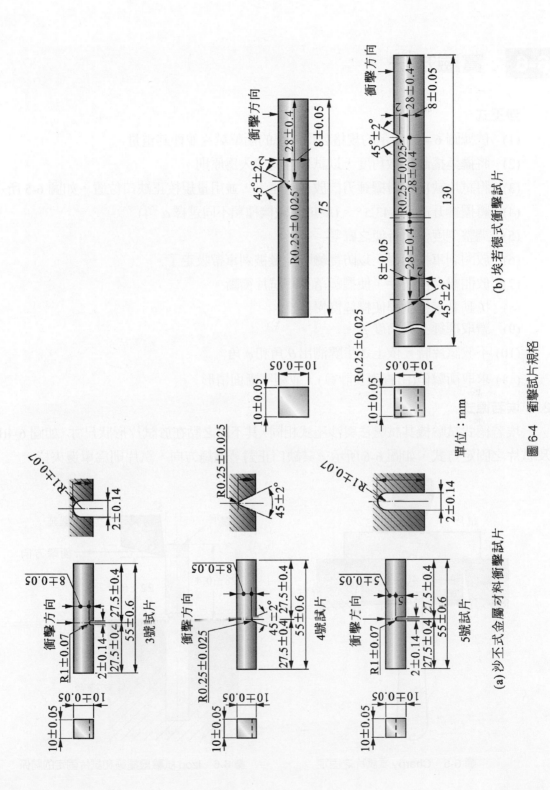

圖 6-4　衝擊試片規格

單位：mm

(a) 沙丕式金屬材料衝擊試片

(b) 埃若德式衝擊試片

CH **6**

6-6　實驗方法

1.　沙丕式

(1)　依據圖 6-4(a)所示的規格製作標準的衝擊試片並秤其重量。

(2)　將擺錘搖起稍微角度，以試片容易放入為原則。

(3)　將試片缺口背對擺錘刃口放在試座上，並用量規校正缺口位置，如圖 6-5 所示。

(4)　將擺錘升高至 143.5°。(或依試驗機種類不同選擇 α 角)

(5)　調整刻度盤指針使之歸零。

(6)　放開剎車控制桿，以防實驗時能量被剎車帶吸走了。

(7)　放開離合器把手，使擺錘落下將試片衝斷。

(8)　拉動剎車控制桿使擺錘慢慢停止。

(9)　讀取擺錘上昇角度 β。

(10)　不放試片時，依上述步驟測出 θ 角和 ϕ 角。

(11)　求取衝擊值(由查表及計算)，並觀察斷面情形。

2.　埃若德式

埃若德式試驗機其試驗法與沙丕式相同，其不同之點在於試片形狀尺寸，如圖 6-4(b)，及試片之固定方式，如圖 6-6 所示，其缺口正對著擺錘方向，試片則為單邊夾持。

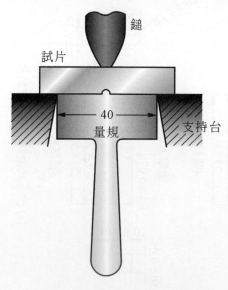

圖 6-5　Charpy 式試片之固定

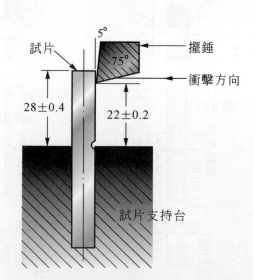

圖 6-6　Izod 試驗機擺錘和試片固定的關係

6-7　材料低溫脆性的試驗方法

　　有些金屬材料，當溫度下降到某一範圍之下，衝擊值便急遽的降低，這種衝擊值急遽下降的現象稱為轉脆，而其溫度稱為轉脆溫度。對具有 FCC 晶體結構的金屬，溫度的下降祇使材料吸收衝擊能量的能力略降而已，但對 BCC 金屬來說，溫度下降到某一範圍之下卻會使衝擊值急遽下降，如圖 6-7 所示。對大部分的鋼鐵而言，其轉脆溫度範圍相當廣，因此定義轉脆溫度時往往隨研究或工業需求而有些不同，最簡易的一種是造船業所採用的：定衝擊值為 20 J(15 ft-lb)的溫度為轉脆溫度。表 6-2 為一些鋼材以 20 J 的衝擊值為準所測出的轉脆溫度。就熱軋錳鋼來說，其轉脆溫度為攝氏 27 度，這是很危險的，因為大氣溫度的驟降，就會導致鋼材的突然斷裂。在二次大戰期間，許多銲接鋼體船便因溫度驟降銲道變脆而斷裂，造成許多人力及財力的損失。所以對於一些會受溫度影響而變脆的鋼材必須做衝擊試驗來了解其轉脆溫度，其試驗方法如下：

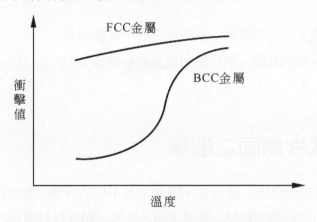

圖 6-7　溫度對不同晶體結構材料衝擊值的影響略圖

表 6-2　數種鋼材的轉脆溫度

材料	轉脆溫度，℃	
	20J	50%韌斷
熱軋錳鋼	27	46
熱軋低合金鋼	−24	12
淬冷再回火鋼	−27	−54

CH **6**

1. 準備不同溫度的恒溫槽，包括 100℃、25℃、0℃、−21℃、−50℃，−196℃等數種。

2. 將待測試片製作好並放入恒溫槽約 15 分鐘，使整個試片溫度達到均勻。

3. 將擺錘升至 143.5°。(或依試驗機種類不同選擇 α 角)

4. 用試片夾夾出試片放置於試座上，動作要迅速。

5. 釋放擺錘將試片衝斷並立即制止擺錘擺動。

6. 讀出擺錘上升角度 β 並查表求出衝擊值。

7. 觀察斷面情形，比較韌斷與脆斷面積的大小。

8. 繪製出衝擊值與溫度的關係曲線，並進而判斷材料是否有脆化現象。

6-8 注意事項

1. 放置試片時擺錘不可升得太高，以防突然落下打斷手臂。

2. 釋放擺錘前應檢視所有的人都已離開擺錘擺動範圍及試片斷裂後的飛行方向，以免造成嚴重的意外。

6-9 衝擊試片斷面之觀察

　　試片被衝斷後其斷面因韌、脆性之不同而呈現不同的外觀。脆性材料斷面整齊，仔細觀察可以發現呈灰白色的細顆粒狀，如圖 6-8(a)所示。韌性材料斷面凹凸不平且呈現兩個不同的區域，邊緣部分為灰黑色且較平滑，是屬於韌性斷裂區域；中間灰白色且具有細顆粒狀乃屬於脆性斷裂區域，兩者可以清楚的分別，如圖 6-8(b)所示。韌性斷裂區的面積與試片總斷面積 8×10 mm^2 的比值，稱為韌斷面積比。韌斷面積比為 50%的溫度也常被定為材料的轉脆溫度，數種鋼材的這種轉脆溫度如表 6-2 所示。比較兩種標準，可以發現同一鋼材的轉脆溫度隨所定標準而有很大的差別，這是值得工程設計人員注意的一點。圖 6-9 為三種不同韌脆性材料典型的 V 型凹痕破斷面情形。

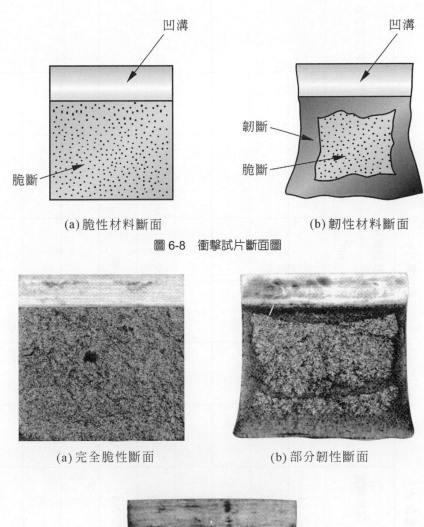

(a) 脆性材料斷面　　(b) 韌性材料斷面

圖 6-8　衝擊試片斷面圖

(a) 完全脆性斷面　　(b) 部分韌性斷面

(c) 完全韌性斷面

圖 6-9　曲型的 V 型凹痕破斷面

CH 6

6-10 實驗結果

材料種類	處理狀況	凹溝形狀	試片編號	擺錘角度 α	擺錘角度 β	吸收能量 kg-m	試驗面積 cm²	衝擊值 kg-m/cm²	斷面狀況	平均衝擊值
			1							
			2							
			3							
			1							
			2							
			3							
			1							
			2							
			3							

擺錘重量 W ＝　　　kg　　擺錘臂長 ＝　　　m

附表 6-1　沙丕式衝擊試驗擺錘上升角度 β 與吸收能量 ΔE 關係表

$$\Delta E = WR(\cos\beta - \cos\alpha) = 25.62(\text{kg}) \times 0.65(\text{m}) \times (\cos\beta - \cos143.5°)$$

β 角度	0.0	0.1	0.2	0.3	0.4	0.5	0.6	0.7	0.8	0.9
0.0	30.04	30.04	30.04	30.04	30.04	30.04	30.04	30.04	30.04	30.04
1.0	30.04	30.04	30.04	30.04	30.03	30.03	30.03	30.03	30.03	30.03
2.0	30.03	30.03	30.03	30.03	30.03	30.02	30.02	30.02	30.02	30.02
3.0	30.02	30.02	30.01	30.01	30.01	30.01	30.01	30.00	30.00	30.00
4.0	30.00	30.00	29.99	29.99	29.99	29.99	29.99	29.98	29.98	29.98
5.0	29.98	29.97	29.97	29.97	29.97	29.96	29.96	29.96	29.95	29.95
6.0	29.95	29.95	29.94	29.94	29.94	29.93	29.93	29.93	29.92	29.92
7.0	29.92	29.91	29.91	29.90	29.90	29.90	29.89	29.89	29.89	29.88
8.0	29.88	29.87	29.87	29.87	29.86	29.86	29.85	29.85	29.84	29.84
9.0	29.83	29.83	29.83	29.82	29.82	29.81	29.81	29.80	29.80	29.79
10.0	29.79	29.78	29.78	29.77	29.77	29.76	29.76	29.75	29.74	29.74
11.0	29.73	29.73	29.72	29.72	29.71	29.71	29.70	29.69	29.69	29.68
12.0	29.68	29.67	29.66	29.66	29.65	29.64	29.64	29.63	29.63	29.62
13.0	29.61	29.61	29.60	29.59	29.59	29.58	29.57	29.57	29.56	29.55
14.0	29.54	29.54	29.53	29.52	29.52	29.51	29.50	29.49	29.49	29.48
15.0	29.47	29.46	29.46	29.45	29.44	29.43	29.43	29.42	29.41	29.40
16.0	29.39	29.39	29.38	29.37	29.36	29.35	29.35	29.34	29.33	29.32
17.0	29.31	29.30	29.29	29.29	29.28	29.27	29.26	29.25	29.24	29.23
18.0	29.22	29.22	29.21	29.20	29.19	29.18	29.17	29.16	29.15	29.14
19.0	29.13	29.12	29.11	29.10	29.09	29.08	29.07	29.06	29.06	29.05
20.0	29.04	29.03	29.02	29.01	29.00	28.99	28.97	28.96	28.95	28.94
21.0	28.93	28.92	28.91	28.90	28.89	28.88	28.87	28.86	28.85	28.84
22.0	28.83	28.82	28.81	28.79	28.78	28.77	28.76	28.75	28.74	28.73
23.0	28.72	28.70	28.69	28.68	28.67	28.66	28.65	28.64	28.62	28.61
24.0	28.60	28.59	28.58	28.56	28.55	28.54	28.53	28.52	28.50	28.49
25.0	28.48	28.47	28.45	28.44	28.43	28.42	28.40	28.39	28.38	28.37

附表 6-1 沙丕式衝擊試驗擺錘上升角度 β 與吸收能量 ΔE 關係表(續)

$$\Delta E = WR(\cos\beta - \cos\alpha) = 25.62(\text{kg}) \times 0.65(\text{m}) \times (\cos\beta - \cos143.5°)$$

β 角度	0.0	0.1	0.2	0.3	0.4	0.5	0.6	0.7	0.8	0.9
26.0	28.35	28.34	28.33	28.32	28.30	28.29	28.28	28.26	28.25	28.24
27.0	28.22	28.21	28.20	28.18	28.17	28.16	28.14	28.13	28.12	28.10
28.0	28.09	28.08	28.06	28.05	28.04	28.02	28.01	27.99	27.98	27.97
29.0	27.95	27.94	27.92	27.91	27.89	27.88	27.87	27.85	27.84	27.82
30.0	27.81	27.79	27.78	27.76	27.75	27.74	27.72	27.71	27.69	27.68
31.0	27.66	27.65	27.63	27.62	27.60	27.59	27.57	27.56	27.54	27.52
32.0	27.51	27.49	27.48	27.46	27.45	27.43	27.42	27.40	27.38	27.37
33.0	27.35	27.34	27.32	27.31	27.29	27.27	27.26	27.24	27.22	27.21
34.0	27.19	27.18	27.16	27.14	27.13	27.11	27.09	27.08	27.06	27.04
35.0	27.03	27.01	26.99	26.98	26.96	26.94	26.93	26.91	26.89	26.88
36.0	26.86	26.84	26.82	26.81	26.79	26.77	26.76	26.74	26.72	26.70
37.0	26.69	26.67	26.65	26.63	26.62	26.60	26.58	26.56	26.55	26.53
38.0	26.51	26.49	26.47	26.46	26.44	26.42	26.40	26.38	26.36	26.35
39.0	26.33	26.31	26.29	26.27	26.25	26.24	26.22	26.20	26.18	26.16
40.0	26.14	26.12	26.11	26.09	26.07	26.05	26.03	26.01	25.99	25.97
41.0	25.95	25.94	25.92	25.90	25.88	25.86	25.84	25.82	25.80	25.78
42.0	25.76	25.74	25.72	25.70	25.68	25.66	25.64	25.63	25.61	25.59
43.0	25.57	25.55	25.53	25.51	25.49	25.47	25.45	25.43	25.41	25.39
44.0	25.37	25.35	25.33	25.31	25.28	25.26	25.24	25.22	25.20	25.18
45.0	25.16	25.14	25.12	25.10	25.08	25.06	25.04	25.02	25.00	24.98
46.0	24.95	24.93	24.91	24.89	24.87	24.85	24.83	24.81	24.79	24.77
47.0	24.74	24.72	24.70	24.68	24.66	24.64	24.62	24.59	24.57	24.55
48.0	24.53	24.51	24.49	24.46	24.44	24.42	24.40	24.38	24.36	24.33
49.0	24.31	24.29	24.27	24.25	24.22	24.20	24.18	24.16	24.14	24.11
50.0	24.09	24.07	24.05	24.02	24.00	23.98	23.96	23.93	23.91	23.89

附表 6-1　沙丕式衝擊試驗擺錘上升角度 β 與吸收能量 ΔE 關係表(續)

$$\Delta E = WR(\cos\beta - \cos\alpha) = 25.62(\text{kg}) \times 0.65(\text{m}) \times (\cos\beta - \cos143.5°)$$

β 角度	0.0	0.1	0.2	0.3	0.4	0.5	0.6	0.7	0.8	0.9
51.0	23.87	23.84	23.82	23.80	23.78	23.75	23.73	23.71	23.68	23.66
52.0	23.64	23.62	23.59	23.57	23.55	23.52	23.50	23.48	23.46	23.43
53.0	23.41	23.39	23.36	23.34	23.32	23.29	23.27	23.25	23.22	23.20
54.0	23.18	23.15	23.13	23.10	23.08	23.06	23.03	23.01	22.99	22.96
55.0	22.94	22.91	22.89	22.87	22.84	22.82	22.80	22.77	22.75	22.72
56.0	22.70	22.67	22.65	22.63	22.60	22.58	22.55	22.53	22.51	22.48
57.0	22.46	22.43	22.41	22.38	22.36	22.33	22.31	22.29	22.26	22.24
58.0	22.21	22.19	22.16	22.14	22.11	22.09	22.06	22.04	22.01	21.99
59.0	21.96	21.94	21.91	21.89	21.86	21.84	21.81	21.79	21.76	21.74
60.0	21.71	21.69	21.66	21.64	21.61	21.59	21.56	21.54	21.51	21.49
61.0	21.46	21.43	21.41	21.38	21.36	21.33	21.31	21.28	21.26	21.23
62.0	21.20	21.18	21.15	21.13	21.10	21.08	21.05	21.02	21.00	20.97
63.0	20.95	20.92	20.90	20.87	20.84	20.82	20.79	20.77	20.74	20.71
64.0	20.69	20.66	20.63	20.61	20.58	20.56	20.53	20.50	20.48	20.45
65.0	20.42	20.40	20.37	20.35	20.32	20.29	20.27	20.24	20.21	20.19
66.0	20.16	20.13	20.11	20.08	20.05	20.03	20.00	19.97	19.95	19.92
67.0	19.89	19.87	19.84	19.81	19.79	19.76	19.73	19.71	19.68	19.65
68.0	19.62	19.60	19.57	19.54	19.52	19.49	19.46	19.44	19.41	19.38
69.0	19.35	19.33	19.30	19.27	19.25	19.22	19.19	19.16	19.14	19.11
70.0	19.08	19.05	19.03	19.00	18.97	18.95	18.92	18.89	18.86	18.84
71.0	18.81	18.78	18.75	18.73	18.70	18.67	18.64	18.62	18.59	18.56
72.0	18.53	18.51	18.48	18.45	18.42	18.39	18.37	18.34	18.31	18.28
73.0	18.26	18.23	18.20	18.17	18.14	18.12	18.09	18.06	18.03	18.00
74.0	17.98	17.95	17.92	17.89	17.86	17.84	17.81	17.78	17.75	17.72
75.0	17.70	17.67	17.64	17.61	17.58	17.56	17.53	17.50	17.47	17.44

附表 6-1　沙丕式衝擊試驗擺錘上升角度 β 與吸收能量 ΔE 關係表(續)

$$\Delta E = WR(\cos\beta - \cos\alpha) = 25.62(\text{kg}) \times 0.65(\text{m}) \times (\cos\beta - \cos143.5°)$$

β 角度	0.0	0.1	0.2	0.3	0.4	0.5	0.6	0.7	0.8	0.9
76.0	17.42	17.39	17.36	17.33	17.30	17.27	17.25	17.22	17.19	17.16
77.0	17.13	17.10	17.08	17.05	17.02	16.99	16.96	16.93	16.91	16.88
78.0	16.85	16.82	16.79	16.76	16.74	16.71	16.68	16.65	16.62	16.59
79.0	16.56	16.54	16.51	16.48	16.45	16.42	16.39	16.36	16.34	16.31
80.0	16.28	16.25	16.22	16.19	16.16	16.14	16.11	16.08	16.05	16.02
81.0	15.99	15.96	15.93	15.91	15.88	15.85	15.82	15.79	15.76	15.73
82.0	15.70	15.68	15.65	15.62	15.59	15.56	15.53	15.50	15.47	15.44
83.0	15.42	15.39	15.36	15.33	15.30	15.27	15.24	15.21	15.19	15.16
84.0	15.13	15.10	15.07	15.04	15.01	14.98	14.95	14.92	14.90	14.87
85.0	14.84	14.81	14.78	14.75	14.72	14.69	14.66	14.64	14.61	14.58
86.0	14.55	14.52	14.49	14.46	14.43	14.40	14.37	14.35	14.32	14.29
87.0	14.26	14.23	14.20	14.17	14.14	14.11	14.08	14.05	14.03	14.00
88.0	13.97	13.94	13.91	13.88	13.85	13.82	13.79	13.76	13.74	13.71
89.0	13.68	13.65	13.62	13.59	13.56	13.53	13.50	13.47	13.44	13.42
90.0	13.39	13.36	13.33	13.30	13.27	13.24	13.21	13.18	13.15	13.13
91.0	13.10	13.07	13.04	13.01	12.98	12.95	12.92	12.89	12.86	12.83
92.0	12.81	12.78	12.75	12.72	12.69	12.66	12.63	12.60	12.57	12.54
93.0	12.52	12.49	12.46	12.43	12.40	12.37	12.34	12.31	12.28	12.25
94.0	12.22	12.20	12.17	12.14	12.11	12.08	12.05	12.02	11.99	11.96
95.0	11.94	11.91	11.88	11.85	11.82	11.79	11.76	11.73	11.70	11.67
96.0	11.65	11.62	11.59	11.56	11.53	11.50	11.47	11.44	11.41	11.39
97.0	11.36	11.33	11.30	11.27	11.24	11.21	11.18	11.16	11.13	11.10
98.0	11.07	11.04	11.01	10.98	10.95	10.93	10.90	10.87	10.84	10.81
99.0	10.78	10.75	10.72	10.70	10.67	10.64	10.61	10.58	10.55	10.52
100.0	10.49	10.47	10.44	10.41	10.38	10.35	10.32	10.29	10.27	10.24

附表 6-1　沙丕式衝擊試驗擺錘上升角度 β 與吸收能量 ΔE 關係表(續)

$$\Delta E = WR(\cos \beta - \cos \alpha) = 25.62(\text{kg}) \times 0.65(\text{m}) \times (\cos \beta - \cos 143.5°)$$

β 角度	0.0	0.1	0.2	0.3	0.4	0.5	0.6	0.7	0.8	0.9
101.0	10.21	10.18	10.15	10.12	10.10	10.07	10.04	10.01	9.98	9.95
102.0	9.92	9.90	9.87	9.84	9.81	9.78	9.75	9.73	9.70	9.67
103.0	9.64	9.61	9.58	9.56	9.53	9.50	9.47	9.44	9.41	9.39
104.0	9.36	9.33	9.30	9.27	9.25	9.22	9.19	9.16	9.13	9.10
105.0	9.08	9.05	9.02	8.99	8.96	8.94	8.91	8.88	8.85	8.82
106.0	8.80	8.77	8.74	8.71	8.68	8.66	8.63	8.60	8.57	8.55
107.0	8.52	8.49	8.46	8.43	8.41	8.38	8.35	8.32	8.30	8.27
108.0	8.24	8.21	8.19	8.16	8.13	8.10	8.08	8.05	8.02	7.99
109.0	7.96	7.94	7.91	7.88	7.86	7.83	7.80	7.77	7.75	7.72
110.0	7.69	7.66	7.64	7.61	7.58	7.55	7.53	7.50	7.47	7.45
111.0	7.42	7.39	7.36	7.34	7.31	7.28	7.26	7.23	7.20	7.18
112.0	7.15	7.12	7.09	7.07	7.04	7.01	6.99	6.96	6.93	6.91
113.0	6.88	6.85	6.83	6.80	6.77	6.75	6.72	6.69	6.67	6.64
114.0	6.61	6.59	6.56	6.53	6.51	6.48	6.45	6.43	6.40	6.38
115.0	6.35	6.32	6.30	6.27	6.24	6.22	6.19	6.16	6.14	6.11
116.0	6.09	6.06	6.03	6.01	5.98	5.96	5.93	5.90	5.88	5.85
117.0	5.83	5.80	5.77	5.75	5.72	5.70	5.67	5.65	5.62	5.59
118.0	5.57	5.54	5.52	5.49	5.47	5.44	5.41	5.39	5.36	5.34
119.0	5.31	5.29	5.26	5.24	5.21	5.19	5.16	5.14	5.11	5.09
120.0	5.06	5.03	5.01	4.98	4.96	4.93	4.91	4.88	4.86	4.83
121.0	4.81	4.78	4.76	4.74	4.71	4.69	4.66	4.64	4.61	4.59
122.0	4.56	4.54	4.51	4.49	4.46	4.44	4.41	4.39	4.37	4.34
123.0	4.32	4.29	4.27	4.24	4.22	4.20	4.17	4.15	4.12	4.10
124.0	4.07	4.05	4.03	4.00	3.98	3.95	3.93	3.91	3.88	3.86
125.0	3.83	3.81	3.79	3.76	3.74	3.72	3.69	3.67	3.65	3.62

附表 6-1　沙丕式衝擊試驗擺錘上升角度 β 與吸收能量 ΔE 關係表(續)

$$\Delta E = WR(\cos\beta - \cos\alpha) = 25.62(\text{kg}) \times 0.65(\text{m}) \times (\cos\beta - \cos143.5°)$$

β 角度	0.0	0.1	0.2	0.3	0.4	0.5	0.6	0.7	0.8	0.9
126.0	3.60	3.57	3.55	3.53	3.50	3.48	3.46	3.43	3.41	3.39
127.0	3.36	3.34	3.32	3.30	3.27	3.25	3.23	3.20	3.18	3.16
128.0	3.13	3.11	3.09	3.07	3.04	3.02	3.00	2.97	2.95	2.93
129.0	2.91	2.88	2.86	2.84	2.82	2.79	2.77	2.75	2.73	2.70
130.0	2.68	2.66	2.64	2.62	2.59	2.57	2.55	2.53	2.51	2.48
131.0	2.46	2.44	2.42	2.40	2.37	2.35	2.33	2.31	2.29	2.27
132.0	2.24	2.22	2.20	2.18	2.16	2.14	2.11	2.09	2.07	2.05
133.0	2.03	2.01	1.99	1.97	1.94	1.92	1.90	1.88	1.86	1.84
134.0	1.82	1.80	1.78	1.76	1.74	1.71	1.69	1.67	1.65	1.63
135.0	1.61	1.59	1.57	1.55	1.53	1.51	1.49	1.47	1.45	1.43
136.0	1.41	1.39	1.37	1.35	1.33	1.31	1.29	1.27	1.25	1.23
137.0	1.21	1.19	1.17	1.15	1.13	1.11	1.09	1.07	1.05	1.03
138.0	1.01	0.99	0.97	0.95	0.93	0.91	0.90	0.88	0.86	0.84
139.0	0.82	0.80	0.78	0.76	0.74	0.72	0.70	0.69	0.67	0.65
140.0	0.63	0.61	0.59	0.57	0.56	0.54	0.52	0.50	0.48	0.46
141.0	0.44	0.43	0.41	0.39	0.37	0.35	0.34	0.32	0.30	0.28
142.0	0.26	0.25	0.23	0.21	0.19	0.17	0.16	0.14	0.12	0.10
143.0	0.09	0.07	0.05	0.03	0.02	0.00				

6-11　問題討論

1. 為何衝擊試片須做成凹溝之形狀？

2. 為何材料的韌脆性不能只靠拉伸等靜力試驗來判定？

3. 試分別就完全退火、正常化、淬火、回火等熱處理條件說明其對衝擊值和破斷面狀況的影響。

4. 由衝擊破斷面狀況如何判別材料的韌脆性？

5. 試將各種材料之衝擊值與溫度的關係以圖形表示出來，並進一步繪製韌性百分比與溫度的關係且加以討論。

7 勃氏硬度試驗

7-1 實驗目的

熟悉勃氏硬度試驗機的構造原理，並測定金屬材料的勃氏硬度值。

7-2 使用規範

1. CNS 9472　B6077　勃氏硬度試驗機 Brinell hardness testing machines
2. CNS 9473　B7212　勃式硬度試驗機檢驗法 Method of test for Brinell hardness testing machines
3. CNS 2113　Z8002　勃氏硬度試驗法 Method of Brinell hardness test

7-3 實驗設備

1. **勃氏硬度試驗機**

   勃氏硬度試驗機由瑞典人 J.A. Brinell 於 1900 年發表，由於施壓穩定且測試面積大，所以其信賴度極高，尤其適合於鑄造物及鍛造物之測試。圖 7-1 為油壓式勃氏硬度試驗機。

2. **測微顯微鏡**

   如圖 7-2 所示。

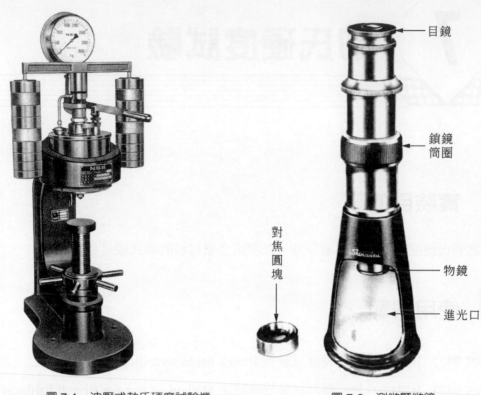

圖 7-1　油壓式勃氏硬度試驗機　　　圖 7-2　測微顯微鏡

7-4　實驗原理

如圖 7-3 所示，勃氏硬度試驗，其原理乃藉一標準硬鋼球(通常其硬度值為 BHN450)，用一定之荷重壓入試件表面，使產生充分塑性變形，而形成球面之壓痕，以此時所加之荷重 P 除以球面壓痕之表面積，所得的商稱為勃氏硬度值，一般用 HB 或 BHN 表示之。

各種材料因其軟硬不同，使用的荷重 P 及鋼球直徑 D，其關係如表 7-1 所示。施壓時間以能產生充分塑性變形為原則，一般對鋼鐵等較硬材料施壓 30 秒，對銅鋁等較軟金屬則施壓 60 秒。壓力除去後，取出試片，用測微顯微鏡量取凹痕直徑，讀至 0.05mm，則勃氏硬度值 HB 可推導如下：

$$HB = \frac{P}{A} = \frac{P}{\pi D t} = \frac{2P}{\pi D(D - \sqrt{D^2 - d^2})}$$

如圖 7-3 所示。

$$OM^2 = OA^2 - AM^2 = R^2 - \frac{d^2}{4}$$

$$OM = \sqrt{R^2 - \frac{d^2}{4}}$$

$$\therefore \mathrm{HB} = \frac{P}{A} = \frac{P}{\pi Dt} = \frac{P}{2\pi Rt} = \frac{P}{2\pi R\left(R - \sqrt{R^2 - \dfrac{d^2}{4}}\right)}$$

$$= \frac{2P}{\pi D(D - \sqrt{D^2 - d^2})}$$

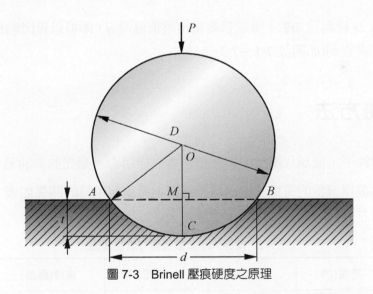

圖 7-3　Brinell 壓痕硬度之原理

表 7-1　各種材料試驗荷重 P 及鋼球直徑 D 之關係

$\dfrac{P}{D^2}$	鋼球直徑及試驗荷重					硬度範圍	適用材料
	10	5	2.5	1.25	1		
30	3000	750	187.5	46.9	30.0	143-(945)	鋼鐵，鑄鐵等
10	1000	250	62.5	15.6	10.0	48-315	鑄鐵，銅合金，硬化鋁合金及其他合金
5	500	125	31.2	7.8	5.0	23.8-158	銅及銅合金，退火鋁合金及其他合金
2.5	250	62.5	15.6	3.9	2.5	11.9-79	軸承等合金
1.25	125	31.2	7.8	2.0	1.2	6.0-39	鉛，錫等金屬
0.5	50	12.5	3.1	0.8	0.5	2.4-15.8	極軟之金屬

試驗時 P 及 D 皆為已知數，所以只要量出壓痕直徑 d，即可以算出勃氏硬度值，但通常可以由附表查到(如附表 7-1～7-3)。

7-5　實驗方法

1. 將試片表面銼平，使試片壓痕面與壓痕器垂直作用力，磨光並去油質。

2. 依材料性質選擇適當的荷重及硬鋼球壓痕器。荷重與重錘的關係如表 7-2 所示。重錘之裝置，須左右同時為之，以免損壞錘架。

表 7-2　重錘大小及數量與荷重之關係

荷重(P)	重錘(應掛)	荷重(P)	重錘(應掛)
500 kg	無(僅錘架)	1,500 kg	大 1 組
750 kg	小 1 組	2,000 kg	大 1 組，小 2 組
1,000 kg	小 2 組	2,500 kg	大 2 組
		3,000 kg	大 2 組，小 2 組

3. 將試片平放於試座上，並旋轉手輪使試片昇高至與鋼球接觸為止。

4. 關閉釋壓閥，上下搖動加壓桿，緩慢的將壓力升高至預定數值。此時錘架會緩慢昇高，直至紅線為止，不可太高，上昇太高時高壓油會回流至低壓槽內，使錘架突然落下而損壞試驗機。

5. 壓力維持 30 秒或 60 秒之後慢慢打開釋壓閥使荷重降為零。

6. 旋轉手輪將試座降下取出試片。

7. 以測微顯微鏡量取壓痕直徑，測定時須要量測直交的兩方向之直徑，然後求平均值。

8. 查表求出勃氏硬度值。

7-6　測微顯微鏡使用方法

　　若測微顯微鏡已經當天前面使用者對焦完畢，直接從步驟 5 做起就好，免得多人調整易傷儀器。

1. 將進光缺口朝向光亮的方向。

2. 調節目鏡使刻度尺清晰及水平。

3. 將有刻痕的對焦圓塊套進壓痕對準孔。

4. 鬆開鎖鏡筒圈，將鏡筒上下移動至刻痕清晰為止然後再鎖緊，移開對焦圓塊。

5. 將試片置於壓痕對準孔下方，並將壓痕邊對正目鏡內刻度 0 處，如圖 7-4 所示。

6. 讀取壓痕直徑。

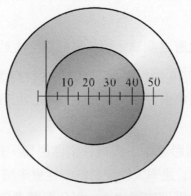

圖 7-4　壓痕直徑的量測

7-7　勃氏硬度值之表示法

勃氏硬度值可以前述 HB 200 或 BHN 200 簡單表示外，如果詳細的表示則應包括鋼球直徑，荷重大小及加壓時間等資料。例如鋼球直徑為 10 mm，荷重為 3000 kg，加壓時間為 30 秒，查表得硬度值為 200，則可以表示為：

200HB(10/3000/30)

7-8　注意事項

1.　當沒有試片頂著鋼球或試件太軟而荷重過量不可加壓試驗，否則壓塞(Ram piston)下移越出界限，藉安全閥之作用油料會漏出。如果油料不足將引起抽噎現象，再也打不起壓力來。

2.　如加壓桿搖動發生抽噎聲響，壓力不升時，係由於油料不足空氣滲入所致，此時可將釋壓閥鬆開取出，添加乾淨之液壓油然後關閉。再墊上試片加壓試驗，於錘架未上浮狀況下使壓力達到 2900 kg 荷重，然後急速放開釋壓閥，油內空氣將隨同油料逸出，如此操作兩次以上後即可排出油內的空氣。

3.　各種材料加壓荷重及鋼球大小選擇應適當。

4.　此試驗不能測試硬度超過鋼球之材料以免引起鋼球變形，補救方法為換用碳化鎢鋼球壓痕器。

5.　此試驗不適用於表面硬化層之測試，因其壓痕深度大於表層厚度。

6.　試片厚度須為凹痕深度的 10 倍以上，壓痕中心距材料邊緣應為 2.5 倍壓痕直徑以上，兩壓痕之中心距離應為壓痕直徑之 4 倍以上，因此勃氏硬度試驗不能用於極薄和極窄之試片。

7.　荷重速率太快會產生二種影響：①因機件惰性影響，使荷重暫時升高至預定荷重以上，而使凹痕直徑增大。②速率太快使材料塑性變形時間減小而減小凹痕。其中以第一種情況影響較大，故加壓速率應徐緩，以免影響準確度。

8.　切勿用手觸摸鋼球，以防生銹。

7-9 實驗結果

材料種類									
試件編號									
荷重 (kg)									
鋼球直徑 (mm)									
測試結果	平均直徑讀數 (mm)	1	2	3	1	2	3	1	2	3
	勃氏硬度值 (HB)									
	平均勃氏硬度值									
備註									

附表 7-1　鋼球為 10 mm 之 Brinell 硬度值表

壓痕直徑 mm	500 kg	1000 kg	3000 kg	壓痕直徑 mm	500 kg	1000 kg	3000 kg
2.00	158	315	945	2.35	114	227	682
2.01	156	312	936	2.36	113	225	676
2.02	154	309	926	2.37	112	223	670
2.03	153	306	917	2.38	111	222	665
2.04	151	303	908	2.39	110	220	659
2.05	150	300	899	2.40	109	218	653
2.06	148	297	890	2.41	108	216	648
2.07	147	294	882	2.42	107	214	643
2.08	146	291	873	2.43	106	212	637
2.09	144	288	865	2.44	105	211	632
2.10	143	285	856	2.45	104	209	627
2.11	141	283	848	2.46	104	207	621
2.12	140	280	840	2.47	103	205	616
2.12	139	277	832	2.48	102	204	611
2.14	137	275	824	2.49	101	202	606
2.15	136	272	817	2.50	100	200	601
2.16	125	270	809	2.51	99.4	199	597
2.17	134	267	802	2.52	98.6	197	592
2.18	132	265	794	2.53	97.8	196	587
2.19	131	262	787	2.54	97.1	194	582
2.20	130	260	780	2.55	96.3	193	578
2.21	129	257	772	2.56	95.5	191	573
2.22	128	255	765	2.57	94.8	190	569
2.23	126	253	758	2.58	94.0	188	564
2.24	125	251	752	2.59	93.3	187	560
2.25	124	248	745	2.60	92.6	185	555
2.26	123	246	738	2.61	91.8	184	551
2.27	122	244	722	2.62	91.1	182	547
2.28	121	242	725	2.63	90.4	181	543
2.29	120	240	719	2.64	89.7	179	538
2.20	119	237	712	2.65	89.0	178	534
2.31	118	235	706	2.66	88.4	177	520
2.32	117	233	700	2.67	87.7	175	526
2.33	116	231	694	2.68	87.0	174	522
2.34	115	229	688	2.69	86.4	173	518

附表 7-1 (續)

壓痕直徑 mm	500 kg	1000 kg	3000 kg	壓痕直徑 mm	500 kg	1000 kg	3000 kg
2.70	85.7	171	514	3.05	66.8	134	401
2.71	85.1	170	510	3.06	66.4	133	398
2.72	84.4	169	507	3.07	65.9	132	395
2.73	82.8	168	503	3.08	65.5	131	393
2.74	83.2	166	499	3.09	65.0	130	390
2.75	82.6	165	495	3.10	64.6	129	388
2.76	81.9	164	492	3.11	64.2	128	385
2.77	81.3	163	488	3.12	63.8	128	382
2.78	80.8	162	485	3.13	63.3	127	380
2.79	80.2	160	481	3.14	62.9	126	378
2.80	79.6	159	477	3.15	62.5	125	375
2.81	79.0	158	474	3.16	62.1	124	372
2.82	78.4	157	471	3.17	61.7	123	370
2.83	77.9	156	467	3.18	61.3	123	368
2.84	77.3	155	464	3.19	60.9	122	366
2.85	76.8	154	461	3.20	60.5	121	363
2.86	76.2	152	457	3.21	60.1	120	361
2.87	75.7	151	454	3.22	59.8	120	359
2.88	75.1	150	451	3.23	59.4	119	356
2.89	74.6	149	448	3.24	59.0	118	354
2.90	74.1	148	444	3.25	58.6	117	352
2.91	73.6	147	441	3.26	58.3	117	350
2.92	73.0	146	438	3.27	57.9	116	347
2.93	72.5	145	435	3.28	57.5	115	345
2.94	72.0	144	432	3.29	57.2	114	343
2.95	71.5	143	429	3.30	56.8	114	341
2.96	71.0	142	426	3.31	56.5	113	339
2.97	70.5	141	423	3.31	56.1	112	337
2.98	70.1	140	420	3.23	55.8	112	335
2.99	69.6	139	417	3.34	55.4	111	333
3.00	69.1	138	415	3.35	55.1	110	331
3.01	68.6	137	412	3.36	54.8	110	329
3.02	68.2	136	409	3.37	54.4	109	326
3.03	67.7	135	406	3.38	54.1	108	325
3.04	67.3	135	404	3.39	53.8	108	323

附表 7-1 (續)

壓痕直徑 mm	500 kg	1000 kg	3000 kg	壓痕直徑 mm	500 kg	1000 kg	3000 kg
3.40	53.4	107	321	3.75	43.6	87.2	262
3.41	53.1	106	319	3.76	43.4	86.8	260
3.42	52.8	106	317	3.77	43.1	86.3	259
3.43	52.5	106	315	3.78	42.9	85.8	257
3.44	52.2	105	313	3.79	42.7	85.3	256
3.45	51.8	104	311	3.80	42.4	84.9	255
3.46	51.5	103	309	3.81	42.2	84.4	253
3.47	51.2	102	307	3.82	42.0	83.9	252
3.48	50.9	102	306	3.83	41.7	83.5	250
3.49	50.6	101	304	3.84	41.5	83.0	249
3.50	50.2	101	302	3.85	41.3	82.6	248
3.51	50.0	100	300	3.86	41.1	82.1	246
3.52	49.7	99.5	298	3.87	40.9	81.7	245
3.53	49.4	98.9	297	3.88	40.6	81.3	244
3.54	49.2	98.3	295	3.89	40.4	80.8	242
3.55	48.9	97.7	293	3.90	40.2	80.4	241
3.56	48.6	97.2	292	3.91	40.0	80.0	240
3.57	48.3	96.6	290	3.92	39.8	79.5	239
3.58	48.0	96.1	288	3.93	39.6	79.1	237
3.59	47.7	95.5	286	3.94	39.4	78.7	236
3.60	47.5	95.0	285	3.95	39.1	78.3	235
3.61	47.2	94.4	283	3.96	38.9	77.9	234
3.62	46.9	93.9	282	3.97	38.7	77.5	232
3.63	46.7	93.3	280	3.98	38.5	77.1	231
3.64	46.4	92.8	278	3.99	38.3	76.7	230
3.65	46.1	92.3	277	4.00	38.1	76.3	229
3.66	45.9	91.8	275	4.01	37.9	75.9	228
3.67	45.6	91.2	274	4.02	37.7	75.5	226
3.68	45.4	90.7	272	4.03	37.5	75.1	225
3.69	45.1	90.2	271	4.04	37.3	74.7	224
3.70	44.9	89.7	269	4.05	37.1	74.3	223
3.71	44.6	89.2	268	4.06	37.0	73.9	222
3.72	44.4	88.7	266	4.07	36.8	73.5	221
3.73	44.1	88.2	265	4.08	36.6	73.2	219
3.74	43.9	87.7	263	4.09	36.4	72.8	218

附表 7-1　(續)

壓痕直徑 mm	500 kg	1000 kg	3000 kg	壓痕直徑 mm	500 kg	1000 kg	3000 kg
4.10	36.2	72.4	217	4.45	30.5	60.9	183
4.11	36.0	72.0	216	4.46	30.3	60.6	182
4.12	35.8	71.7	215	4.47	30.2	60.4	181
4.13	35.7	71.3	214	4.48	30.0	60.1	180
4.14	35.5	71.0	213	4.49	29.9	59.8	179
4.15	35.3	70.6	212	4.50	29.8	59.5	179
4.16	35.1	70.2	211	4.51	29.6	59.2	178
4.17	34.9	69.9	210	4.52	29.5	59.0	177
4.18	34.8	69.5	209	4.53	29.3	58.7	176
4.19	34.6	69.2	208	4.54	29.2	58.4	175
4.20	34.4	68.8	207	4.55	29.1	58.1	174
4.21	34.2	68.5	205	4.56	28.9	57.9	174
4.22	34.1	68.2	204	4.57	28.8	57.6	173
4.23	33.9	67.8	203	4.58	28.7	57.3	172
4.24	33.7	67.5	202	4.59	28.5	57.1	171
4.25	33.6	67.1	201	4.60	28.4	56.8	170
4.26	33.4	66.8	200	4.61	28.3	56.5	170
4.27	33.2	66.5	199	4.62	28.1	56.3	169
4.28	33.1	66.2	198	4.62	28.0	56.0	168
4.29	32.9	65.8	198	4.64	27.9	55.8	167
4.30	32.8	65.5	197	4.65	27.8	55.5	167
4.31	32.6	65.2	196	4.66	27.6	55.3	166
4.32	32.4	64.9	195	4.67	27.5	55.0	165
4.32	32.3	64.6	194	4.68	27.4	54.8	164
4.34	32.1	64.2	193	4.69	27.3	54.5	164
4.35	32.0	63.9	192	4.70	27.1	54.3	163
4.36	31.8	63.6	191	4.71	27.0	54.0	162
4.37	31.7	63.3	190	4.72	26.9	53.8	161
4.38	31.5	63.0	199	4.73	26.8	53.5	161
4.39	31.4	62.7	198	4.74	26.6	53.3	160
4.40	31.2	62.4	187	4.75	26.5	53.0	159
4.41	31.1	62.1	186	4.76	26.4	52.8	158
4.42	30.9	61.8	185	4:77	26.3	52.6	158
4.43	30.8	61.5	185	4.78	26.2	52.3	157
4.44	30.6	61.2	184	4.79	26.1	52.1	156

附表 7-1　(續)

壓痕直徑 mm	500 kg	1000 kg	3000 kg	壓痕直徑 mm	500 kg	1000 kg	3000 kg
4.80	25.9	51.9	156	5.15	22.3	44.6	134
4.81	25.8	51.6	155	5.16	22.2	44.4	133
4.82	25.7	51.4	154	5.17	22.1	44.2	133
4.83	25.6	51.2	154	5.18	22.0	44.0	132
4.84	25.5	51.0	153	5.19	21.9	43.8	132
4.85	25.4	50.7	152	5.20	21.8	43.7	131
4.86	25.2	50.5	152	5.21	21.7	43.5	130
4.87	25.1	50.3	151	5.22	21.6	43.3	130
4.88	25.0	50.1	150	5.23	21.6	43.1	129
4.89	24.9	49.8	150	5.24	21.5	42.9	129
4.90	24.8	49.6	149	5.25	21.4	42.8	128
4.91	24.7	49.4	148	5.26	21.3	42.6	128
4.92	24.6	49.2	148	5.27	21.2	42.4	127
4.93	24.5	49.0	147	5.28	21.1	42.2	127
4.94	24.4	48.8	146	5.29	21.0	42.1	126
4.95	24.3	48.6	146	5.30	20.9	41.9	126
4.96	24.2	48.3	145	5.31	20.9	41.7	125
4.97	24.1	48.1	144	5.32	20.8	41.5	125
4.98	24.0	47.9	144	5.33	20.7	41.4	124
4.99	23.9	47.7	143	5.34	20.6	41.2	124
5.00	23.8	47.5	143	5.35	20.5	41.0	123
5.01	23.7	47.3	142	5.36	20.4	40.9	123
5.02	23.6	47.1	141	5.37	20.3	40.7	122
5.03	23.5	46.9	141	5.38	20.3	40.5	122
5.04	23.4	46.7	140	5.39	20.2	40.4	121
5.05	23.3	46.5	140	5.40	20.1	40.2	121
5.06	23.2	46.3	139	5.41	20.0	40.0	120
5.07	23.1	46.1	138	5.42	19.9	39.9	120
5.08	23.0	45.9	138	5.43	19.9	39.7	119
5.09	22.9	45.7	137	5.44	19.8	39.6	119
5.10	22.8	45.5	137	5.45	19.7	39.4	118
5.11	22.7	45.2	136	5.46	19.6	39.2	118
5.12	22.6	45.1	135	5.47	19.5	39.1	117
5.13	22.5	45.0	135	5.48	19.5	38.9	117
5.14	22.4	44.8	134	5.49	19.4	38.8	116

附表 7-1　(續)

壓痕直徑 mm	500 kg	1000 kg	3000 kg	壓痕直徑 mm	500 kg	1000 kg	3000 kg
5.50	19.3	38.6	116	5.85	16.8	33.7	101
5.51	19.2	38.5	115	5.86	16.8	33.6	101
5.52	19.2	38.3	115	5.87	16.7	33.4	100
5.53	19.1	38.2	114	5.88	16.7	33.3	99.9
5.54	19.0	38.0	114	5.89	16.6	33.2	99.5
5.55	18.9	37.9	114	5.90	16.5	33.1	99.2
5.56	18.9	37.7	113	5.91	16.5	32.9	98.8
5.57	18.8	37.6	113	5.92	16.4	32.8	98.4
5.58	18.7	37.4	112	5.93	16.3	32.7	98.0
5.59	18.6	37.3	112	5.94	16.3	32.6	97.7
5.60	18.6	37.1	111	5.95	16.2	32.4	97.3
5.61	18.5	37.0	111	5.96	16.2	32.2	96.9
5.62	18.4	36.8	110	5.97	16.1	32.2	96.6
5.63	18.3	36.7	110	5.98	16.0	32.1	96.2
5.64	18.3	36.5	110	5.99	16.0	32.0	95.9
5.65	18.2	36.4	109	6.00	15.9	31.8	95.5
5.66	18.1	36.3	109	6.01	15.9	31.7	95.1
5.67	18.1	36.1	108	6.02	15.8	31.6	94.8
5.68	18.0	36.0	106	6.03	15.7	31.5	94.4
5.69	17.9	35.8	107	6.04	15.7	31.4	94.1
5.70	17.8	35.7	107	6.05	15.6	31.2	93.7
5.71	17.8	35.6	107	6.06	15.6	31.1	93.4
5.72	17.7	35.4	106	6.07	15.5	31.0	93.0
5.73	17.6	35.3	106	6.08	15.4	30.9	92.7
5.74	17.6	35.1	105	6.09	15.4	30.8	92.3
5.75	17.5	35.0	105	6.10	15.3	30.7	92.0
5.76	17.4	34.9	105	6.11	15.3	30.6	91.7
5.77	17.4	34.7	104	6.12	15.2	30.4	91.3
5.78	17.3	34.6	104	6.12	15.2	30.3	91.0
5.79	17.2	34.5	103	6.14	15.1	30.2	90.6
5.80	17.2	34.3	103	6.15	15.1	30.1	90.3
5.81	17.1	34.2	103	6.16	15.0	30.0	90.0
5.82	17.0	34.1	102	6.17	14.9	29.9	89.6
5.82	17.0	33.9	102	6.18	14.9	29.8	89.3
5.84	16.9	33.8	101	6.19	14.8	29.7	89.0

附表 7-1　(續)

壓痕直徑 mm	500 kg	1000 kg	3000 kg	壓痕直徑 mm	500 kg	1000 kg	3000 kg
6.20	14.7	29.6	88.7	6.55	13.0	26.1	78.2
6.21	14.7	29.4	88.3	6.56	13.0	26.0	78.0
6.22	14.7	29.3	88.0	6.57	12.9	25.9	77.6
6.23	14.6	29.2	87.7	6.58	12.9	25.8	77.3
6.24	14.6	29.1	87.4	6.59	12.8	25.7	77.1
6.25	14.5	29.0	87.1	6.60	12.8	25.6	76.8
6.26	14.5	28.9	86.7	6.61	12.8	25.5	76.5
6.27	14.4	28.8	86.4	6.62	12.7	25.4	76.2
6.28	14.4	28.7	86.1	6.63	12.7	25.3	76.0
6.29	14.3	28.6	85.8	6.64	12.6	25.2	75.7
6.30	14.2	28.5	85.5	6.65	12.6	25.1	75.4
6.31	14.2	28.4	85.2	6.66	12.5	25.1	75.2
6.32	14.1	28.3	84.9	6.67	12.5	25.0	74.9
6.33	14.1	28.2	84.6	6.68	12.4	24.9	74.7
6.34	14.0	28.1	84.3	6.69	12.4	24.8	74.4
6.35	14.0	28.0	84.0	6.70	12.4	24.7	74.1
6.36	13.9	27.9	83.7	6.71	12.3	24.6	73.9
6.37	13.9	27.8	83.4	6.72	12.3	24.5	73.6
6.38	13.8	27.7	83.1	6.73	12.2	24.5	73.4
6.39	13.8	27.6	82.8	6.74	12.2	24.4	73.1
6.40	13.7	27.5	82.5	6.75	12.1	24.3	72.8
6.41	13.7	27.4	82.2	6.76	12.1	24.2	72.6
6.42	13.6	27.3	81.9	6.77	12.1	24.1	72.3
6.43	13.6	27.2	81.6	6.78	12.0	24.0	72.1
6.44	13.5	27.1	81.3	6.79	12.0	23.9	71.8
6.45	13.5	27.0	81.0	6.80	11.9	23.9	71.6
6.46	13.4	26.9	80.7	6.81	11.9	23.8	71.3
6.47	13.4	26.8	80.4	6.82	11.8	23.7	71.1
6.48	13.4	26.7	80.1	6.83	11.8	23.6	70.8
6.49	13.3	26.6	79.8	6.84	11.8	23.5	70.6
6.50	13.3	26.5	79.6	6.85	11.7	23.5	70.4
6.51	13.2	26.4	79.3	6.86	11.7	23.4	70.1
6.52	13.2	26.3	79.0	6.87	11.6	23.3	69.9
6.53	13.1	26.2	78.7	6.88	11.6	23.2	69.6
6.54	13.1	26.1	78.4	6.89	11.6	23.1	69.4

附表 7-1 （續）

壓痕直徑 mm	500 kg	1000 kg	3000 kg	壓痕直徑 mm	500 kg	1000 kg	3000 kg
6.90	11.5	23.1	69.2	6.95	11.3	22.7	68.0
6.91	11.5	23.0	68.9	6.96	11.3	22.6	67.7
6.92	11.4	22.9	68.7	6.97	11.3	22.5	67.5
6.93	11.4	22.8	68.4	6.98	11.2	22.4	67.3
6.94	11.4	22.7	68.2	6.99	11.2	22.3	67.0

附表 7-2 鋼球為 5 mm 之 Brinell 硬度值表

壓痕直徑 mm	BHN				壓痕直徑 mm	BHN			
	750 kg	250 kg	125 kg	62.5 kg		750 kg	250 kg	125 kg	62.5 kg
0.81	1446	482	241	121	1.26	592	197	98.6	49.3
0.82	1411	470	235	117	1.27	582	194	97.1	48.6
0.83	1377	459	229	114	1.28	573	191	95.5	47.8
0.84	1344	448	224	112	1.29	564	188	94.0	47.0
0.85	1312	437	219	109	1.30	555	185	92.6	46.3
0.86	1282	427	214	107	1.31	547	182	91.1	45.6
0.87	1252	417	209	104	1.32	538	179	89.7	44.9
0.88	1223	408	204	102	1.33	530	177	86.4	44.2
0.89	1196	399	199	99.7	1.34	522	174	87.0	43.5
0.90	1169	390	195	97.4	1.35	514	171	85.7	42.9
0.91	1144	381	191	95.3	1.36	507	169	84.4	42.2
0.92	1119	373	186	93.2	1.37	499	166	83.2	41.6
0.93	1094	365	182	91.2	1.38	492	164	81.9	41.0
0.94	1071	357	179	89.3	1.39	485	162	80.8	40.4
0.95	1048	349	175	87.4	1.40	477	159	79.6	39.8
0.96	1027	342	171	85.6	1.41	471	157	78.4	39.2
0.97	1005	335	168	83.8	1.42	464	155	77.3	38.7
0.98	985	328	164	82.1	1.43	457	152	76.2	38.1
0.99	965	322	161	80.4	1.44	451	150	75.1	37.6
1.00	945	315	158	78.8	1.45	444	148	74.1	37.0
1.01	926	309	154	77.2	1.46	438	146	73.0	36.5
1.02	908	303	151	75.7	1.47	432	144	72.0	36.0
1.03	890	297	148	74.2	1.48	426	142	71.0	35.5
1.04	873	291	146	72.8	1.49	420	140	70.1	35.0
1.05	856	285	143	71.4	1.50	415	138	69.1	34.6
1.06	840	280	140	70.0	1.51	409	136	68.2	34.1
1.07	824	275	137	68.7	1.52	404	135	67.3	33.6
1.08	809	270	135	67.4	1.53	398	133	66.4	33.2
1.09	794	265	132	68.2	1.54	393	131	65.5	32.7
1.10	780	260	130	65.0	1.55	388	129	64.6	32.3
1.11	765	255	128	63.8	1.56	383	128	63.8	31.9
1.12	752	251	125	62.6	1.57	378	126	62.9	31.5
1.13	738	246	123	61.5	1.58	373	124	62.1	31.1
1.14	725	242	121	60.4	1.59	368	123	61.3	30.7
1.15	712	237	119	59.4	1.60	363	121	60.5	30.3
1.16	700	233	117	58.3	1.61	359	120	59.8	29.9
1.17	688	229	115	57.3	1.62	354	118	59.0	29.5
1.18	676	225	113	56.3	1.63	350	117	58.3	29.1
1.19	665	222	111	55.4	1.64	345	115	57.5	28.8
1.20	653	218	109	54.4	1.65	341	114	56.8	28.4
1.21	643	214	107	53.5	1.66	337	112	56.1	28.1
1.22	632	211	105	52.7	1.67	333	111	55.4	27.7
1.23	621	209	104	51.8	1.68	329	110	54.8	27.4
1.24	611	204	102	50.9	1.69	325	108	54.1	27.0
1.25	601	200	100	50.1	1.70	321	107	53.4	26.7

附表 7-2　鋼球為 5 mm 之 Brinell 硬度值表

壓痕直徑 mm	BHN				壓痕直徑 mm	BHN			
	750 kg	250 kg	125 kg	62.5 kg		750 kg	250 kg	125 kg	62.5 kg
1.71	317	106	52.8	26.4	2.16	195	64.9	32.4	16.2
1.72	313	104	52.2	26.1	2.17	193	64.2	32.1	16.1
1.73	309	103	51.5	25.8	2.18	191	63.6	31.8	15.9
1.74	306	102	50.9	25.5	2.19	189	63.0	31.5	15.8
1.75	302	101	50.3	25.2	2.20	187	62.4	31.2	15.6
1.76	298	99.5	49.7	24.9	2.21	185	61.8	30.9	15.5
1.77	295	98.3	49.2	24.6	2.22	184	61.2	30.6	15.3
1.78	292	97.2	48.6	24.3	2.23	182	60.6	30.3	15.2
1.79	288	96.1	48.0	24.0	2.24	180	60.1	30.0	15.0
1.80	285	95.0	47.5	23.7	2.25	179	59.5	29.8	14.9
1.81	282	93.9	46.9	23.5	2.26	177	59.0	29.5	14.7
1.82	278	92.8	46.4	23.2	2.27	175	58.4	29.2	14.6
1.83	275	91.7	45.9	22.9	2.28	174	57.9	28.9	14.5
1.84	272	90.7	45.4	22.7	2.29	172	57.3	28.7	14.8
1.85	269	89.7	44.9	22.4	2.30	170	56.8	28.4	14.2
1.86	266	88.7	44.4	22.2	2.31	169	56.3	28.1	14.1
1.87	263	87.7	43.9	21.9	2.32	167	55.8	27.9	13.9
1.88	260	86.8	43.4	21.7	2.33	166	55.2	27.6	13.8
1.89	259	85.8	42.9	21.5	2.34	164	54.8	27.4	13.7
1.90	255	84.9	42.4	21.2	2.35	163	54.3	27.1	13.6
1.91	252	84.0	42.0	21.0	2.36	161	53.8	26.9	13.4
1.92	249	83.0	41.5	20.8	2.37	160	53.3	26.6	13.3
1.93	246	82.1	41.1	20.5	2.38	158	52.8	26.4	13.2
1.94	244	81.3	40.6	20.3	2.39	157	52.3	26.2	13.1
1.95	241	80.4	40.2	20.1	2.40	156	51.9	25.9	13.0
1.96	239	79.6	39.8	19.9	2.41	154	51.4	25.7	12.9
1.97	236	78.7	39.4	19.7	2.42	153	51.0	25.5	12.7
1.98	234	77.9	38.9	19.5	2.43	152	50.5	25.3	12.6
1.99	231	77.1	38.5	19.3	2.44	150	50.1	25.0	12.5
2.00	229	76.3	38.1	19.1	2.45	149	49.6	24.8	12.4
2.01	226	75.5	37.7	18.9	2.46	148	49.2	24.6	12.3
2.02	224	74.7	37.3	18.7	2.47	146	48.8	24.4	12.2
2.03	222	73.9	37.0	18.5	2.48	145	48.4	24.2	12.1
2.04	219	73.2	36.6	18.3	2.49	144	47.9	24.0	12.0
2.05	217	72.4	36.2	18.1	2.50	143	47.5	23.8	11.9
2.06	215	71.7	35.8	17.9	2.51	141	47.1	23.6	11.8
2.07	213	71.0	35.5	17.7	2.52	140	46.7	23.4	11.7
2.08	211	70.2	35.1	17.6	2.53	139	46.3	23.2	11.6
2.09	209	69.5	34.8	17.4	2.54	138	45.9	23.0	11.5
2.10	207	68.8	34.4	17.2	2.55	137	45.5	22.8	11.4
2.11	204	68.2	34.1	17.0	2.56	135	45.1	22.6	11.3
2.12	202	67.5	33.7	16.9	2.57	134	44.8	22.4	11.2
2.13	200	66.8	33.4	16.7	2.58	133	44.4	22.2	11.1
2.14	198	66.2	33.1	16.5	2.59	132	44.0	22.0	11.0
2.15	197	65.5	32.8	16.4	2.60	131	43.7	21.8	10.9

附表 7-2　(續)

壓痕直徑 mm	BHN				壓痕直徑 mm	BHN			
	750 kg	250 kg	125 kg	62.5 kg		750 kg	250 kg	125 kg	62.5 kg
2.61	130	43.3	21.6	10.8	3.06	91.3	30.4	15.2	7.6
2.62	129	42.9	21.5	10.7	3.07	90.6	30.2	15.1	7.6
2.63	128	42.6	21.3	10.6	3.08	90.0	30.0	15.0	7.5
2.64	127	42.2	21.1	10.6	3.09	89.3	29.8	14.9	7.4
2.65	126	41.9	20.9	10.5	3.10	88.7	29.6	14.8	7.4
2.66	125	41.5	20.8	10.4	3.11	88.0	29.3	14.7	7.3
2.67	124	41.2	20.6	10.3	3.12	87.4	29.1	14.6	7.3
2.68	123	40.9	20.4	10.2	3.13	86.7	28.9	14.5	7.2
2.69	122	40.5	20.3	10.1	3.14	86.1	28.7	14.4	7.2
2.70	121	40.2	20.1	10.1	3.15	85.5	28.5	14.2	7.1
2.71	120	39.9	19.9	10.0	3.16	84.9	28.3	14.1	7.1
2.72	119	39.6	19.8	9.9	3.17	84.3	28.1	14.0	7.0
2.73	118	39.2	19.6	9.8	3.18	83.7	27.9	13.9	7.0
2.74	117	38.9	19.5	9.7	3.19	83.1	27.7	13.8	6.9
2.75	116	38.6	19.3	9.7	3.20	82.5	27.5	13.7	6.9
2.76	115	38.3	19.2	9.6	3.21	81.9	27.3	13.6	6.8
2.77	114	38.0	19.0	9.5	3.22	81.3	27.1	13.5	6.8
2.78	113	37.7	18.9	9.4	3.23	80.7	26.9	13.4	6.7
2.79	112	37.4	18.7	9.4	3.24	80.1	26.7	13.4	6.7
2.80	111	37.1	18.6	9.3	3.25	79.6	26.5	13.3	6.6
2.81	110	36.8	18.4	9.2	3.26	79.0	26.3	13.2	6.6
2.82	110	36.5	18.3	9.1	3.27	78.4	26.1	13.1	6.5
2.83	109	36.3	18.1	9.1	3.28	77.9	26.0	13.0	6.5
2.84	108	36.0	18.0	9.0	3.29	77.3	25.8	12.9	6.4
2.85	107	35.7	17.8	8.9	3.30	76.8	25.6	12.8	6.4
2.86	106	35.4	17.7	8.9	3.31	76.2	25.4	12.7	6.4
2.87	105	35.1	17.6	8.8	3.32	75.7	25.2	12.6	6.3
2.88	105	34.9	17.4	8.7	3.33	75.2	25.1	12.5	6.3
2.89	104	34.6	17.3	8.7	3.34	74.7	24.9	12.4	6.2
2.90	103	34.3	17.2	8.6	3.35	74.1	24.7	12.4	6.2
2.91	102	34.1	17.0	8.5	3.36	73.6	24.5	12.3	6.1
2.92	101	33.8	16.9	8.5	3.37	73.1	24.4	12.2	6.1
2.93	101	33.6	16.8	8.4	3.38	72.6	24.2	12.1	6.0
2.94	99.9	33.3	16.7	8.3	3.39	72.1	24.0	12.0	6.0
2.95	99.2	33.1	16.5	8.3	3.40	71.6	23.9	11.9	6.0
2.96	98.4	32.8	16.4	8.2	3.41	71.1	23.7	11.8	5.9
2.97	97.7	32.6	16.3	8.1	3.42	70.6	23.5	11.8	5.9
2.98	96.9	32.3	16.2	8.1	3.43	70.1	23.4	11.7	5.8
2.99	96.2	32.1	16.0	8.0	3.44	69.6	23.2	11.6	5.8
3.00	95.5	31.8	15.9	8.0	3.45	69.2	23.1	11.5	5.8
3.01	94.8	31.6	15.8	7.9	3.46	68.7	22.9	11.4	5.7
3.02	94.1	31.4	15.7	7.8	3.47	68.2	22.7	11.4	5.7
3.03	93.4	31.1	15.6	7.8	3.48	67.7	22.6	11.3	5.6
3.04	92.7	30.9	15.4	7.7	3.49	67.3	22.4	11.2	5.6
3.05	92.0	30.7	15.3	7.7	3.50	66.8	22.3	11.1	5.6

附表 7-3　鋼球為 2.5 mm 之 Brinell 硬度值表

壓痕直徑 mm	BHN				壓痕直徑 mm	BHN			
	187.5 kg	62.5 kg	31.2 kg	15.6 kg		187.5 kg	62.5 kg	31.2 kg	15.6 kg
0.41	1411	470	235	117	0.86	313	104	52.2	26.1
0.42	1344	448	224	112	0.87	306	102	50.9	25.5
0.43	1282	427	214	107	0.88	298	99.5	49.7	24.9
0.44	1223	408	204	102	0.89	292	97.2	48.6	24.3
0.45	1169	390	195	97.4	0.90	285	95.0	47.5	23.7
0.46	1119	373	186	93.2	0.91	278	92.8	46.4	23.2
0.47	1071	357	179	89.3	0.92	272	90.7	45.4	22.7
0.46	1027	342	171	85.6	0.93	266	88.7	44.4	22.2
0.49	985	328	164	82.1	0.94	260	86.8	43.4	21.7
0.50	945	315	158	78.8	0.95	255	84.9	42.4	21.2
0.51	908	303	151	75.7	0.96	249	83.0	41.5	20.8
0.52	873	291	146	72.8	0.97	244	81.3	40.6	20.3
0.53	840	280	140	70.0	0.98	239	79.6	39.8	19.9
0.54	809	270	135	67.4	0.99	234	77.9	38.9	19.5
0.55	780	260	130	65.0	1.00	229	76.3	38.1	19.1
0.56	752	251	125	62.6	1.01	224	74.7	37.3	18.7
0.57	725	242	121	60.4	1.02	219	73.2	36.6	18.3
0.58	700	230	117	58.3	1.03	215	71.7	35.8	17.9
0.59	676	225	113	56.3	1.04	211	70.2	35.1	17.6
0.60	653	218	109	54.4	1.05	207	68.8	34.4	17.2
0.61	632	211	105	52.7	1.06	202	67.5	33.7	16.9
0.62	611	204	102	50.9	1.07	198	66.2	33.1	16.5
0.63	592	197	98.6	49.3	1.08	195	64.9	32.4	16.2
0.64	573	191	95.5	47.8	1.09	191	63.6	31.8	15.9
0.65	555	185	92.6	46.3	1.10	187	62.4	31.2	15.6
0.66	538	179	89.7	44.9	1.11	184	61.2	30.6	15.3
0.67	522	174	87.0	43.5	1.12	180	60.1	30.0	15.0
0.68	507	169	84.4	42.2	1.13	177	59.0	29.5	14.7
0.69	492	164	81.9	41.0	1.14	174	57.9	28.9	14.5
0.70	477	159	79.6	39.8	1.15	170	56.8	28.4	14.2
0.71	464	155	77.3	38.7	1.16	167	55.8	27.9	13.9
0.72	451	150	75.1	37.6	1.17	164	54.8	27.4	13.7
0.73	438	146	73.0	36.5	1.18	161	53.8	26.9	13.4
0.74	426	142	71.0	35.5	1.19	158	52.8	26.4	13.2
0.75	415	138	69.1	34.6	1.20	156	51.9	25.9	13.0
0.76	404	135	67.3	33.6	1.21	153	51.0	25.5	12.7
0.77	393	131	65.5	32.7	1.22	150	50.1	25.0	12.5
0.78	383	128	63.8	31.9	1.23	148	49.2	24.6	12.3
0.79	373	124	62.1	31.1	1.24	146	48.4	24.2	12.1
0.80	363	121	60.5	30.3	1.25	143	47.5	23.8	11.9
0.81	354	118	59.0	29.5	1.26	140	46.7	23.4	11.7
0.82	345	115	57.5	28.8	1.27	138	45.9	23.0	11.5
0.83	337	112	56.1	28.1	1.28	135	45.1	22.6	11.3
0.84	329	110	54.8	27.4	1.29	133	44.4	22.2	11.1
0.85	321	107	53.4	26.7	1.30	131	43.7	21.8	10.9

附表 7-3　(續)

壓痕直徑 mm	BHN				壓痕直徑 mm	BHN			
	187.5 kg	62.5 kg	31.2 kg	15.6 kg		187.5 kg	62.5 kg	31.2 kg	15.6 kg
1.31	129	42.9	21.5	10.7	1.56	87.4	29.1	14.6	7.3
1.32	127	42.2	21.1	10.6	1.57	86.1	28.7	14.4	7.2
1.33	125	41.5	20.8	10.4	1.58	84.9	28.3	14.1	7.1
1.34	123	40.9	20.4	10.2	1.59	83.7	27.9	13.9	7.0
1.35	121	40.2	20.1	10.1	1.60	82.5	27.5	13.7	6.9
1.36	119	39.6	19.8	9.9	1.61	81.3	27.1	13.5	6.8
1.37	117	38.9	19.5	9.7	1.62	80.1	26.7	13.4	6.7
1.38	115	38.3	19.2	9.6	1.63	79.0	26.3	13.2	6.6
1.39	113	37.7	18.9	9.4	1.64	77.9	26.0	13.0	6.5
1.40	111	37.1	18.6	9.3	1.65	76.8	25.6	12.8	6.4
1.41	110	36.5	18.3	9.1	1.66	75.7	252	12.6	6.3
1.42	108	36.0	18.0	9.0	1.67	74.7	24.9	12.4	6.2
1.43	106	35.4	17.7	8.9	1.68	73.6	24.5	12.3	6.1
1.44	105	34.9	17.4	8.7	1.69	72.6	24.2	12.1	6.0
1.45	103	34.3	17.2	8.6	1.70	71.6	23.9	11.9	6.0
1.46	101	33.8	16.9	8.5	1.71	70.6	23.5	11.8	5.9
1.47	99.9	33.3	16.7	8.3	1.72	69.6	23.2	11.6	5.8
1.48	98.4	32.8	16.4	8.2	1.73	68.7	22.9	11.4	5.7
1.49	96.9	32.3	16.2	8.1	1.74	67.7	22.6	11.3	5.6
1.50	95.5	31.8	15.9	8.0	1.75	66.8	22.3	11.1	5.6
1.51	94.1	31.4	15.7	7.8					
1.52	92.7	30.9	15.4	7.7					
1.53	91.3	30.4	15.2	7.6					
1.54	90.0	30.0	15.0	7.5					
1.55	88.7	29.6	14.8	7.4					

7-9 問題討論

1. 勃氏硬度試驗有何優點？適用於那些材料？

2. 為何勃氏硬度試驗加壓須保持一段時間方可除去荷重？

3. 兩壓痕距離不可太近，其理由為何？

4. 勃氏硬度試驗有那些限制？

5. 同種材料用不同的荷重進行試驗，其硬度值是否相同？試討論之。

8 洛氏硬度試驗

8-1 實驗目的

利用洛氏硬度試驗機測定金屬材料之洛氏硬度值。

8-2 使用規範

1. CNS 10047 B6079　洛氏硬度標準硬度塊 Standard hardness blocks of Rockwell tester and Rockwell superficial hardness tester
2. CNS 2114　Z8003　洛氏硬度試驗法 Method of Rockwell hardness test
3. CNS 7473　Z8022　洛氏表面硬度試驗法 Method of Rockwell superficial hardness test

8-3 實驗設備

洛氏硬度試驗機：洛氏硬度試驗法由美國人 S. P. Rockwell 於 1919 年所發表，試驗機則由 C. H. Wilson 首先實用化。目前常用的有搖柄式(圖 8-1)及電動式(圖 8-2)。

(a) 硬鋼球壓痕器

(b) 金鋼石壓痕器

圖 8-1　搖柄式洛氏硬度試驗機及壓痕器

(a) 指針型

(b) 數字顯示型

圖 8-2　電動式洛氏硬度試驗機

洛氏硬度試驗法與勃氏硬度試驗法原理相似，皆是利用壓痕器壓入材料表面產生凹痕。但勃氏硬度試驗法試件須有適當的大小及厚度，壓痕也大，且硬度值須用顯微鏡量測及查表較為繁複。而洛氏硬度試驗法試片可以較薄小，壓痕也小，硬度值可以直接由儀表讀出，且適用於極硬至極軟的材料，使用方便，故目前為工業界使用最廣的試驗機。

8-4 實驗原理

1. 洛氏硬度試驗機乃利用槓桿原理，將硬鋼球或 120° 金鋼石圓錐壓痕器用一定的荷重壓入材料表面使試片產生壓痕，而由壓痕深度大小經過換算來代表材料的洛氏硬度值。

2. 依材料軟硬不同，所使用的壓痕器、荷重及儀錶(圖 8-3)數字顏色亦不同，其適用範圍如表 8-1 所示。對於軟鋼等較軟的材料，使用 1/16" 鋼球壓痕器及 100kg 荷重，所得的硬度值由儀表上的紅字讀出，稱為洛氏 B 尺硬度，以符號 HRB 表示之。對於淬火鋼等較硬的材料，使用金鋼石壓痕器及 150 kg 荷重，所得的硬度值由儀表上的黑字讀出稱為洛氏 C 尺硬度，以 HRC 表示之，其他尺度則依此類推，如 HRA、HRD 等。

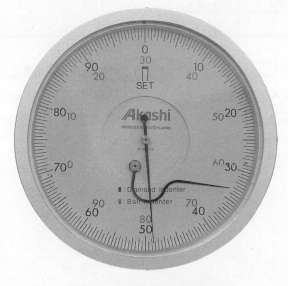

圖 8-3　洛氏硬度試驗機儀錶

表 8-1　洛氏硬度試驗之尺度選用表

尺度記號	壓痕器	大荷重 (kg)	刻度	用途
B	1/16"鋼球	100	紅	銅合金、鋁合金、軟鋼、展性鑄鐵等。
C	金鋼石圓錐	150	黑	硬鋼、高硬化鋼、硬鑄鐵、鈦、波來狀之展性鑄鐵或其他大於 HRB100 之材料。
A	金鋼石圓錐	60	黑	超硬合金(如燒結碳化物)及剃刀片等硬薄片，淺硬化鋼。
D	金鋼石圓錐	100	黑	薄金屬片、表面硬化中度鋼、硬化鋼。
E	1/8"鋼球	100	紅	鑄鐵、鋁鎂合金、軸承材料。
F	1/16"鋼球	60	紅	退火銅合金、軟的薄金屬片、軸承合金。
G	1/16"鋼球	150	紅	展性鑄鐵，Ni、Cu、Zn 合金(不可超過 G92 否則鋼球會被壓扁)。
H	1/8"鋼球	60	紅	鋁、鋅、鉛、粉末冶金製品。
K	1/8"鋼球	150	紅	
L	1/4"鋼球	60	紅	
M	1/4"鋼球	100	紅	軸承材料及其他極軟或薄材料。 (如樹脂製品等)
P	1/4"鋼球	150	紅	
R	1/2"鋼球	60	紅	
S	1/2"鋼球	100	紅	
V	1/2"鋼球	150	紅	

3. 洛氏硬度試驗都要先加 10 kg 小荷重，以此小荷重壓入的深度為基準，其次再加上大荷重，把壓痕器壓入試片表面，然後除去大荷重，只留下小荷重，而以加大荷重時所產生之永久變形部分深度來比較材料的硬度值(如圖 8-4 所示)。加小荷重的目的，乃在消除試片表面不平或雜質等影響。

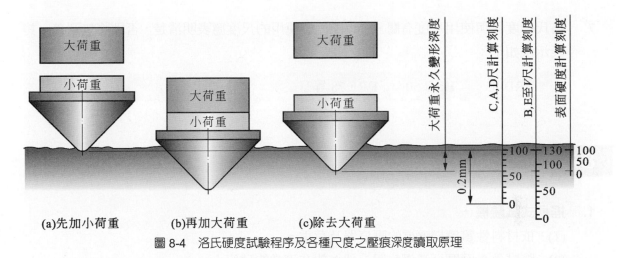

(a)先加小荷重　　(b)再加大荷重　　(c)除去大荷重

圖 8-4　洛氏硬度試驗程序及各種尺度之壓痕深度讀取原理

4.　材料愈硬壓痕的深度愈小，深度小表示對變形的抵抗力愈大，硬度也就愈高，通常硬度值可以由刻度盤直接讀出。刻度盤上有 100 等分，每等分相當於 0.002 mm 壓痕深度，故壓痕深度 h 在刻度上是相當於 $h/0.002 = 500 \cdot h$ 刻度。通常 HRB 是從基準刻度 130 減去相當於 h 深度之刻度來表示，所以：

$$HRB = 130 - 500 \cdot h \qquad \text{(HRE 至 HRV 計算式與 HRB 相同)}$$

而 HRC，所採用的基準刻度為 100，所以：

$$HRC = 100 - 500 \cdot h \qquad \text{(HRA 和 HRD 計算式與 HRC 相同)}$$

5.　雖然刻度盤上有 100 等分刻度，但每種尺度有其自己的使用範圍，例如 B 尺度為 HRB 0～100 之間，但 C 尺度使用範圍則在 HRC 20～80 之間。其理由為材料硬度小於 B 尺 0 度時，$h > 130/500$ mm，鋼球會深陷而影響準確度，此時宜改用較大鋼球如 K 尺或較小荷重如 F 尺的尺度。若硬度大於 B 尺 100 時，$h < 30/500$ mm，則鋼球有壓扁破裂的可能，所以亦要改用適合較硬材料的尺度如 C 尺等。其他尺度使用範圍原理如同 B 尺，所以使用各種尺度，其範圍必須先弄清楚，可參考附表 10-1 和表 10-2 之硬度換算表。

6.　一般而言，測試時選擇使用最小直徑之鋼球較為適當，因為鋼球直徑較大時靈敏度較差，但如果測試質軟且組織不均勻之材料時則應選用直徑較大之鋼球，如此接觸面積增加硬度值比較正確。

7. 洛氏硬度值與使用尺度有關，所以硬度值使用的尺度應表明清楚，否則將無意義，其表示法如下：

　　　HRB 85　　　HRC 50　　　HRF 78 等

8-5　實驗方法

1. **搖柄式試驗機**
   (1) 依材料性質選擇適當的壓痕器及荷重。
   (2) 將試件表面磨平清潔乾淨，然後放在適當的砧座上。
   (3) 轉動手輪使砧座上升，使試件接觸到壓痕器，然後繼續緩慢施力，直至刻度盤上的小指針指到紅點中心，而大指針在 C 尺 0 度(*B* 尺 30 度)正負 5 度內，此時已加予試件 10 kg 之小荷重。
   (4) 轉動刻度盤或歸零調整鈕使之歸零。
   (5) 放下荷重把手，使大荷重藉著油壓緩衝器之作用慢慢將壓痕器壓入試件表面。
   (6) 計算加壓時間，一般較硬材料維持 10～15 秒，較軟材料維持 30 秒。
   (7) 時間到後拉回荷重把手，除去大荷重而留下小荷重。
   (8) 讀取刻度盤上之刻度並記錄之。
   (9) 轉動手輪使之下降，再取其他的點測試求取平均值。
   (10) 試驗完畢取下試片並將儀器保養之。

2. **電動式試驗機**
   (1) 依材料性質選擇適當的荷重及壓痕器。
   (2) 將試件表面磨平並清潔乾淨，然後放在適當的砧座上。
   (3) 打開電源並設定加壓時間(有些機型已內建)。
   (4) 轉動手輪使砧座上升，使試件接觸到壓痕器，然後繼續緩慢施力直至刻度盤上的小指針與大指針皆指向 C 尺 0 度(B 尺 30 度)，此時已加上 10 kg 之小荷重。
   (5) 按下電鈕使大荷重慢慢壓入材料表面。
   (6) 時間一到大荷重自動除去，此時由刻度盤讀取硬度值並記錄之。
   (7) 轉動手輪使之下降，再取其他的點測試求取平均值。
   (8) 試驗完畢取下試片，關閉電源，並將儀器保養之。

8-6　注意事項

1.　試驗尺度選擇需正確，對於硬度較高但不十分清楚的材料，應依 A、D、C 等尺度順序測試以免損壞金鋼石圓錐。

2.　試件測試面及背面皆須為平面而且平行，表面應以水砂紙磨至#400 表面粗糙度，試驗 5 點以上間距 3mm 以上，平面以外的各種形狀試件宜裝上特殊之安裝具支持之，如圖 8-5 所示。

3.　較小且兩面不平行之試件，如湯匙，可以使用接觸面較小的點砧，如圖 8-6 所示。

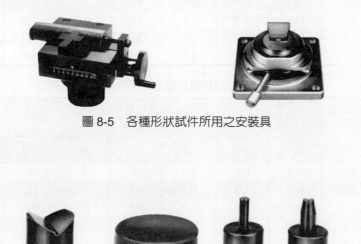

圖 8-5　各種形狀試件所用之安裝具

標準V型座　　　平面座　　　點砧座　　淺V型座

圖 8-6　各種試件所用之砧座

4.　圓杜體試件可以放置於 V 字型砧座上測試，但其結果異於平面，通常圓斷面愈小且材料愈軟時測定值愈低，所以硬度值需要補正，其修正法如表 8-2 和表 8-3 所示。

表 8-2　洛氏硬度試驗圓柱體之修正表(B,F,G 尺度時)

B F G 尺	1/16"　鋼球壓痕器 試件直徑 in.						
	1/4	3/8	1/2	5/8	3/4	7/8	1
100	3.5	2.5	1.5	1.5	1.0	1.0	0.5
90	4.0	3.0	2.0	1.5	1.5	1.5	1.0
80	5.0	3.5	2.5	2.0	1.5	1.5	1.5
70	6.0	4.0	3.0	2.5	2.0	2.0	1.5
60	7.0	5.0	3.5	2.0	2.5	2.0	2.0
50	8.0	5.5	4.0	3.5	3.0	2.5	2.0
40	9.0	6.0	4.5	4.0	3.0	2.5	2.5
30	10.0	6.5	5.0	4.5	3.5	3.0	2.5
20	11.0	7.5	5.5	4.5	4.0	3.5	3.0
10	12.0	8.0	6.0	5.0	4.0	3.5	3.0
0	12.5	8.5	6.5	5.5	4.5	3.5	3.0

(刻度盤讀數 — 左側縱向標題)

表 8-3　洛氏硬度試驗圓柱體之修正表(C,D,A 尺度時)

C D A 尺	金鋼石壓痕器 試件直徑 in.						
	1/4	3/8	1/2	5/8	3/4	7/8	1
80	0.5	0.5	0.5	0	0	0	0
70	1.0	1.0	0.5	0.5	0.5	0	0
60	1.5	1.0	1.0	0.5	0.5	0.5	0.5
50	2.5	2.0	1.5	1.0	1.0	0.5	0.5
40	3.5	2.5	2.0	1.5	1.0	1.0	1.0
30	5.0	3.5	2.5	2.0	1.5	1.5	1.0
20	6.0	4.5	3.5	2.5	2.0	1.5	1.5

(刻度盤讀數 — 左側縱向標題)

圖 8-7　硬度標準塊

5. 試件只能單面測試，不可同時測試兩面以免造成不準。

6. 各壓痕中心距離須大於 4 倍壓痕直徑，以免因太靠近產生應變硬化而使硬度值偏高。壓痕中心距試件邊緣亦須在壓痕直徑 2 倍以上，否則硬度值會偏低。

7. 壓痕器更換時，最先兩次可能不準，此數據最好不用。

8. 試驗機是否精確，通常需使用硬度標準塊(圖 8-7)校驗之，如誤差超出 2 度以上時，應由專業人員作適當調整。

8-7 洛氏表面硬度試驗 (Rockwell Superficial Hardness Test)

1. 洛氏表面硬度試驗於 1932 年發展出來，專用來測試氮化鋼、滲碳鋼等表面硬化層及測試軟鋼、青銅，黃銅等薄片金屬的硬度。

2. 洛氏表面硬度，其試驗原理與操作方法和一般的洛氏硬度試驗完全相同，不同之處為表面硬度的小荷重為 3 kg 而大荷重有 15，30，45 kg 三種，刻度盤上每一刻度表示 0.001 mm 之深度，所以其量測的靈敏度較高，其硬度計算公式為：

$$HR = 100 - h$$

3. 洛氏表面硬度試驗機如圖 8-8 所示，其儀表上只有一種刻度，但目前洛氏表面硬度與洛氏硬度都設計在同一機體上，使用洛氏表面硬度時，將試驗機壓痕器上方之指示方塊旋到對準 S 字，如圖 8-9 所示，使用洛氏硬度時，則將指示方塊旋到對準 R 字。

4. 洛氏表面硬度尺度有五種，如表 8-4 所示。
   (1) 供氮化鋼等材料之試驗時，用金鋼石圓錐壓痕器，其尺度記號為 N，此是取 "Nitrided" 字首 N 之故。
   (2) 供金屬薄片之試驗時，用 1/16 英吋硬鋼球壓痕器，其尺度記號為 T，此是取 "Thin" 字首 T 之故。
   (3) 供極軟材料之試驗時，用 1/8、1/4、1/2 英吋硬鋼球壓痕器，其尺度記號分別為 W、X、Y。

5. 洛氏表面硬度刻度盤上僅有一種刻度，其硬度表示法為 HR 15N78，HR 30T56 等。

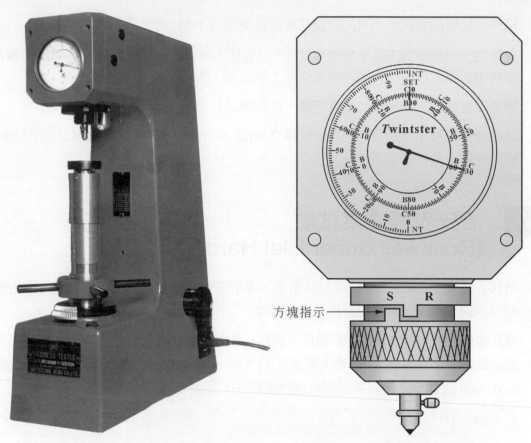

圖 8-8 洛氏表面硬度試驗機   圖 8-9 洛氏表面硬度使用位置

方塊指示

表 8-4 洛氏表面硬度尺度

荷重 kg	尺度記號				
	N尺 金鋼石圓錐	T尺 1/16"鋼球	W尺 1/8"鋼球	X尺 1/4"鋼球	Y尺 1/2"鋼球
15	15N	15T	15W	15X	15Y
30	30N	30T	30W	30X	30Y
45	45N	45T	45W	45X	45Y

8-8　全自動洛氏硬度試驗機

此試驗機如圖 8-10 所示，與傳統使用之重錘間接荷重負荷不同，係採用直接荷重負荷機構，並可直接檢測出壓痕器進入試片之深度。使用尺度直接從畫面選擇，如圖 8-11(a)所示。

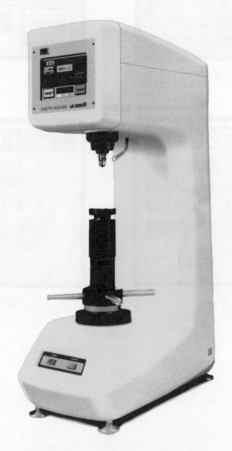

圖 8-10　全自動洛氏硬度試驗機

試片與壓痕器些微接觸(0.5-8 mm 深)，只要按下 Start，壓痕器下降、小荷重、大荷重、保持時間、荷重解除、硬度值顯示、壓痕器上升等皆可自動完成。硬度顯示值如圖 8-11(b)所示，可與其它機種之硬度值對照。測試完畢可用編集功能進行統計如圖 8-11(c)所示。若試片非平板，尚可利用補正功能進行圓筒及球面凸面補正，如圖 8-11(d)所示。此試驗機可測試洛氏表面硬度，亦可測試 200 kg 以下較輕荷重之勃氏硬度值。

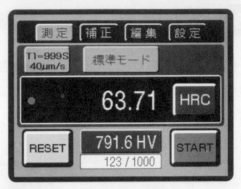

(a) 尺度選擇畫面

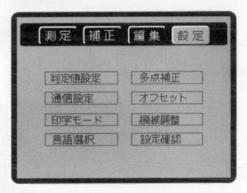

(b) 測定畫面

(c) 數值分析畫面

(d) 機能設定畫面

圖 8-11

8-9　實驗結果

材料種類	試件編號	荷重(kg)	使用壓痕器	洛氏度尺標	硬度讀數 測試值			平均洛氏硬度	備註
					1	2	3		
					1	2	3		
					1	2	3		
					1	2	3		

8-10　問題討論

1. 洛氏硬度試驗有何優點？

2. 洛氏硬度試驗先加一小荷重，其目的為何？

3. 洛氏硬度試驗各種尺度有其使用的範圍，例如 B 尺 0～100，C 尺 20～80，為什麼？試說明之。

4. 洛氏表面硬度試驗有何用途，與洛氏硬度試驗差別在哪裡？

5. 洛氏表面硬度尺度記號有 T 和 N，各表示甚麼意思？

9 維氏硬度試驗

9-1 實驗目的

熟悉維氏硬度試驗機之構造原理並測定金屬材料之維氏硬度值。

9-2 使用規範

1. CNS 9209 B6072　維克氏硬度試驗機 Vickers hardness testing machines
2. CNS 9210 B7196　維克氏硬度試驗機檢驗法 Method of test for Vickers hardness testing machines
3. CNS 2115 Z8004　維克氏硬度試驗法 Method of Vickers hardness test
4. CNS 8762 B6065　微小硬度試驗機—維克氏硬度及克諾普硬度 Micro hardness testing machines for Vickers and Knoop hardness
5. CNS 8763 B7189　微小硬度試驗機檢驗法—維克氏硬度及克諾普硬度 Method of test for micro hardness testing machines for Vickers and Knoop hardness

9-3 實驗設備

維氏硬度試驗機如圖 9-1 所示。維氏硬度試驗法是由英國人 R. Smith 與 G. Sand-land 於 1925 年發表，最初用於研究，至 1930 年發現有利於測定氮化鋼表面硬化層之硬度才逐漸應用於一般工業界。維氏硬度機壓痕器為對面夾角 136° 之金剛石正方形錐如圖 9-2 所示。所用的荷重有 1，5，10，20，30，50 kg 等，其試驗原理與勃氏和洛氏相似，皆是利用一定的荷重壓入材料表面使產生壓痕，但比較其他試驗機有以下幾種特色：①用對面角一定的正方錐金剛石壓痕器，不拘荷重大小，壓痕形狀都成相似形，對同一材料可得相同的硬度值。②壓痕的輪廓清楚測定精度良好。③從極軟至極硬的材料，只要變更荷重，即可用連續尺度求硬度值，彼此容易比較硬度。④壓痕微小，對材料不太形成傷痕，可直接用於成品的檢驗。⑤荷重較小，適合測定薄板材料表面硬化層、鍍金層及銲接部分的硬度。

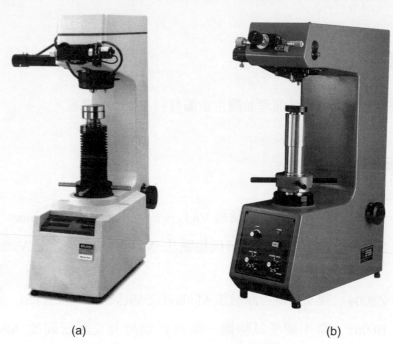

(a)   (b)

圖 9-1　維氏硬度試驗機

9-4　實驗原理

維氏硬度試驗乃是藉著對面夾角為 136° 之金剛石正方形錐壓痕器壓入試件表面，使之產生充分塑性變形，而形成壓痕，以此時所加的荷重 P 除以壓痕之表面積所得之商，稱為維氏硬度。一般用 HV 表示之，則 $HV = P / A$，如圖 9-3 所示，維氏硬度值可推導如下：

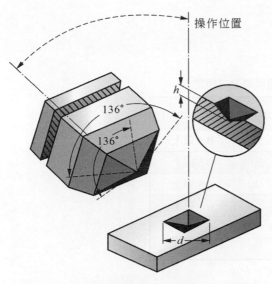

圖 9-2　維氏硬度試驗機之壓痕器及其壓痕

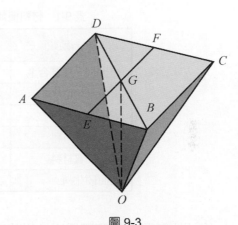

圖 9-3

設　　　A = 壓痕表面積

　　　　P = 荷重大小

　　　　d = 壓痕的對角線平均長度

　　　　θ = 壓痕器對面夾角

$$AB = d\cos 45° = \frac{d}{\sqrt{2}}$$

$$EG = \frac{1}{2}BC = \frac{1}{2}AB = \frac{d}{2\sqrt{2}}$$

$$OE = EG \times \frac{1}{\sin\frac{\theta}{2}} = \frac{d}{2\sqrt{2}} \times \frac{1}{\sin\frac{\theta}{2}}$$

$$A = 4 \times \frac{1}{2}AB \times OE = 4 \times \frac{1}{2} \times \frac{d}{\sqrt{2}} \times \frac{d}{2\sqrt{2}} \times \frac{1}{\sin\frac{\theta}{2}} = \frac{d^2}{2} \times \frac{1}{\sin\frac{\theta}{2}}$$

$$\therefore \mathrm{HV} = \frac{P}{A} = \frac{2P}{d^2} \times \sin\frac{\theta}{2} = \frac{2P}{d^2}\sin 68° = 1.8544\frac{P}{d^2}$$

由上式可知只要量取對角線長度 d，即可求出維氏硬度值，但通常儀器都附有一本對照表，可以查表求出。

9-5　實驗方法

表 9-1　材料種類、荷重與厚度之規定

材料種類	荷重 (kg)			厚度 (mm)
淬火鋼、硬質合金	30	50		0.5 以上
碳鋼、合金鋼	20	30		0.5 以上
銅鋁等合全	5	10	20	0.5 以上
薄板軟質材料	5			0.1 以上
薄板硬質材料	10			0.1 以上
表面硬化鋼	1	5	10	

1. 依試件厚薄、軟硬選擇適當的荷重(參考表 9-1)。
2. 開啓電源並設定加壓時間(較硬材料 10～15 秒，較軟材料 30 秒)。
3. 將試件表面磨光至水砂紙#100 的表面粗糙度，然後平整放置於砧座上。
4. 將顯微鏡旋轉至試件上方，兩眼注視目鏡，再慢慢轉動手輪使試件上升直至試件表面影像清晰為止。
5. 由目鏡找尋所要測試的點，其方法如 9-5 節所示。
6. 旋開顯微鏡，改換壓痕器在試件正上方。
7. 按下荷重按鈕開始加壓，此時荷重指示燈熄滅，壓痕器慢慢下降，接觸試件後繼續加壓。
8. 時間一到壓痕器自動回升至原來位置，指示燈自動點亮。
9. 旋開壓痕器，改換顯微鏡在試件正上方。
10. 量取兩條壓痕對角線長度，其方法如 9-5 節所示。
11. 重複上述步驟，測試 5 至 10 次，求取對角線平均值，再查表求出維氏硬度值。
12. 降下砧座取出試件，關閉電源，將儀器保養之。

9-6　測試點的找尋及壓痕對角線的測量方法

1.　**測試點找尋法**

(1)　轉動左側計測旋鈕，使三角形箭頭對準 0 點，如圖 9-4 所示，此時顯微鏡內左側計測線剛好在正中間，三條小橫線之中間那一條與計測線所交點即為測試位置。

(2)　移動試片使欲測之點對準測試位置。

2.　**壓痕對角線量測法**

(1)　將兩條計測線及壓痕完全對焦，如圖 9-5(a)所示。

(2)　轉動左側旋鈕，使左側計測線準確的切在壓痕的左角點，如圖 9-5(b)所示。

(3)　轉動右側旋鈕，使右側計測線準確的切在壓痕右角點，如圖 9-5(c)所示。

(4)　讀取對角線長度。

(5)　旋轉計測器 90 度，以同樣步驟量測另一對角線長度。

(6)　求取兩對角線平均值。

圖 9-4　測試點找尋法

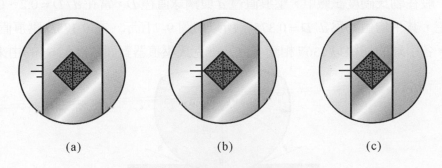

(a)　　　　　　　　(b)　　　　　　　　(c)

圖 9-5　壓痕對角線量測法

9-7　注意事項

1. 荷重選擇應正確,使壓痕大小適中,避免太大或太小的現象(除非是極軟或極硬的材料),以免影響準確度,如圖 9-6 所示。

2. 試片表面須細磨或拋光過,以方便顯微鏡之觀察及對角線之量測。

3. 試件厚度須爲壓痕對角線 1.5 倍以上,兩壓痕中心須爲對角線長度 4 倍以上,壓痕中心離試件邊緣須爲壓痕對角線長度 2.5 倍以上。

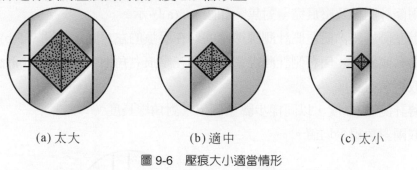

(a) 太大　　　　　　　(b) 適中　　　　　　　(c) 太小

圖 9-6　壓痕大小適當情形

9-8　維氏硬度壓痕器對面角度為 136° 之由來

　　維氏硬度試驗原理與勃氏硬度試驗原理相似,所以壓痕器對面角的決定與勃氏硬度試驗有關。一般在勃氏硬度試驗中,壓痕直徑 d 與鋼球直徑 D,常在 $d/D = 0.2～0.5$ 的比例範圍中測定,其平均值約爲 $d/D = 0.375$。所以如圖 9-7 所示,在 $0.375D$ 壓痕直徑接觸鋼球的兩端,各引球的切線以 136° 相交,此乃維克氏壓痕器對面角爲 136° 的由來。

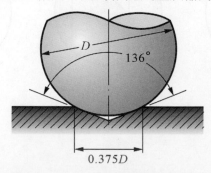

圖 9-7　Vickers 壓痕器對面角之決定

9-9　微小硬度試驗(Micro Vickers Hardness Test)

微小硬度試驗，其原理與維氏硬度試驗相似，差別之點乃在微小硬度試驗所用荷重較小(10 g～1 kg)，其形成的凹痕也較小，須用較高倍率顯微鏡(400 倍)來量測。微小硬度試驗適用於滲碳、滲氮等表面硬化層、鍍金層、火焰硬化層，高週波淬火硬化層、金屬單結晶或特定組織等微細場所硬度之測定，目前用途相當廣泛，試驗機也有多種型式，圖 9-8 為其中的兩種。

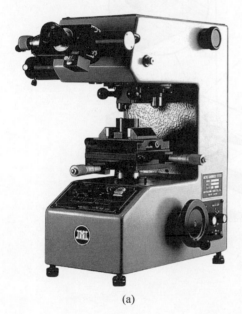
(a)

(b)

圖 9-8　微小硬度試驗機

9-10　微小硬度試驗壓痕器及其量測原理

微小硬度試驗壓痕器有兩種，一種為金鋼石方錐，與維氏硬度所用的壓痕器相同，一種為 Knoop 壓痕器，由美國國家標準局所發展，將金鋼石磨成菱形，其長軸與短軸比為 7：1，如圖 9-10 所示。其量測的原理如下：

1. **金鋼石方錐壓痕器**

　　其計算公式；與維氏相同，由於其試驗荷重以 g 為單位，因此其公式可改寫成：

$$\text{HMV} = \frac{2P}{d^2}\sin\frac{\theta}{2}\times 1000 = 1854.4\times\frac{P}{d^2}$$

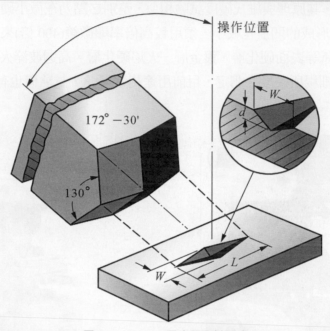

操作位置

$172^\circ - 30'$

130°

圖 9-9　Knoop 壓痕器及其壓痕

式中　　P 之單位爲 g

　　　　d 之單位爲 μ

2. Knoop 壓痕器

其對面角爲 130° 及 $172^\circ 30'$，對角線比 $L:W = 7:1$ 但實際使用的是長對角線 L 之長，其計算公式爲：

$$\text{HK} = \frac{P}{A} = \frac{P}{CL^2}$$

式中　　P 爲試驗荷重(kg)

　　　　A 爲壓痕之表面積(mm^2)

　　　　L 爲長對角線長度(mm)

　　　　C 爲 Knoop 壓痕器常數(0.07028)

　　上式可改寫爲

$$\text{HK} = 14.229 \frac{P}{L^2} \times 1000 = 14229 \frac{P}{L^2}$$

式中　　P 之單位為 g
　　　　L 之單位為 μ

9-11　微小硬度試驗方法及其應用實例

　　微小硬度試驗，要找尋量測位置可用 10 倍或 40 倍物鏡，但量測對角線長度要用 40 倍物鏡，其他操作方法與維氏試驗一樣。一般使用金鋼石方錐壓痕器測定硬度者比較普遍，如量測鐘錶小零件、小直徑金屬絲、切割工具之尖端、較薄之表面硬化層，以及薄片金屬小面積內硬度之變化等，可用 Knoop 壓痕器。圖 9-10 為量測銑刀片端點硬度的情形，圖 9-11 為 0.2%碳鋼內之肥粒鐵用金鋼石方錐壓痕器量測的結果，圖 9-12 為鋁板分別用金鋼石方錐及 Knoop 壓痕器量測的結果。

圖 9-10　微小硬度機量測銑刀片端點之情形

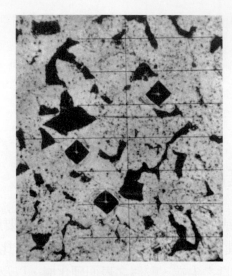

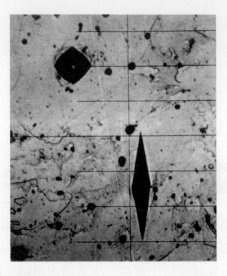

圖 9-11　0.2%碳鋼 HMV = 209　　　　圖 9-12　鋁(99.5%)HMV = 55.4，HK = 55.8

9-12 數字顯示型維氏硬度試驗機

此試驗機如圖 9-13 所示，採用觸控式面板。

圖 9-13　數字顯示型維氏硬度試驗機

　　量測程序、條件、結果皆可清楚顯示，如圖 9-14(a)所示。此試驗機可同時裝上 Knoop 壓痕器進行測試，如圖 9-14(b)所示。若改用 1-5 mm 鋼球亦可得到勃氏硬度值，如圖 9-14(c) 所示。結合 Vickers 與 Knoop 兩種數值可得到破斷韌性值，如圖 9-14(d)所示。

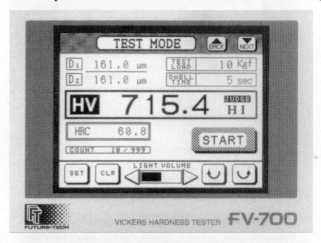

(a) 維氏測定畫面

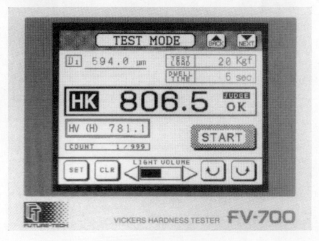

(b) Knoop氏測定畫面

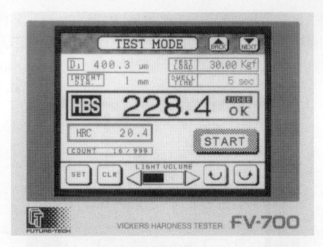

(c) 勃氏測定畫面

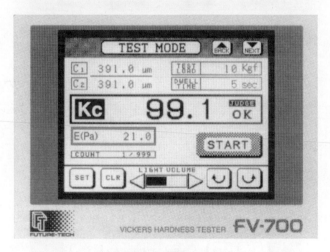

(d) 破斷韌性測定畫面

圖 9-14

9-13 全自動微小硬度試驗機

　　此試驗機如圖9-15所示，只要將測量位置設定好，即可自動進行連續打點，如圖9-16(a)和(b)所示。壓痕可自動讀取，如圖 9-16(c)所示。測試結果(例如硬化層深度)可直接畫圖，如圖 9-16(d)所示。

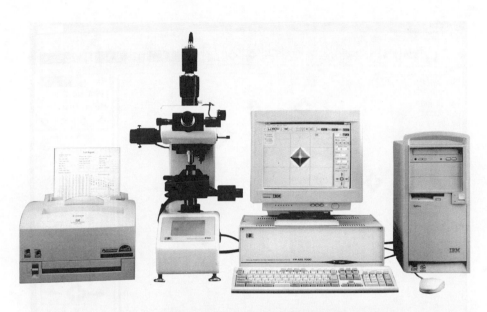

圖 9-15　全自動微小硬度試驗機

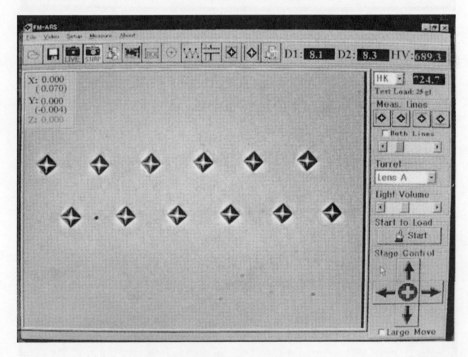

(a) 自動打點(直線)

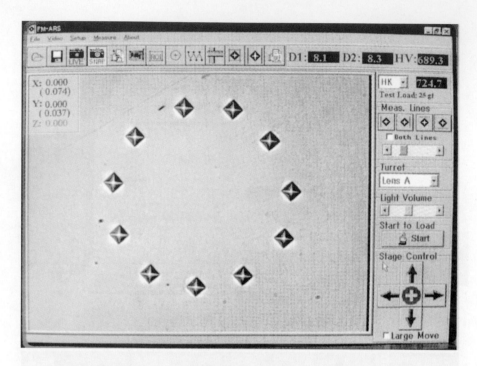

(b) 自動打點(圓形)

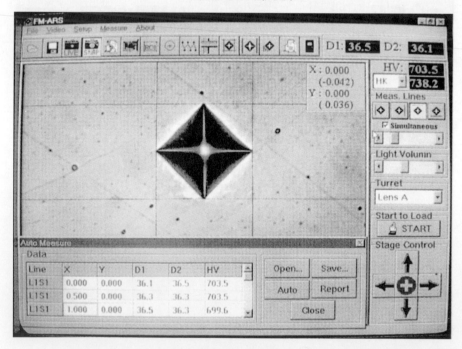

(c) 壓痕計測畫面

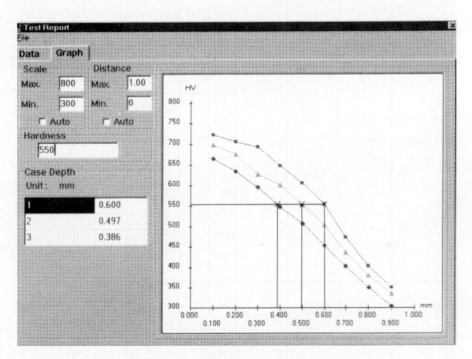

(d) 硬化層深度判定畫面

圖 9-16

9-14　實驗結果

材料種類								
試件編號								
荷重(kg)								
使用壓痕器								
平均對角線長度(μ) 測試結果	1	2	3	1	2	3	1	2	3
維氏硬度值(HV)								
平均維氏硬度值								
備註								

附表 9-1　荷重為 1 kg 之維氏硬度值表

Diagonal (μ) 30–440 / Vickers Hardness Number

Diagonal (μ)	0	1	2	3	4	5	6	7	8	9
30	2060	1930	1811	1703	1604	1514	1431	1355	1284	1219
40	1159	1103	1051	1003	958	916	876	839	805	772
50	742	713	686	660	636	613	591	571	551	533
60	515	498	482	467	452	439	426	413	401	389
70	378	368	358	348	339	330	321	313	305	297
80	290	283	276	269	263	257	251	245	239	234
90	229	224	219	214	210	205	201	197	193	189
100	185	182	178	175	171	168	165	162	159	156
110	153	151	148	145	143	140	138	135	133	131
120	129	127	125	123	121	119	117	115	113	111
130	110	108	106	105	103	102	100	98.8	97.4	96.0
140	94.6	93.3	92.0	90.7	89.4	88.2	87.0	85.8	84.7	83.5
150	82.4	81.3	80.3	79.2	78.2	77.2	76.2	75.2	74.3	73.4
160	72.4	71.5	70.7	69.8	68.9	68.1	67.3	66.5	65.7	64.9
170	64.2	63.4	62.7	62.0	61.2	60.6	59.9	59.2	58.5	57.9
180	57.2	56.6	56.0	55.4	54.8	54.2	53.6	53.0	52.5	51.9
190	51.4	50.8	50.3	49.8	49.3	48.8	48.3	47.8	47.3	46.8
200	46.4	45.9	45.4	45.0	44.6	44.1	43.7	43.3	42.9	42.5
210	42.1	41.7	41.3	40.9	40.5	40.1	39.7	39.4	39.0	38.7
220	38.3	38.0	37.6	37.3	37.0	36.6	36.3	36.0	35.7	35.4
230	35.1	34.8	34.5	34.2	33.9	33.6	33.3	33.0	32.7	32.5
240	32.2	31.9	31.7	31.4	31.1	30.9	30.6	30.4	30.2	29.9
250	29.7	29.4	29.2	29.0	28.7	28.5	28.3	28.1	27.9	27.6
260	27.4	27.2	27.0	26.8	26.6	26.4	26.2	26.0	25.8	25.6
270	25.4	25.2	25.1	24.9	24.7	24.5	24.3	24.2	24.0	23.8
280	23.7	23.5	23.3	23.2	23.0	22.8	22.7	22.5	22.4	22.2
290	22.0	21.9	21.7	21.6	21.5	21.3	21.2	21.0	20.9	20.7
300	20.6	20.5	20.3	20.2	20.1	19.9	19.8	19.7	19.5	19.4
310	19.3	19.2	19.0	18.9	18.8	18.7	18.6	18.5	18.3	18.2
320	18.1	18.0	17.9	17.8	17.7	17.6	17.4	17.3	17.2	17.1
330	17.0	16.9	16.8	16.7	16.6	16.5	16.4	16.3	16.2	16.1
340	16.0	15.9	15.5	15.8	15.7	15.6	15.5	15.4	15.3	15.2
350	15.1	15.1	15.0	14.9	14.8	14.7	14.6	14.6	14.5	14.4
360	14.3	14.2	14.1	14.1	14.0	13.9	13.8	13.7	13.6	13.6
370	13.5	13.5	13.3	13.3	13.3	13.2	13.1	13.0	13.0	12.9
380	12.8	12.8	12.6	12.6	12.6	12.5	12.4	12.4	12.3	12.3
390	12.2	12.1	12.0	12.0	11.9	11.9	11.8	11.8	11.7	11.6
400	11.6	11.5	11.4	11.4	11.4	11.3	11.2	11.2	11.1	11.1
410	11.0	11.0	10.9	10.9	10.8	10.8	10.7	10.7	10.6	10.6
420	10.5	10.5	10.4	10.4	10.3	10.3	10.2	10.2	10.1	10.1
430	10.0	10.0	9.89	9.89	9.85	9.80	9.75	9.71	9.67	9.62
440	9.58	9.53	9.45	9.45	9.41	9.36	9.32	9.28	9.24	9.20

Diagonal (μ) 450–860 / Vickers Hardness Number

Diagonal (μ)	0	1	2	3	4	5	6	7	8	9
450	9.16	9.12	9.08	9.04	9.00	8.96	8.92	8.88	8.84	8.80
460	8.76	8.73	8.69	8.65	8.61	8.58	8.54	8.50	8.47	8.43
470	8.39	8.36	8.32	8.29	8.25	8.22	8.18	8.15	8.12	8.08
480	8.05	8.02	7.98	7.95	7.92	7.88	7.85	7.82	7.79	7.75
490	7.72	7.69	7.66	7.63	7.60	7.57	7.54	7.51	7.48	7.45
500	7.42	7.39	7.36	7.33	7.30	7.27	7.24	7.21	7.19	7.16
510	7.13	7.10	7.07	7.05	7.02	6.99	6.96	6.94	6.91	6.88
520	6.86	6.83	6.81	6.78	6.75	6.73	6.70	6.68	6.65	6.63
530	6.60	6.58	6.55	6.53	6.50	6.48	6.45	6.43	6.41	6.38
540	6.36	6.34	6.31	6.29	6.27	6.24	6.22	6.20	6.17	6.15
550	6.13	6.11	6.09	6.06	6.04	6.02	6.00	5.98	5.96	5.93
560	5.91	5.89	5.87	5.85	5.83	5.81	5.79	5.77	5.75	5.73
570	5.71	5.69	5.67	5.65	5.63	5.61	5.59	5.57	5.55	5.53
580	5.51	5.49	5.47	5.46	5.44	5.42	5.40	5.38	5.36	5.35
590	5.33	5.31	5.29	5.27	5.26	5.24	5.22	5.20	5.19	5.17
600	5.15	5.13	5.12	5.10	5.08	5.07	5.05	5.03	5.02	5.00
610	4.98	4.97	4.95	4.94	4.92	4.90	4.89	4.87	4.86	4.84
620	4.82	4.81	4.79	4.78	4.76	4.75	4.73	4.72	4.70	4.69
630	4.67	4.66	4.64	4.63	4.61	4.60	4.58	4.57	4.56	4.54
640	4.53	4.51	4.50	4.49	4.47	4.46	4.44	4.43	4.42	4.40
650	4.39	4.38	4.36	4.35	4.34	4.32	4.31	4.30	4.28	4.27
660	4.26	4.24	4.23	4.22	4.21	4.19	4.18	4.17	4.16	4.14
670	4.13	4.12	4.11	4.09	4.08	4.07	4.06	4.05	4.03	4.02
680	4.01	4.00	3.99	3.98	3.96	3.95	3.94	3.93	3.92	3.91
690	3.89	3.88	3.87	3.86	3.85	3.84	3.83	3.82	3.81	3.80
700	3.78	3.77	3.76	3.75	3.74	3.73	3.72	3.71	3.70	3.69
710	3.68	3.67	3.66	3.65	3.64	3.63	3.62	3.61	3.60	3.59
720	3.58	3.57	3.56	3.55	3.54	3.53	3.52	3.51	3.50	3.49
730	3.48	3.47	3.46	3.45	3.44	3.43	3.42	3.41	3.41	3.40
740	3.39	3.38	3.37	3.36	3.35	3.34	3.33	3.32	3.31	3.31
750	3.30	3.29	3.28	3.27	3.26	3.25	3.24	3.24	3.23	3.22
760	3.21	3.20	3.19	3.19	3.18	3.17	3.16	3.15	3.14	3.14
770	3.13	3.12	3.11	3.10	3.10	3.09	3.08	3.07	3.06	3.06
780	3.05	3.04	3.03	3.02	3.02	3.01	3.00	2.99	2.99	2.98
790	2.97	2.96	2.96	2.95	2.94	2.93	2.93	2.92	2.91	2.90
800	2.90	2.89	2.88	2.88	2.87	2.86	2.85	2.85	2.84	2.83
810	2.83	2.82	2.81	2.81	2.80	2.79	2.78	2.78	2.77	2.76
820	2.76	2.75	2.74	2.74	2.73	2.72	2.72	2.71	2.70	2.70
830	2.69	2.69	2.68	2.67	2.67	2.66	2.65	2.65	2.64	2.63
840	2.63	2.62	2.62	2.61	2.60	2.60	2.59	2.58	2.58	2.57
850	2.57	2.56	2.55	2.55	2.54	2.54	2.53	2.52	2.52	2.51
860	2.51	2.50	2.49	2.48	2.48	2.48	2.47	2.47	2.46	2.46

附表 9-2 荷重為 5 kg 之維氏硬度值表

Diagonal (μ)	Vickers Hardness Number									
	0	1	2	3	4	5	6	7	8	9
70	1892	1839	1789	1740	1693	1648	1605	1564	1524	1486
80	1449	1413	1379	1346	1314	1283	1253	1225	1197	1171
90	1145	1120	1095	1072	1049	1027	1006	986	966	946
100	927	908	891	874	857	841	825	810	795	781
110	766	752	739	726	713	701	689	677	666	655
120	644	633	623	613	603	593	584	575	566	558
130	549	540	532	524	516	509	502	494	487	480
140	473	466	460	454	447	441	435	429	423	418
150	412	407	401	396	391	386	381	376	371	367
160	362	358	353	349	345	341	336	332	329	325
170	321	317	313	310	306	303	299	296	293	289
180	286	283	280	277	274	271	268	265	262	260
190	257	254	251	249	246	244	241	239	236	234
200	232	229	227	225	223	221	219	216	214	212
210	210	208	206	204	203	201	199	197	195	193
220	192	190	188	187	185	183	182	180	178	177
230	175	174	172	171	169	168	167	165	164	162
240	161	160	158	157	156	155	153	152	151	150
250	148	147	146	145	144	143	142	140	139	138
260	137	136	135	134	133	132	131	130	129	128
270	127	126	125	124	124	123	122	121	120	119
280	118	117	117	116	115	114	113	113	112	111
290	110	110	109	108	107	107	106	105	104	104
300	103	102	102	101	100	99.7	99.0	98.4	97.8	97.1
310	96.5	95.9	95.3	94.6	94.0	93.4	92.9	92.3	91.7	91.1
320	90.6	90.0	89.4	88.9	88.3	87.8	87.2	86.7	86.2	85.7
330	85.2	84.6	84.1	83.6	83.1	82.6	82.1	81.6	81.2	80.7
340	80.2	79.7	79.3	78.8	78.4	77.9	77.5	77.0	76.6	76.1
350	75.7	75.3	74.9	74.4	74.0	73.6	73.2	72.8	72.4	72.0
360	71.6	71.2	70.8	70.4	70.0	69.6	69.2	68.8	68.5	68.1
370	67.7	67.4	67.0	66.6	66.3	66.0	65.6	65.2	64.9	64.6
380	64.2	63.9	63.6	63.2	62.9	62.6	62.3	61.9	61.6	61.3
390	61.0	60.7	60.3	60.0	59.7	59.4	59.1	58.8	58.5	58.3
400	58.0	57.7	57.4	57.1	56.8	56.5	56.3	56.0	55.7	55.4
410	55.2	54.9	54.6	54.4	54.1	53.9	53.6	53.3	53.1	52.8
420	52.6	52.3	52.1	51.8	51.6	51.3	51.1	50.9	50.6	50.4
430	50.2	49.9	49.7	49.5	49.2	49.0	48.8	48.6	48.3	48.1
440	47.9	47.7	47.5	47.3	47.0	46.8	46.6	46.4	46.2	46.0
450	45.8	45.6	45.4	45.2	45.0	44.8	44.6	44.4	44.2	44.0
460	43.8	43.6	43.4	43.3	43.1	42.9	42.7	42.5	42.3	42.2
470	42.0	41.8	41.6	41.4	41.3	41.1	40.9	40.8	40.6	40.4
480	40.2	40.1	39.9	39.7	39.6	39.4	39.3	39.1	38.9	38.8
490	38.6	38.5	38.3	38.2	38.0	37.8	37.7	37.5	37.4	37.3
500	37.1	37.0	36.8	36.7	36.5	36.4	36.2	36.1	35.9	35.8
510	35.6	35.5	35.3	35.2	35.1	35.0	34.8	34.7	34.6	34.4
520	34.3	34.2	34.0	33.9	33.8	33.6	33.5	33.4	33.3	33.1
530	33.0	32.9	32.8	32.6	32.5	32.4	32.3	32.2	32.0	31.9
540	31.8	31.7	31.6	31.5	31.3	31.2	31.1	31.0	30.9	30.8
550	30.7	30.5	30.4	30.3	30.2	30.1	30.0	29.9	29.8	29.7
560	29.6	29.5	29.4	29.3	29.2	29.1	29.0	28.9	28.8	28.7
570	28.5	28.4	28.3	28.1	28.0	28.0	27.9	27.8	27.7	27.7
580	27.6	27.5	27.4	27.3	27.2	27.1	27.0	26.9	26.8	26.7
590	26.6	26.6	26.5	26.4	26.3	26.2	26.1	26.0	25.9	25.8
600	25.8	25.7	25.6	25.5	25.4	25.3	25.2	25.2	25.1	25.0
610	24.9	24.8	24.8	24.7	24.6	24.5	24.4	24.4	24.3	24.2
620	24.1	24.0	24.0	23.9	23.8	23.8	23.7	23.6	23.5	23.4
630	23.4	23.3	23.2	23.1	23.1	23.0	22.9	22.9	22.8	22.7
640	22.6	22.6	22.5	22.4	22.4	22.3	22.2	22.2	22.1	22.0
650	22.0	21.9	21.8	21.7	21.7	21.6	21.6	21.5	21.4	21.4
660	21.3	21.2	21.1	21.1	21.0	21.0	20.9	20.8	20.8	20.7
670	20.7	20.6	20.5	20.5	20.4	20.3	20.3	20.2	20.2	20.1
680	20.1	20.0	19.9	19.9	19.8	19.8	19.7	19.7	19.6	19.5
690	19.5	19.4	19.4	19.3	19.3	19.2	19.1	19.1	19.0	19.0
700	18.9	18.9	18.8	18.8	18.7	18.7	18.6	18.6	18.5	18.4
710	18.4	18.3	18.3	18.2	18.2	18.1	18.1	18.0	18.0	17.9
720	17.9	17.8	17.8	17.7	17.7	17.6	17.6	17.5	17.5	17.5
730	17.4	17.3	17.3	17.2	17.2	17.2	17.1	17.1	17.0	17.0
740	16.9	16.9	16.8	16.8	16.8	16.7	16.7	16.6	16.6	16.5
750	16.5	16.4	16.4	16.4	16.3	16.3	16.2	16.2	16.1	16.1
760	16.1	16.0	16.0	15.9	15.9	15.8	15.8	15.7	15.7	15.7
770	15.6	15.6	15.6	15.5	15.5	15.4	15.4	15.4	15.3	15.3
780	15.2	15.2	15.2	15.1	15.1	15.1	15.0	15.0	14.9	14.9
790	14.9	14.8	14.8	14.7	14.7	14.7	14.6	14.6	14.6	14.5
800	14.5	14.5	14.4	14.4	14.3	14.3	14.3	14.2	14.2	14.2
810	14.1	14.1	14.1	14.0	14.0	14.0	13.9	13.9	13.9	13.8
820	13.8	13.7	13.7	13.7	13.7	13.6	13.6	13.6	13.5	13.5
830	13.5	13.4	13.4	13.3	13.3	13.3	13.3	13.2	13.2	13.2
840	13.1	13.1	13.1	13.1	13.0	13.0	13.0	12.9	12.9	12.9
850	12.8	12.8	12.8	12.7	12.7	12.7	12.7	12.6	12.6	12.6
860	12.5	12.5	12.5	12.5	12.4	12.4	12.4	12.3	12.3	12.3
870	12.3	12.2	12.2	12.2	12.1	12.1	12.1	12.1	12.0	12.0
880	12.0	12.0	11.9	11.9	11.9	11.8	11.8	11.8	11.8	11.7
890	11.7	11.7	11.7	11.6	11.6	11.6	11.6	11.5	11.5	11.5
900	11.5	11.4	11.4	11.4	11.4	11.3	11.3	11.3	11.3	11.2
910	11.2	11.2	11.2	11.1	11.1	11.1	11.1	11.0	11.0	11.0
920	11.0	10.9	10.9	10.9	10.9	10.8	10.8	10.8	10.8	10.7
930	10.7	10.7	10.7	10.7	10.6	10.6	10.6	10.6	10.5	10.5
940	10.5	10.5	10.4	10.4	10.4	10.4	10.4	10.3	10.3	10.3
950	10.3	10.3	10.2	10.2	10.2	10.2	10.2	10.1	10.1	10.1
960	10.1	10.0	10.0	10.0	10.0	10.0	9.94	9.91	9.89	9.87

附表 9-3　荷重為 10 kg 之維氏硬度值表

Diagonal (μ)	Vickers Hardness Number									
	0	1	2	3	4	5	6	7	8	9
100	1854	1818	1783	1749	1715	1682	1650	1619	1589	1561
110	1533	1505	1478	1452	1427	1402	1378	1354	1332	1310
120	1288	1267	1246	1226	1206	1187	1168	1150	1132	1115
130	1097	1081	1064	1048	1033	1018	1003	988	974	960
140	946	933	920	907	894	882	870	858	847	835
150	824	813	803	792	782	772	762	752	743	734
160	724	715	707	698	690	681	673	665	657	649
170	642	634	627	620	613	606	599	592	585	579
180	572	566	560	554	548	542	536	530	525	519
190	514	508	503	498	493	488	483	478	473	468
200	464	459	455	450	446	442	437	433	429	425
210	421	417	413	409	405	401	397	394	390	387
220	383	380	376	373	369	366	363	360	357	354
230	351	348	345	342	339	335	333	330	327	325
240	322	319	317	314	312	309	306	304	302	299
250	297	294	292	289	287	285	283	281	279	276
260	274	272	270	268	266	264	262	260	258	256
270	254	253	251	249	247	245	243	242	240	238
280	236	235	233	232	230	228	227	225	224	222
290	220	219	218	216	215	213	212	210	209	207
300	206	205	203	202	201	199	198	197	196	194
310	193	192	191	189	188	187	186	185	183	182
320	181	180	179	178	177	176	175	173	172	171
330	170	169	168	167	166	165	164	163	162	161
340	160	160	159	158	157	156	155	154	153	152
350	151	151	150	149	148	147	146	146	145	144
360	143	142	141	140	140	139	138	138	137	136
370	136	135	134	133	133	132	131	131	130	129
380	128	128	127	126	125	125	124	124	123	123
390	122	121	121	120	120	119	118	118	117	117
400	116	116	115	115	114	114	113	112	111	111
410	110	110	109	109	108	108	107	107	106	106
420	105	105	104	104	103	103	102	102	102	101
430	100	99.8	99.4	98.9	98.5	98.0	97.6	97.1	96.7	96.2
440	95.8	95.3	94.9	94.5	94.1	93.6	93.2	92.8	92.4	92.0
450	91.6	91.2	90.8	90.4	90.0	89.6	89.2	88.8	88.4	88.0
460	87.6	87.3	86.9	86.8	86.1	85.8	85.4	85.0	84.7	84.3
470	84.0	83.6	83.2	82.9	82.5	82.2	81.8	81.5	81.2	80.8
480	80.5	80.2	79.8	79.5	79.2	78.8	78.5	78.2	77.9	77.6
490	77.2	76.9	76.6	76.3	76.0	75.7	75.4	75.1	74.8	74.5
500	74.2	73.9	73.6	73.3	73.0	72.7	72.4	72.1	71.9	71.6
510	71.3	71.0	70.7	70.5	70.2	69.9	69.6	69.4	69.1	68.8
520	68.6	68.3	68.1	67.8	67.5	67.3	67.0	66.8	66.5	66.3
530	66.0	65.8	65.5	65.3	65.0	64.8	64.5	64.3	64.1	63.8
540	63.6	63.4	63.1	62.9	62.7	62.4	62.2	62.0	61.7	61.5

Diagonal (μ)	Vickers Hardness Number									
	0	1	2	3	4	5	6	7	8	9
550	61.3	61.1	60.9	60.6	60.4	60.2	60.0	59.8	59.6	59.3
560	59.1	58.9	58.7	58.5	58.3	58.1	57.9	57.7	57.5	57.3
570	57.1	56.9	56.7	56.5	56.3	56.1	55.9	55.7	55.5	55.3
580	55.1	54.9	54.7	54.6	54.4	54.2	54.0	53.8	53.6	53.4
590	53.3	53.1	52.9	52.7	52.6	52.4	52.2	52.0	51.9	51.7
600	51.5	51.3	51.2	51.0	50.8	50.7	50.5	50.3	50.2	50.0
610	49.8	49.7	49.5	49.4	49.2	49.0	48.9	48.9	48.6	48.4
620	48.2	48.1	47.9	47.8	47.6	47.5	47.3	47.0	47.0	46.9
630	46.7	46.6	46.4	46.3	46.1	46.0	45.8	45.7	45.6	45.4
640	45.3	45.1	45.0	44.8	44.7	44.6	44.4	44.3	44.2	44.0
650	43.9	43.8	43.6	43.5	43.4	43.2	43.1	43.0	42.8	42.7
660	42.6	42.4	42.3	42.2	42.1	41.9	41.8	41.7	41.6	41.4
670	41.3	41.2	41.1	40.9	40.8	40.7	40.6	40.5	40.3	40.2
680	40.1	40.0	39.9	39.8	39.6	39.5	39.4	39.3	39.2	39.1
690	39.0	38.8	38.7	38.6	38.5	38.4	38.3	38.2	38.1	38.0
700	37.8	37.7	37.6	37.5	37.4	37.3	37.2	37.1	37.0	36.9
710	36.8	36.7	36.6	36.5	36.4	36.3	36.2	36.1	36.0	35.9
720	35.8	35.7	35.6	35.5	35.4	35.3	35.2	35.1	35.0	34.9
730	34.8	34.7	34.6	34.5	34.4	34.3	34.2	34.1	34.0	34.0
740	33.9	33.8	33.7	33.6	33.5	33.4	33.3	33.2	33.1	33.1
750	33.0	32.9	32.8	32.7	32.6	32.5	32.4	32.4	32.3	32.2
760	32.1	32.0	31.9	31.8	31.8	31.7	31.6	31.5	31.4	31.4
770	31.3	31.2	31.1	31.0	30.9	30.9	30.8	30.7	30.7	30.6
780	30.5	30.4	30.3	30.2	30.2	30.1	30.0	29.9	29.9	29.8
790	29.7	29.6	29.6	29.5	29.4	29.3	29.3	29.2	29.1	29.1
800	29.0	29.0	28.8	28.8	28.7	28.7	28.6	28.5	28.4	28.3
810	28.3	28.2	28.1	28.0	28.0	27.9	27.8	27.8	27.7	27.7
820	27.6	27.5	27.4	27.4	27.3	27.3	27.2	27.1	27.0	27.0
830	26.9	26.8	26.8	26.7	26.7	26.6	26.5	26.5	26.4	26.3
840	26.3	26.2	26.1	26.1	26.0	26.0	25.9	25.8	25.8	25.7
850	25.7	25.6	25.6	25.5	25.4	25.4	25.3	25.3	25.2	25.1
860	25.1	25.0	25.0	24.9	24.8	24.8	24.7	24.7	24.6	24.6
870	24.5	24.4	24.4	24.3	24.3	24.2	24.2	24.1	24.1	24.0
880	23.9	23.9	23.8	23.8	23.7	23.7	23.6	23.6	23.5	23.5
890	23.4	23.4	23.3	23.3	23.2	23.2	23.1	23.0	23.0	22.9
900	22.9	22.8	22.8	22.7	22.7	22.6	22.6	22.5	22.5	22.4
910	22.4	22.3	22.3	22.2	22.2	22.2	22.1	22.1	22.0	22.0
920	21.9	21.9	21.8	21.8	21.7	21.7	21.6	21.6	21.5	21.5
930	21.4	21.4	21.4	21.3	21.3	21.2	21.2	21.1	21.1	21.0
940	21.0	20.9	20.9	20.8	20.8	20.8	20.7	20.7	20.6	20.6
950	20.5	20.5	20.5	20.4	20.4	20.3	20.3	20.2	20.2	20.2
960	20.1	20.1	20.0	20.0	20.0	19.9	19.9	19.8	19.8	19.8
970	19.7	19.7	19.6	19.6	19.6	19.5	19.5	19.4	19.4	19.4
980	19.3	19.3	19.2	19.2	19.1	19.1	19.1	19.0	19.0	19.0
990	18.9	18.9	18.8	18.8	18.8	18.7	18.7	18.7	18.6	18.6

附表 9-4　荷重為 20 kg 之維氏硬度值表

Diagonal (μ)	Vickers Hardness Number									
	0	1	2	3	4	5	6	7	8	9
130	2194	2160	2128	2097	2066	2036	2006	1977	1948	1920
140	1892	1865	1840	1815	1790	1764	1740	1718	1694	1672
150	1649	1627	1605	1584	1564	1544	1524	1505	1486	1467
160	1449	1431	1413	1396	1379	1362	1346	1330	1314	1299
170	1283	1268	1254	1239	1225	1211	1197	1184	1171	1158
180	1145	1132	1120	1107	1095	1084	1072	1061	1049	1038
190	1027	1017	1006	996	985	975	965	956	946	937
200	927	918	909	900	891	883	874	866	857	849
210	841	833	825	818	810	802	795	788	780	773
220	766	759	753	746	739	733	726	720	713	707
230	701	695	689	683	677	672	666	660	655	649
240	644	639	633	628	623	618	613	608	603	598
250	593	588	584	579	575	571	566	562	557	553
260	549	544	540	536	532	528	524	520	516	513
270	509	505	502	498	494	490	487	483	480	476
280	473	470	466	463	460	457	453	450	447	444
290	441	438	435	432	429	426	423	420	418	415
300	412	409	407	404	401	399	396	394	391	388
310	386	383	381	379	376	374	371	369	367	365
320	362	360	358	356	353	351	349	347	345	343
330	341	339	337	335	333	331	329	327	325	323
340	321	319	317	316	314	312	310	308	306	305
350	303	301	300	298	296	294	293	291	289	288
360	286	285	284	282	280	278	277	275	274	273
370	271	269	268	267	265	264	262	261	260	258
380	257	256	254	253	252	250	249	248	246	245
390	244	243	241	240	238	237	235	234	233	233
400	232	231	230	228	227	226	225	224	223	222
410	221	220	218	217	216	215	214	213	212	211
420	210	209	208	207	206	205	204	203	203	202
430	201	200	199	198	197	196	195	194	193	192
440	191	191	190	189	188	187	186	185	185	184
450	183	182	182	181	180	179	178	178	177	176
460	175	175	174	173	172	172	171	170	169	169
470	168	167	166	166	165	164	164	163	162	162
480	161	160	160	159	158	158	157	156	156	155
490	155	154	153	153	152	151	151	150	150	149
500	148	148	147	146	146	145	145	144	143	143
510	143	142	142	141	140	140	139	139	138	138
520	137	137	136	136	135	135	134	134	133	133
530	132	132	131	131	130	130	129	129	128	128
540	127	127	126	126	125	125	124	124	123	123

Diagonal (μ)	Vickers Hardness Number									
	0	1	2	3	4	5	6	7	8	9
550	123	122	122	121	121	120	120	120	119	119
560	118	118	117	117	117	116	116	115	115	115
570	114	114	113	113	113	112	112	111	111	111
580	110	110	110	109	109	108	108	108	107	107
590	107	106	106	106	105	105	104	104	104	103
600	103	103	102	102	102	101	101	101	100	100
610	100	99.3	99.0	98.7	98.4	98.0	97.7	97.4	97.1	96.8
620	96.5	96.2	95.9	95.6	95.3	94.9	94.6	94.3	94.0	93.7
630	93.4	93.2	92.9	92.6	92.3	92.0	91.7	91.4	91.1	90.8
640	90.6	90.3	90.0	89.7	89.4	89.2	88.9	88.6	88.3	88.1
650	87.8	87.5	87.2	87.0	86.7	86.5	86.2	85.9	85.7	85.4
660	85.1	84.9	84.6	84.4	84.1	83.9	83.6	83.4	83.1	82.9
670	82.6	82.4	82.1	81.9	81.6	81.4	81.2	80.9	80.7	80.4
680	80.2	80.0	79.8	79.5	79.3	79.0	78.8	78.6	78.4	78.1
690	77.9	77.7	77.5	77.2	77.0	76.8	76.6	76.3	76.1	75.9
700	75.7	75.5	75.3	75.0	74.8	74.6	74.4	74.2	74.0	73.8
710	73.6	73.4	73.2	73.0	72.8	72.5	72.3	72.1	71.9	71.7
720	71.5	71.3	71.2	71.0	70.8	70.6	70.4	70.2	70.0	69.8
730	69.6	69.4	69.2	69.0	68.8	68.7	68.5	68.3	68.1	67.9
740	67.7	67.5	67.4	67.2	67.0	66.8	66.6	66.5	66.3	66.1
750	65.9	65.8	65.6	65.4	65.3	65.1	64.9	64.7	64.6	64.4
760	64.2	64.0	63.9	63.7	63.5	63.4	63.2	63.0	62.9	62.7
770	62.6	62.4	62.2	62.0	61.9	61.8	61.6	61.4	61.3	61.1
780	61.0	60.8	60.7	60.5	60.3	60.2	60.0	59.9	59.7	59.6
790	59.4	59.3	59.1	59.0	58.8	58.7	58.5	58.4	58.2	58.1
800	58.0	57.8	57.7	57.5	57.4	57.2	57.1	57.0	56.8	56.7
810	56.5	56.4	56.3	56.1	56.0	55.8	55.7	55.6	55.4	55.3
820	55.2	55.0	54.9	54.8	54.6	54.5	54.4	54.2	54.1	54.0
830	53.8	53.7	53.6	53.5	53.3	53.2	53.1	52.9	52.8	52.7
840	52.6	52.5	52.3	52.2	52.1	51.9	51.8	51.7	51.6	51.5
850	51.4	51.2	51.1	51.0	50.7	50.7	50.6	50.5	50.4	50.3
860	50.2	50.0	49.9	49.8	49.7	49.6	49.5	49.3	49.2	49.1
870	49.0	48.9	48.8	48.7	48.6	48.4	48.3	48.2	48.1	48.0
880	47.9	47.7	47.6	47.5	47.4	47.3	47.2	47.1	47.0	46.9
890	46.8	46.7	46.6	46.5	46.4	46.3	46.2	46.1	46.0	45.9
900	45.8	45.7	45.6	45.5	45.4	45.3	45.2	45.1	45.0	44.9
910	44.8	44.7	44.6	44.5	44.4	44.3	44.2	44.1	44.0	43.9
920	43.8	43.7	43.6	43.5	43.4	43.4	43.3	43.2	43.1	43.0
930	42.9	42.8	42.7	42.6	42.5	42.4	42.3	42.2	42.1	42.1
940	42.0	41.9	41.8	41.7	41.6	41.5	41.4	41.3	41.3	41.2
950	41.1	41.0	40.9	40.8	40.7	40.6	40.6	40.5	40.4	40.3
960	40.2	40.1	40.1	40.0	39.9	39.8	39.7	39.7	39.6	39.5
970	39.4	39.3	39.3	39.2	39.1	39.0	38.9	38.9	38.8	38.7
980	38.6	38.5	38.4	38.4	38.3	38.2	38.1	38.0	38.0	37.9
990	37.8	37.7	37.7	37.6	37.5	37.4	37.3	37.3	37.2	37.1

附表 9-5　荷重為 30 kg 之維氏硬度值表

Vickers Hardness Number

Diagonal (μ)	0	1	2	3	4	5	6	7	8	9
160	2173	2146	2119	2094	2068	2043	2019	1995	1971	1943
170	1925	1903	1881	1859	1837	1817	1796	1776	1756	1736
180	1717	1698	1679	1661	1643	1625	1608	1591	1574	1557
190	1541	1525	1509	1493	1478	1463	1448	1433	1419	1405
200	1391	1377	1363	1350	1337	1324	1311	1298	1286	1274
210	1261	1250	1238	1226	1215	1203	1192	1181	1171	1160
220	1149	1139	1129	1119	1109	1099	1089	1080	1070	1061
230	1052	1043	1034	1025	1016	1007	999	990	982	974
240	966	958	950	942	934	927	919	912	905	897
250	890	883	876	869	862	856	849	842	836	829
260	823	817	810	804	798	792	786	780	775	769
270	763	757	752	746	741	736	730	725	720	715
280	710	705	700	695	690	685	680	675	671	666
290	661	657	652	648	644	639	635	631	626	622
300	618	614	610	606	602	598	594	590	586	583
310	579	575	571	568	564	561	557	554	550	547
320	543	540	537	532	530	527	523	520	517	514
330	511	508	505	502	499	496	493	490	487	484
340	481	478	476	473	470	467	465	462	459	457
350	454	451	449	446	444	441	439	436	434	432
360	429	427	425	422	420	418	415	413	411	409
370	406	404	402	400	398	396	393	391	389	387
380	385	383	381	379	377	375	373	371	370	368
390	366	364	362	360	358	357	355	353	351	349
400	348	346	344	343	341	339	337	336	334	333
410	331	329	328	326	325	323	321	320	318	317
420	315	314	312	311	309	308	307	305	304	302
430	301	299	298	297	295	294	293	291	290	289
440	287	286	285	283	282	281	280	278	277	276
450	275	274	272	271	270	269	268	266	265	264
460	263	262	261	260	258	257	256	255	254	253
470	252	251	250	249	248	247	246	245	244	243
480	242	241	240	239	238	237	236	235	234	233
490	232	231	230	229	228	227	226	225	224	224
500	223	222	221	220	219	218	217	216	216	215
510	214	213	212	211	211	210	209	208	207	207
520	206	205	204	203	203	202	201	201	200	199
530	198	197	197	196	195	194	194	193	192	191
540	191	190	189	189	188	187	187	186	185	185
550	184	183	183	182	181	181	180	179	179	178
560	177	177	176	176	175	174	174	173	172	172
570	171	171	170	169	169	168	168	167	167	166

Diagonal (μ)	0	1	2	3	4	5	6	7	8	9
580	165	165	164	164	163	163	162	161	161	160
590	160	159	159	158	158	157	157	156	156	155
600	155	154	154	153	153	152	151	151	150	150
610	150	149	149	148	148	147	147	146	146	145
620	145	144	144	143	143	142	142	142	141	141
630	140	140	139	139	138	138	138	137	137	136
640	136	135	135	135	134	134	133	133	132	132
650	132	131	131	130	130	130	129	129	128	128
660	128	127	127	126	127	126	125	125	125	124
670	124	124	123	123	123	122	122	121	121	121
680	120	120	120	119	119	119	118	118	118	117
690	117	117	116	116	116	115	115	115	114	114
700	114	113	113	113	113	112	112	111	111	111
710	110	110	110	109	109	109	109	108	108	108
720	107	107	107	106	106	106	106	105	105	105
730	104	104	104	104	103	103	103	102	102	102
740	102	101	101	101	101	100	100	99.7	99.4	99.2
750	98.9	98.6	98.4	98.1	97.9	97.6	97.3	97.1	96.8	96.6
760	96.3	96.1	95.8	95.6	95.3	95.1	94.8	94.6	94.3	94.1
770	93.8	93.6	93.3	93.1	92.9	92.6	92.4	92.1	91.9	91.7
780	91.4	91.2	91.0	90.7	90.5	90.3	90.0	89.8	89.6	89.4
790	89.1	88.9	88.7	88.5	88.2	88.0	87.8	87.6	87.4	87.1
800	86.9	86.7	86.5	86.3	86.1	85.8	85.6	85.4	85.2	85.0
810	84.8	84.6	84.4	84.2	84.0	83.8	83.5	83.3	83.1	82.9
820	82.7	82.5	82.3	82.1	81.9	81.7	81.5	81.3	81.1	80.9
830	80.8	80.6	80.4	80.2	80.0	79.8	79.6	79.4	79.2	79.0
840	78.8	78.7	78.5	78.3	78.1	77.9	77.7	77.5	77.4	77.2
850	77.0	76.8	76.6	76.5	76.3	76.1	75.9	75.7	75.6	75.4
860	75.2	75.0	74.9	74.7	74.5	74.4	74.2	74.0	73.8	73.7
870	73.5	73.3	73.2	73.0	72.8	72.7	72.5	72.3	72.2	72.0
880	71.8	71.7	71.5	71.4	71.2	71.0	70.9	70.7	70.5	70.4
890	70.2	70.1	69.9	69.8	69.6	69.4	69.3	69.1	69.0	68.8
900	68.7	68.5	68.4	68.2	68.1	67.9	67.8	67.6	67.5	67.3
910	67.2	67.0	66.9	66.7	66.6	66.4	66.3	66.2	66.0	65.9
920	65.7	65.6	65.4	65.3	65.2	65.0	64.9	64.7	64.6	64.5
930	64.3	64.2	64.0	63.9	63.8	63.6	63.5	63.4	63.2	63.1
940	63.0	62.8	62.7	62.6	62.4	62.3	62.2	62.0	61.9	61.8
950	61.6	61.5	61.4	61.3	61.1	61.0	60.9	60.7	60.6	60.5
960	60.4	60.2	60.1	60.0	59.9	59.7	59.6	59.5	59.4	59.2
970	59.1	59.0	58.9	58.8	58.6	58.5	58.4	58.3	58.2	58.0
980	57.9	57.8	57.7	57.6	57.4	57.3	57.2	57.1	57.0	56.9
990	56.8	56.6	56.5	56.4	56.3	56.2	56.1	56.0	55.9	55.7

附表 9-6　荷重為 50 kg 之維氏硬度值表

Vickers Hardness Number

Diagonal (μ)	0	1	2	3	4	5	6	7	8	9
190	2569	2542	2515	2489	2463	2438	2414	2389	2365	2341
200	2318	2295	2272	2250	2228	2206	2185	2164	2143	2123
210	2102	2083	2063	2044	2025	2006	1987	1969	1951	1933
220	1916	1898	1881	1865	1848	1831	1815	1799	1784	1768
230	1753	1738	1723	1708	1693	1679	1665	1651	1637	1623
240	1610	1596	1583	1570	1557	1545	1532	1520	1508	1495
250	1483	1472	1460	1449	1437	1426	1415	1404	1393	1382
260	1372	1361	1351	1340	1330	1320	1310	1301	1291	1281
270	1272	1263	1254	1244	1235	1226	1217	1208	1200	1191
280	1183	1174	1166	1158	1150	1142	1134	1126	1118	1110
290	1103	1095	1088	1080	1073	1066	1058	1051	1044	1037
300	1030	1023	1016	1010	1003	997	990	984	978	971
310	965	959	953	946	940	934	929	923	917	911
320	906	900	894	889	883	878	872	867	862	857
330	852	846	841	836	831	826	821	816	812	807
340	802	797	793	788	784	779	775	770	766	761
350	757	753	749	744	740	736	732	728	724	720
360	716	712	708	704	700	696	692	688	685	681
370	677	674	670	666	663	660	656	652	649	646
380	642	639	636	632	629	626	623	619	616	613
390	610	607	603	600	597	594	591	588	585	583
400	580	577	574	571	568	565	563	560	557	554
410	552	549	546	544	541	539	536	533	531	528
420	526	523	521	518	516	513	511	509	506	504
430	502	499	497	495	492	490	488	486	483	481
440	479	477	475	473	470	468	466	464	462	460
450	458	456	454	452	450	448	446	444	442	440
460	438	436	434	433	431	429	427	425	423	422
470	420	418	416	414	413	411	409	408	406	404
480	402	401	399	397	396	394	393	391	389	388
490	386	385	383	382	380	378	377	375	374	373
500	371	370	368	367	365	364	362	361	359	358
510	356	355	353	352	351	350	348	347	346	344
520	343	342	340	339	338	336	335	334	333	331
530	330	329	328	326	325	324	323	322	320	319
540	318	317	316	315	313	312	311	310	309	308
550	307	305	304	303	302	301	300	299	298	297
560	296	295	294	293	292	291	289	288	287	286
570	285	284	283	282	281	280	280	279	278	277
580	276	275	274	273	272	271	270	269	268	267
590	266	266	265	264	263	262	261	260	259	258
600	258	257	256	255	254	253	252	251	250	
610	249	248	248	247	246	245	244	244	243	242
620	241	240	240	239	238	238	237	236	235	234
630	234	233	232	231	231	230	229	229	228	227
640	226	226	225	224	224	223	222	222	221	220
650	220	219	218	217	217	216	216	215	214	214
660	213	212	211	211	210	210	209	208	208	207
670	207	206	205	205	204	203	203	202	202	201
680	201	200	199	199	198	198	197	197	196	195
690	195	194	194	193	193	192	191	191	190	190
700	189	189	188	188	187	187	186	186	185	184
710	184	183	183	182	182	181	181	180	180	179
720	179	178	178	177	177	176	176	175	175	175
730	174	174	173	173	172	172	171	171	170	170
740	169	169	168	168	168	167	167	166	166	165
750	165	164	164	164	163	163	162	162	161	161
760	161	160	160	159	159	158	158	158	157	157
770	156	156	156	155	155	154	154	154	153	153
780	152	152	152	151	151	151	150	150	149	149
790	149	148	148	147	147	147	146	146	146	145
800	145	145	144	144	143	143	143	142	142	142
810	141	141	141	140	140	140	139	139	139	138
820	138	138	137	137	137	136	136	136	135	135
830	135	134	134	134	133	133	133	132	132	132
840	131	131	131	131	130	130	130	129	129	129
850	128	128	128	127	127	127	127	126	126	126
860	125	125	125	125	124	124	124	123	123	123
870	123	122	122	122	121	121	121	121	120	120
880	120	120	119	119	119	118	118	118	118	117
890	117	117	117	116	116	116	116	115	115	115
900	115	114	114	114	114	113	113	113	113	112
910	112	112	112	111	111	111	111	110	110	110
920	110	109	109	109	109	108	108	108	108	107
930	107	107	107	107	106	106	106	106	105	105
940	105	105	104	104	104	104	104	103	103	103
950	103	103	102	102	102	102	102	101	101	101
960	101	100	100	100	100	100	99.4	99.1	98.8	98.7
970	98.5	98.3	98.1	97.9	97.7	97.5	97.3	97.1	96.9	96.7
980	96.5	96.3	96.1	96.0	95.8	95.6	95.4	95.2	95.0	94.8
990	94.6	94.4	94.2	94.0	93.8	93.6	93.5	93.3	93.1	92.9

9-15　問題討論

1. 維氏硬度試驗有何優點？

2. 試說明維氏硬度試驗，金鋼石方錐壓痕器對面角為 136° 的理由？

3. 同種材料用不同的荷重進行試驗，其硬度值是否相同？試討論之。

4. 微小硬度試驗有何優點？適用於那些材料的測定？

5. 微小硬度試驗有那兩種不同的型式？其硬度值如何表示？

10 蕭氏硬度試驗

10-1 實驗目的

熟悉蕭氏硬度試驗機之構造原理及試驗方法，並測定金屬材料的蕭氏硬度值。

10-2 使用規範

1. CNS 8766　B6067　　蕭氏硬度試驗機 Shore hardness testing machines
2. CNS 8767　B7191　　蕭氏硬度試驗機檢驗法 Method of test for Shore hardness testing machines
3. CNS 7095　Z8018　　蕭氏硬度試驗法 Method of Shore hardness test

10-3 實驗設備

蕭氏硬度試驗機：蕭氏硬度機由美國人 Albert.F.Shore 於 1906 年所發表，試驗機有 C 型，SS 型及 D 型等三種類型，但 D 型較常用，如圖 10-1 所示，有指針顯示型(a)及數字顯示型(b)。此外也有攜帶式之輕便型，如圖 10-2 所示。

(a) 指針顯示型

(b) 數字顯示型

圖 10-1   D 型蕭氏硬度機

圖 10-2   攜帶式蕭氏硬度機

　　蕭氏硬度試驗是用撞錘撞擊試片而由反跳高度來比較硬度的大小，屬於動力荷重試驗法，所以不同於勃氏、洛氏、維氏等試驗法，其準確度不及以上三種，但由於機件小、攜帶方便、操作容易、試件表面壓痕微小，且對於無法放置於試座上的大型試件也可以從試驗機拆下計測筒而測試(如圖 10-3)，試件大小較不受限制，所以仍然廣為工業界所使用。

圖 10-3

10-4 實驗原理

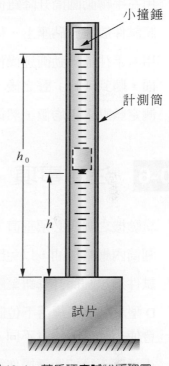

蕭氏硬度試驗法是將一定重量的小錘(尖端裝有半徑為 0.25 mm 的小粒金鋼石)，掛在垂直計測筒內的一定高度，如圖 10-4 所示，由此高度使小錘自由落下撞擊試件表面，當小錘撞擊試件時，表面會產生一很小凹痕，此時小錘的一部分能量消耗在試件之變形上，而剩餘的能量則使小錘反跳到某一高度。試件硬度低凹痕大，消耗能量多，剩餘能量少，小錘反彈的高度就低，反之試件硬度高凹痕小，消耗能量少，剩餘能量多，小錘反彈的高度就高，因此由小錘反彈高度的大小可以區分材料的軟硬大小，假定小錘的自由落下高度為 h_0，反跳的高度為 h，則蕭氏硬度，通常記為 HS。

圖 10-4　蕭氏硬度試驗原理圖

$$HS = \frac{10000}{65} \times \frac{h}{h_0}$$

此硬度值的決定基準是用 C 型試驗機做試驗，而以淬火硬化的純高碳鋼為試件，由落下高度 $h_0 = 10$ 英吋，平均反跳高度 $h = 6.5$ 英吋，以此時試件的硬度當做 HS100，而將 h 再等分為 100 份而得，因此刻度的每一單位為 0.065 英吋，此試驗機所能適用的範圍為 HS 100 以下者。

10-5 實驗方法

D 型試驗機操作法

1. 將試驗機放置於平穩之工作台上，調整水平調整螺絲使水平指示針在小圓孔的正中央，讓圓筒保持垂直。

2. 用左手轉動圓筒升降鈕使圓筒上升。

3. 將試件放置於砧座上，轉動升降鈕使圓筒下端緊壓試件表面。

4. 用右手往前轉動衝錘操作鈕到底使衝錘升到固定高度，然後讓其自由落下撞擊試件表面，聽到「咔」聲之後，轉回操作鈕，由刻度盤讀取硬度值。

5. 測定數點求平均值，然後將儀器保養之。

10-6　注意事項

1. 試驗機之圓筒必須垂直，使小錘落下時不致與管壁摩擦而消耗了能量。

2. 圓筒內嚴禁加油，以免因油之黏性而阻撓了小錘落下之速度。

3. 試件須以圓筒升降鈕緊壓於砧座上，以免撞擊時受惰性影響而影響了硬度值。

4. D 型試驗機小錘落下位置與旋鈕停止位置間有些許間隙，旋鈕操作最終時轉速的差異會使小錘落下位置不同，因此操作時速度須保持一致。

5. 小錘落下後把衝錘操作鈕轉回時，其回轉速度亦會影響硬度值，如果轉速過快，指示值會偏高，所以通常在每 1 秒 1 周以下為宜。

6. 圓筒貼在砧座上時勿使衝錘落下，以免損壞台面，圓筒上昇時亦勿使衝錘落下，以免損壞衝錘之金鋼石。

7. 試片最小厚度依材料而異，安全刀片等硬鋼為 0.15 mm，常溫加工而未退火之鋼與黃銅為 0.25 mm，退火鋼為 0.38 mm，表面硬化鋼之表面硬度為 0.4 mm。

8. 兩凹痕中心距離至少為 1 mm 以上，凹痕距試片邊緣至少為 4 mm 以上。

9. 若材料之彈性係數大或彈性限高，則材料軟，凹痕雖深也可以使小錘反跳較大的高度，故此法僅能比較彈性狀況相同之材料的硬度。

10. 硬度值表示法如 HS30，HS62，如有表明 C 型或 D 型之必要時，可以 HSC30，HSD62 表示之。

11. 蕭氏試驗法為動態之衝擊，小錘上之金鋼石較易損傷，因此會影響硬度值，應經常利用硬質及軟質硬度基準塊檢查試驗結果是否正確，每塊各測五次，其中四次須在標準硬度 ±2 範圍以內，如超出範圍，則應檢查金鋼石之狀況。基準塊之硬度是用維氏硬度試驗機，以荷重 30 kg 測定 HV 值，再以下式換算出 HS 值。

$$HS/100 = 1.7026(HV/1000) - 0.9224(HV/1000)^2 + 0.2291(HV/1000)^3$$

另外亦可由表 10-1 之硬度對照表，求出蕭氏硬度值。

12. 各測定值之間的最大差數有下列情形時，平均測定值的後面須併記最高值和最低值。

(1)　平均值 60 以上，最大差數為 4 以上時。

(2)　平均值 30 以上，最大差數為 3 以上時。

(3)　平均值 30 以下，最大差數為 2 以上時。

　　　例如：HS 78.5(75.3～79.8)。

表 10-1　蕭氏硬度基準塊之硬度值與維氏硬度值之關係

HS	HV	HS	HV	HS	HV
30.0	196	60.0	450	90.0	816
30.5	199	60.5	455	90.5	824
31.0	202	61.0	460	91.0	832
31.5	207	61.5	465	91.5	840
32.0	211	62.0	470	92.0	848
32.5	214	62.5	475	92.5	856
33.0	218	63.0	480	93.0	864
33.5	222	63.5	485	93.5	872
34.0	226	64.0	490	94.0	880
34.5	229	64.5	496	94.5	888
35.0	233	65.0	501	95.0	896

10-7　實驗結果

材料種類	試件編號	測試值					平均蕭氏硬度 HS	備註
		第一次	第二次	第三次	第四次	第五次		

10-8　問題討論

1. 蕭氏硬度試驗有何優點？

2. 蕭氏硬度試驗是利用何種原理？爲何其較適用於具有相同彈性係數之材料？

3. 蕭氏硬度值偏高或偏低各由那些因素造成？

4. 蕭氏硬度試驗應如何檢驗誤差？有誤差時應如何處理？

5. 蕭氏硬度值 $HS = \dfrac{10000}{65} \times \dfrac{h}{h_0}$ 是如何決定的？試說明之。

附表 10-1(a)　硬度換算表——硬鋼及硬合金場合

ROCKWELL 洛式 <HR>	VICKERS 維克氏 <HV>	KNOOP 諾普氏 <HK>	BRINELL 勃氏 <HB>		ROCKWELL 洛氏 <HR>			ROCKWELL SUPERFICIAL 洛氏表面 <HR>			SHORE 蕭氏 <HS>	抗拉強度近似值
SCALE C 150 kgf LOAD DIAMOND INDENTER		500 gf LOAD and OVER	3000 kgf LOAD 10 mm STEEL BALL	3000 kgf LOAD 10 mm CARBIDE BALL	SCALE A 60 kgf LOAD DIAMOND INDENTER	SCALE B 100 kgf LOAD 1/16" STEEL BALL	SCALE D 100 kgf LOAD DIAMOND INDENTER	SCALE 15 N 15 kgf LOAD DIAMOND INDENTER	SCALE 30 N 30 kgf LOAD DIAMOND INDENTER	SCALE 45 N 45 kgf LOAD DIAMOND INDENTER		kg/mm^2
80	1865				92.1		86.5	96.5	92.0	87.0		
79	1787				91.6		85.7	96.3	91.5	86.2		
78	1710				91.1		84.9	96.1	90.9	85.4		
77	1633				90.6		84.2	95.8	90.3	84.5		
76	1556				90.1		83.4	95.5	89.7	83.6		
75	1478				89.6		82.6	95.2	89.1	82.5		
74	1400				89.0		81.8	94.9	88.5	81.6		
73	1323				88.5		81.0	94.6	87.9	80.7		
72	1245				88.0		80.1	94.3	87.2	79.7		
71	1160				87.4		79.4	94.0	86.5	78.7		
70	1076	972			86.8		78.6	93.7	85.8	77.6		
69	1004	946			86.2		77.8	93.4	85.1	76.4		
68	940	920			85.6		76.9	93.2	84.3	75.4		
67	900	895			85.0		76.1	92.9	83.6	74.2	95.2	
66	865	870			84.5		75.4	92.5	82.8	73.3	93.1	
65	832	846		739	83.9		74.5	92.2	81.9	72.0	91.0	
64	800	822		722	83.4		73.8	91.8	81.1	71.0	88.9	
63	772	799		705	82.8		73.0	91.4	80.1	69.9	87.0	
62	746	776		688	82.3		72.2	91.1	79.3	68.8	85.2	
61	720	754		670	81.8		71.5	90.7	78.4	67.7	83.3	
60	697	732		654	81.2		70.7	90.2	77.5	66.6	81.6	
59	674	710		634	80.7		69.9	89.8	76.6	65.5	79.9	
58	653	690		615	80.1		69.2	89.3	75.7	64.3	78.2	
57	633	670		595	79.6		68.5	88.9	74.8	63.2	76.6	
56	613	650		577	79.0		67.7	88.3	73.3	62.0	75.0	
55	595	630		560	78.5		66.9	87.9	73.0	60.9	73.5	212
54	577	612		543	78.0		66.1	87.4	72.0	59.8	71.9	205
53	560	594		525	77.4		65.4	86.9	71.2	58.6	70.6	199
52	544	576	500	512	76.8		64.6	86.4	70.2	57.4	69.0	192
51	528	558	487	496	76.3		63.8	85.9	69.4	56.1	67.6	186
50	513	542	475	481	75.9		63.1	85.5	68.5	55.0	66.2	179
49	498	526	464	469	75.2		62.1	85.0	67.6	53.8	64.7	172
48	484	510	451	455	74.7		61.4	84.5	66.7	52.5	63.4	167
47	471	495	442	443	74.1		60.8	83.9	65.8	51.4	62.1	161
46	458	480	432	432	73.6		60.0	83.5	64.8	50.3	60.8	156

附表 10-1(a) （續）

ROCKWELL 洛式 <HR> SCALE C 150 kgf LOAD DIAMOND INDENTER	VICKERS 維克氏 <HV>	KNOOP 諾普氏 <HK> 500 gf LOAD and OVER	BRINELL 勃氏 <HB> 3000 kgf LOAD 10 mm STEEL BALL	3000 kgf LOAD 10 mm CARBIDE BALL	ROCKWELL 洛氏 <HR> SCALE A 60 kgf LOAD DIAMOND INDENTER	SCALE B 100 kgf LOAD 1/16" STEEL BALL	SCALE D 100 kgf LOAD DIAMOND INDENTER	ROCKWELL SUPERFICIAL 洛氏表面 <HR> SCALE 15 N 15 kgf LOAD DIAMOND INDENTER	SCALE 30 N 30 kgf LOAD DIAMOND INDENTER	SCALE 45 N 45 kgf LOAD DIAMOND INDENTER	SHORE 蕭氏 <HS>	抗拉強度近似值 kg/mm²
45	446	466	421	421	73.1		59.2	83.0	64.0	49.0	59.6	151
44	434	452	409	409	72.5		58.5	82.5	63.1	47.8	58.4	146
43	423	438	400	400	72.0		57.7	82.0	62.2	46.7	57.2	141
42	412	426	390	390	71.5		56.9	81.5	61.3	45.5	56.1	136
41	402	414	381	381	70.9		56.2	80.9	60.4	44.3	55.0	132
40	392	402	371	371	70.4		55.4	80.4	59.5	43.1	53.9	127
39	392	391	362	362	69.9		54.6	79.9	58.6	41.9	52.9	124
38	372	380	353	353	69.4		53.8	79.4	57.7	40.8	51.8	120
37	363	370	344	344	68.9		53.1	78.8	56.8	39.6	50.7	118
36	354	360	336	336	68.4	(109.0)	52.3	78.3	55.9	38.4	49.7	114
35	345	351	327	327	67.9	(108.5)	51.5	77.7	55.0	37.2	48.7	110
34	336	342	319	319	67.4	(108.0)	50.8	77.2	54.2	36.1	47.7	108
33	327	334	311	311	66.8	(107.5)	50.0	76.6	53.3	34.9	46.6	105
32	318	326	301	301	66.3	(107.0)	49.2	76.1	52.1	33.7	45.6	102
31	310	318	294	294	65.8	(106.0)	48.4	75.6	51.3	32.5	44.6	100
30	302	311	286	286	65.3	(105.5)	47.7	75.0	50.4	31.3	43.6	97
29	294	304	279	279	64.7	(104.5)	47.0	74.5	49.5	30.1	42.7	95
28	286	297	271	271	64.3	(104.0)	46.1	73.9	48.6	28.9	41.7	93
27	279	290	264	264	63.8	(103.0)	45.2	73.3	47.7	27.8	40.8	90
26	272	284	258	258	63.3	(102.5)	44.6	72.8	46.8	26.7	39.9	88
25	266	278	253	253	62.8	(101.5)	43.8	72.2	45.9	25.5	39.2	86
24	260	272	247	247	62.4	(101.0)	43.1	71.6	45.0	24.3	38.4	84
23	254	266	243	243	62.0	100.0	42.1	71.0	44.0	23.1	37.7	82
22	248	261	237	237	61.5	99.0	41.6	70.5	43.2	22.0	36.9	80
21	243	256	231	231	61.0	98.5	40.9	69.9	42.3	20.7	36.3	79
20	238	251	226	226	60.5	97.8	40.1	69.4	41.5	19.6	35.6	77
(18)	230	243	219	219		96.7					34.6	75
(16)	222	236	212	212		95.5					33.5	72
(14)	213	229	203	203		93.9					32.3	69
(12)	204	220	194	194		92.3					31.1	66
10	196	212	187	187		90.7					30.0	63
(8)	188	204	179	179		89.5						61
(6)	180	195	171	171		87.1						59
(4)	173	189	165	165		85.5						56
(2)	166	183	158	158		83.5						54
(0)	160	174	152	152		81.7						53

CH 10

附表 10-1(b)　硬度換算表——軟鋼鑄鐵及大部分非鐵金屬場合

Rockwell 洛氏表面 <HR>: 15T = 15 kgf LOAD 1/8" STEEL BALL; 30T = 30 kgf LOAD 1/8" STEEL BALL; 45T = 45 kgf LOAD 1/8" STEEL BALL。Rockwell 洛氏 <HR>: F = 60 kgf LOAD 1/16" STEEL BALL; G = 150 kgf LOAD 1/16" STEEL BALL; E = 100 kgf LOAD 1/8" STEEL BALL; K = 150 kgf LOAD 1/8" STEEL BALL。

ROCKWELL B <HR> 100 kgf 1/8" STEEL BALL	VICKERS <HV>	KNOOP <HK> 500 gf and OVER	BRINELL <HB> 3000 kgf 10 mm STEEL BALL	BRINELL <HB> 3000 kgf 10 mm CARBIDE BALL	ROCKWELL F	ROCKWELL G	ROCKWELL E	ROCKWELL K	15 T	30 T	45 T	SHORE <HS>	抗拉強度以近似值 kg/mm²
100	240	251	240	240		82.5			93.1	83.1	72.9	36.0	82.0
99	234	246	234	234		81.0			92.8	82.5	71.9	35.0	80.0
98	228	241	228	228		79.0			92.5	81.8	70.9	34.2	77.6
97	222	236	222	222		77.5			92.1	81.1	69.9	33.4	75.6
96	216	231	216	216		76.0			91.8	80.4	68.9	32.5	75.3
95	210	226	210	210		74.0			91.5	79.8	67.9	31.7	71.0
94	205	221	205	205		72.5			91.2	79.1	66.9	31.0	69.6
93	200	216	200	200		71.0			90.8	78.4	65.9	30.2	67.7
92	195	211	195	195		69.0		100.0	90.5	77.8	64.8	29.5	66.0
91	190	206	190	190		67.5		99.5	90.2	77.1	63.8	28.8	64.4
90	185	201	185	185		66.0		98.5	89.9	76.4	62.8	28.2	63.0
89	180	196	180	180		64.0		98.0	89.5	75.8	61.8	27.6	61.4
88	176	192	176	176		62.5		97.0	89.2	75.1	60.8	27.0	60.0
87	172	188	172	172		61.0		96.5	88.9	74.4	59.8	26.4	58.8
86	169	184	169	169		59.0		95.5	88.6	73.8	58.8	25.9	57.5
85	165	180	165	165		57.5		94.5	88.2	73.1	57.8	25.4	56.4
84	162	176	162	162		56.0		94.0	87.9	72.4	56.8	24.8	56.2
83	159	173	159	159		54.0		93.0	87.6	71.8	55.8	24.4	53.1
82	156	170	156	156		52.5		92.0	87.3	71.1	54.8	23.9	52.0
81	153	167	153	153		51.0	100.0	91.0	86.9	70.4	53.8	23.4	51.0
80	150	164	150	150		49.0		90.5	86.6	69.7	52.8	23.0	50.0
79	147	161	147	147		47.5		89.5	86.3	69.1	51.8	22.6	49.0
78	144	158	144	144		46.0		88.5	86.0	68.4	50.8	22.2	48.1
77	141	155	141	141		44.0		88.0	85.6	67.7	49.8	21.8	47.2
76	139	152	139	139		42.5		87.0	85.3	67.1	48.8	21.4	46.2
75	137	149	137	137	99.6	41.0		86.0	85.0	66.4	47.8	21.0	45.4
74	135	147	135	135	99.1	39.0		85.0	84.7	65.7	46.8	20.8	44.5
73	132	145	132	132	98.5	37.5		84.5	84.3	65.1	45.8	20.5	43.7
72	130	143	130	130	98.0	36.0		83.5	84.0	64.4	44.8	20.3	42.9
71	127	141	127	127	97.4	34.5		82.5	83.7	63.7	43.8	20.0	42.2
70	125	139	125	125	96.8	32.5	99.5	81.5	83.4	63.1	42.8		41.5
69	123	137	123	123	96.2	31.0	99.0	81.0	83.0	62.4	41.8		40.8
68	121	135	121	121	95.6	29.5	98.0	80.0	82.7	61.7	40.8		40.0
67	119	133	119	119	95.1	28.0	97.5	79.0	82.1	61.0	39.8		
66	117	131	117	117	94.5	26.5	97.0	78.0	82.1	60.4	38.7		

附表 10-1(b)　(續)

ROCKWELL 洛式 <HR> SCALE B 100 kgf LOAD 1/8" STEEL BALL	VICKERS 維克氏 <HV>	KNOOP 諾樣氏 <HK> 500 gf LOAD and CVER	BRINELL 勃氏 <HB> 3000 kgf LOAD 10 mm STEEL BALL	BRINELL 3000 kgf LOAD 10 mm CARBIDE BALL	ROCKWELL 洛氏 <HR> SCALE F 60 kgf LOAD 1/16" STEEL BALL	SCALE G 150 kgf LOAD 1/16" STEEL BALL	SCALE E 100 kgf LOAD 1/8" STEEL BALL	SCALE K 150 kgf LOAD 1/8" STEEL BALL	ROCKWELL SUPERFICIAL 洛氏表面 <HR> SCALE 15 T 15 kgf LOAD 1/8" STELL BALL	SCALE 30 T 30 kgf LOAD 1/8" STELL BALL	SCALE 45 T 45 kgf LOAD 1/8" STEEL BALL	SHORE 蕭氏 <HS>	抗拉強度近似值 kg/mm²
65	116	129	116	116	93.9	25.0	96.0	77.5	81.8	59.7	37.7		
64	114	127	114	114	93.4	23.5	95.5	76.5	81.4	59.0	36.7		
63	112	125	112	112	92.8	22.0	95.0	75.5	81.1	58.4	35.7		
62	110	124	110	110	92.2	20.5	94.5	74.5	80.8	57.7	34.7		
61	108	122	108	108	91.7	19.0	93.5	74.0	80.5	57.0	33.7		
60	107	120	107	107	91.1	17.5	93.0	73.0	80.1	56.4	32.7		
59	106	118	106	106	90.5	16.0	92.5	72.0	79.8	55.7	31.7		
58	104	117	104	104	90.0	14.5	92.0	71.0	79.5	55.0	30.7		
57	103	115	103	103	89.4	13.0	91.0	70.5	79.2	54.4	29.7		
56	101	114	101	101	88.8	11.5	90.5	69.5	78.8	53.7	28.7		
55	100	112	100	100	88.2	10.0	90.0	68.5	78.5	53.0	27.7		
54	99	111			87.7	8.5	89.5	68.0	78.2	52.4	26.7		
53	98	110			87.1	7.0	89.0	67.0	77.9	51.7	25.7		
52	96	109			86.5	5.5	88.0	66.0	77.5	51.0	24.7		
51	95	108			86.0	4.0	87.5	65.0	77.2	50.3	23.7		
50	94	107			85.4	2.5	87.0	64.5	76.9	49.7	22.7		
49	93	106			84.8		86.5	63.5	76.6	49.0	21.7		
48	92	105			84.3		85.5	62.5	76.2	48.3	20.7		
47	91	104			83.7		85.0	61.5	75.9	47.7	19.7		
46	90	103			83.1		84.5	61.0	75.6	47.0	18.7		
45	89	102			82.6		84.0	60.0	75.3	46.3	17.7		
44	88	101			82.0		83.5	59.0	74.9	45.7	16.7		
43	87	100			81.4		82.5	58.0	74.6	45.0	15.7		
42	86	99			80.8		82.0	57.5	74.3	44.3	14.7		
41	85	93			80.3		81.5	56.5	74.0	43.7	13.6		
40	84	97			79.7		81.0	55.5	73.6	43.0	12.6		
39	83	96			79.1		80.0	54.5	73.3	42.3	11.6		
38	82	95			78.6		79.5	54.0	73.0	41.6	10.6		
37	81	94			78.0		79.0	53.0	72.7	41.0	9.6		
36	80	93			77.4		78.5	52.0	72.3	40.3	8.6		
35	80	92			76.9		78.0	51.5	72.0	39.6	7.6		
34	80	91			76.3		77.0	50.5	71.7	39.0	6.6		
33	78	90			75.7		76.5	49.5	71.4	38.3	5.6		
32	78	89			75.2		76.0	48.5	71.0	37.6	4.6		
31	77	88			74.6		75.5	48.0	70.7	37.0	3.6		
30	77	87			74.0		75.0	47.0	70.4	36.3	2.6		

11 疲勞試驗

11-1 實驗目的

利用疲勞試驗機求取金屬材料之疲勞限。

11-2 使用規範

1. CNS 4958 G2057 金屬材料之疲勞試驗法通則 General rules for fatigue testing of metals
2. CNS 7375 G2078 金屬材料之迴轉彎曲疲勞試驗法 Method of rotating bending fatigue testing of metals
3. CNS 7376 G2079 金屬板之平面彎曲疲勞試驗法 Method of plane bending fatigue testing of metal plates

11-3 疲勞概說

很多機件，如飛機引擎之曲柄軸、內燃機之連桿、汽車之輪軸、渦輪機之翼片、螺絲及彈簧等，在動作時常受反覆變化之荷重，因此產生週期性變化之應力，雖然此一應力遠低於材料的靜力破壞強度，然而如果此應力超出某界限後，經長時間使用，反覆次數達到某一數值時，機件會突然損壞，此種現象稱為金屬之疲勞。反覆變化的荷重稱為覆變荷重，其週期性變化之應力稱為覆變應力。覆變荷重有軸向荷重，扭轉荷重，彎曲荷重，彎曲扭轉荷重等。其相對的覆變應力有覆變軸向應力、覆變扭轉應力、覆變彎曲應力、覆變複應力等，其應力變化型式如表 11-1 所示。

表 11-1　覆變應力之型式

應力變化之型式		範圍比表示法		平均應力表示法	
說明	圖示 $S_m=\frac{S_1+S_2}{2}$ $S_a=\frac{S_1-S_2}{2}$	最大應力	範圍比（Range ratio）	平均應力	交變應力(Alternating Stress)
恆定應力 S_1	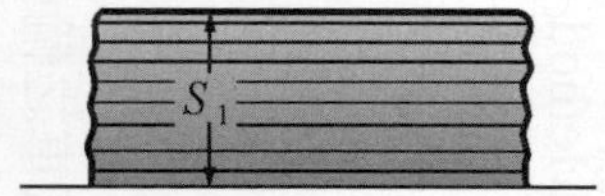	S_1	$\frac{S_1}{S_1}=1.0$	S_1	0
變化於 S_1 與 S_2 間之脈動應力	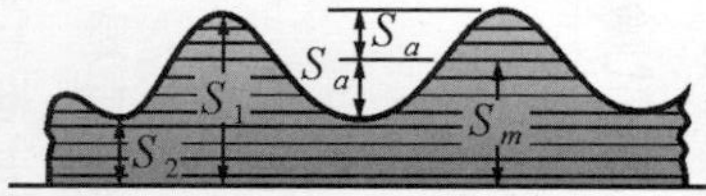	S_1	$0<\frac{S_2}{S_1}<0$	S_m	$\pm S_a$
變化於 S_1 與 O 間之脈動應力	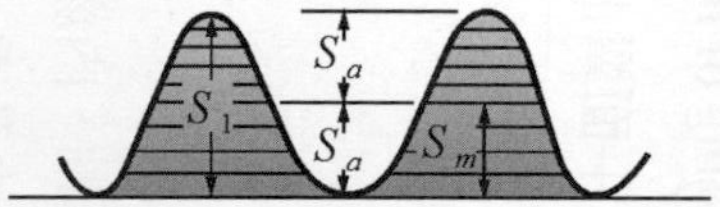	S_1	$\frac{O}{S_1}=0$	S_m	$\pm S_a$
S_1 與 $(-S_2)$ 間部份交變，唯 $S_2<S_1$ 方向相反	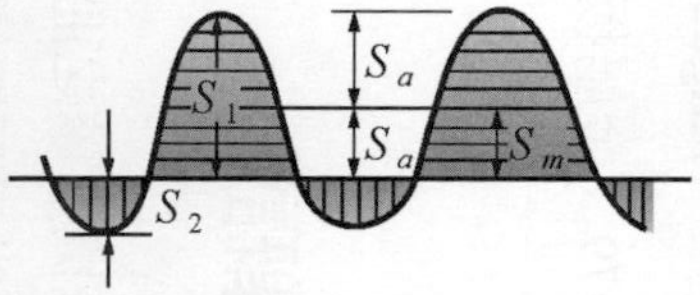	S_1	$-1<\frac{-S_2}{S_1}<0$	S_m	$\pm S_a$
S_1 與 S_2 間完全交變 $S_2=-S_1$	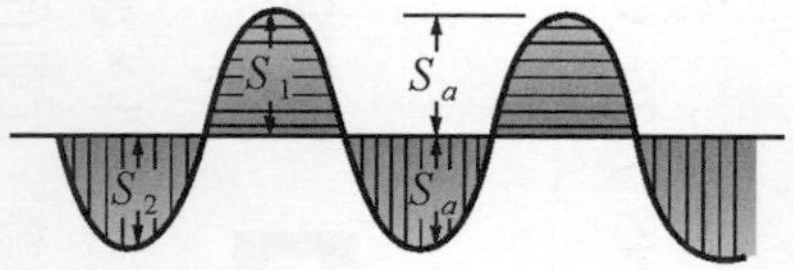	S_1	$\frac{-S_2}{S_1}=-1.0$	0	$\pm S_a=S_1$

　　材料覆變應力值在某一界限以下時，雖然反覆至極大次數亦不產生破壞，此界限應力稱為疲勞限，疲勞限之大小因材料所受覆變應力之型式而異，若非特別說明，通常所謂疲勞限乃指完全反向之彎曲覆變應力而言。對於大多數構造材料，疲勞限為靜力抗拉強度之 0.2～0.6 倍，此疲勞限對於抗拉強度比謂之疲勞比，鋼之疲勞比約為 0.45～0.55 倍，表 11-2 為一些金屬材料疲勞限與抗拉強度比值的關係。

　　依美國金屬學會統計，今日機件之損壞百分之八、九十是由金屬疲勞引起的，所以凡是承受覆變荷重之材料，均應實施疲勞試驗做為設計的參考，以免造成人員財物的損失。

表 11-2　金屬材料的疲勞限和疲勞比

金屬	抗拉強度 kg/mm^2	疲勞限 kg/mm^2	比值
含 0.18%C 的熱軋鋼	44	22	0.49
含 0.24%C 的鋼，淬火和回火	47	21	0.44
含 0.32%C 的熱軋鋼	46	22	0.48
含 0.38%C 的鋼，淬火和回火	64	24	0.37
含 0.93%C 的退火鋼	59	21	0.36
含 1.02%C 的淬火鋼	141	74	0.51
鎳鋼，SAE2341，淬火	198	79	0.40
含 0.25%C 的鑄鋼，鑄造狀態	47	19	0.40
退火銅	23	7	0.31
冷軋銅	37	11	0.31
冷軋 70～30 黃銅	52	12	0.24
鋁合金 2024，T36	51	13	0.25
鎂合金 AZ63A	28	8	0.27

11-4　實驗設備

　　小野式疲勞試驗機：如圖 11-1 所示，此為迴轉彎曲式的疲勞試驗機，此種試驗機構造簡單、操作容易、穩定性好、信賴度高，因此廣用於金屬材料之疲勞試驗，附上高溫設備後又可測試材料在高溫狀態下承受荷重之疲勞強度，如圖 11-2 所示。

圖 11-1　小野式疲勞試驗機

圖 11-2　附上高溫設備之小野式疲勞試驗機

11-5　實驗原理

　　如圖 11-3 所示，試桿裝在夾持器上，夾持器外端為支點 R，內端則懸以荷重 W，荷重可依試驗條件增減，分別加於兩夾持器之內端而作用於試桿。試桿全長上受恆定值之彎曲如圖 11-4 所示，試桿中央斷面上側 C 點產生最大壓應力，下側 T 點產生最大拉應力，而剪應力為零。當試桿被馬達帶動迴轉時，試桿上 A 點在 NR 位置時無應力存在，在 T 位置時受最大的拉應力，到 NL 位置時又無應力存在，到 C 位置時則受最大的壓應力，如此試桿每迴轉一次，表面上的一點即完成一週期性變化的應力(圖 11-5)。這種最大應力與最小應力的絕對值相等，而其平均值為零的應力型式，乃稱為完全交變週期應力，如圖 11-5所示。

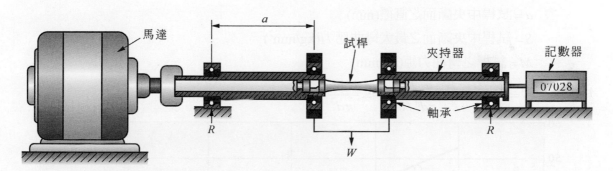

圖 11-3　迴轉彎曲疲勞試驗機的構造原理圖

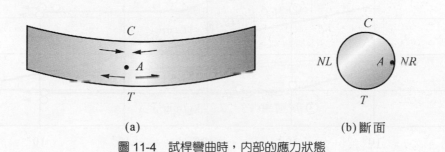

(a)　　　　　　　　　　(b) 斷面

圖 11-4　試桿彎曲時，內部的應力狀態

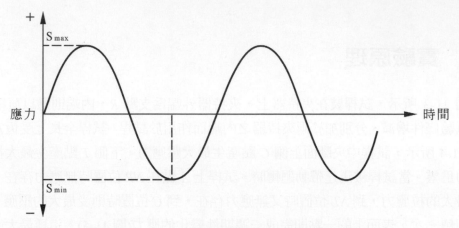

圖 11-5 試桿 A 點彎曲迴轉時應力週期性變化圖

設 $W=$ 所加荷重(kg)

  $a=$ 夾持器支點 R 到加力點間之距離(200 mm)

  $d=$ 試桿中央斷面之直徑(mm)

  $S=$ 試桿中央斷面之最大彎曲應力(kg/mm^2)

  $M=$ 試桿之彎曲力矩(kg-mm)

則 $S=\dfrac{M\cdot C}{I}=\dfrac{W\cdot a/2\times d/2}{\pi d^4/64}=\dfrac{16Wa}{\pi d^3}$

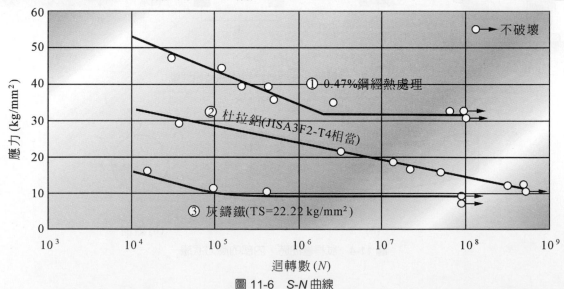

圖 11-6 S-N 曲線

  在疲勞試驗中，準備十餘支或數十支之試桿，每支加上不同的荷重 W，使產生不同覆變應力 S，直至試桿破斷為止，則可求出應力 S 與反覆次數 N 之疲勞曲線，一般稱為 S-N

曲線。圖 11-6 為一些材料之 S-N 曲線，由圖中我們可以發現當 0.47%碳鋼的應力值小於 31 kg/mm^2，或灰鑄鐵的應力值小於 9 kg/mm^2 時，雖然反覆次數 N 增加至極大數，試桿也不會破壞，此時的覆變應力即稱為材料的疲勞限。有些材料，如圖中的杜拉鋁，並沒有明顯的疲勞限，此時通常以 5×10^7 或 10^8 轉所對應的應力做為疲勞限，以供設計上的依據。

11-6　實驗方法

1.　車製標準試桿，其尺寸大小如圖 11-7 所示。

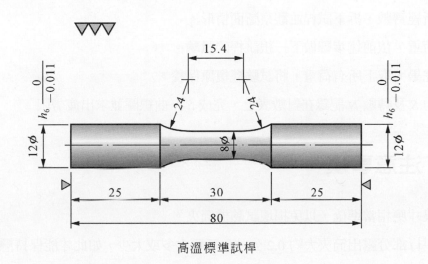

高溫標準試桿

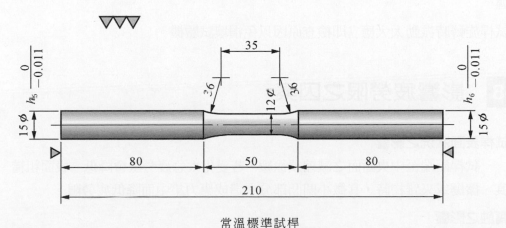

常溫標準試桿

圖 11-7　高溫及常溫試驗之標準試桿

2. 將試桿裝入試驗機之筒夾內，並用量表檢查是否偏心。

3. 旋轉荷重控制把手使控制於無荷重狀態，並調整懸臂使荷重支持桿對準試桿中央而懸臂本身垂直。

4. 放上預定荷重之重錘，第一次所加荷重使試桿之最大應力約等於材料抗拉強度之十分之七，以後每次荷重逐漸減少。

5. 調整計數器歸零。

6. 開啓電源使試桿開始旋轉。

7. 旋轉荷重控制把手使荷重加於試桿上直至破斷爲止。

8. 讀取所經轉數，拆下試桿並觀察斷面情形。

9. 改變荷重，依前述步驟做下一根試桿的試驗。

10. 實驗完畢，取下所有荷重，將試驗機復原保養。

11. 將應力 S 及轉數 N 記錄在對數表上，完成 S-N 曲線圖並求出疲勞限。

11-7　注意事項

1. 試桿尺寸應相當準確，以免損壞試驗機筒夾。

2. 試桿平行部分露出筒夾大約 0.2 公分，不可太多或太少，如此才能保持懸臂呈垂直狀態。

3. 試桿旋轉時振動太大應立即檢查原因以免損壞試驗機。

11-8　影響疲勞限之因素

1. **試桿表面狀況之影響**

　　試桿兩端至中央斷面之減縮須徐緩，若變化太急疲勞限會降低。表面粗糙、有刀痕、擦傷或夾雜物時，其微小凹凸部分會造成應力集中而降低疲勞限。

2. **腐蝕之影響**

　　試桿表面受到化學腐蝕及覆變應力同時作用時，疲勞限會降低很多，此種現象稱為腐蝕疲勞。腐蝕疲勞時金屬表面之保護膜為覆變應力所破壞，使腐蝕孔繼續擴大，造成應力集中而降低疲勞限。

3. **表面處理之影響**

　　試桿表面經過滲碳、滲氮、珠擊、高週波硬化或者輕度加工後可以提高疲勞限，而脫碳、電鍍或過度加工後則會降低疲勞限。

4. **熱處理之影響**

　　熱處理可以增加鋼鐵之靜力抗拉強度，相對地可以提高疲勞限，對於高碳鋼及合金鋼效果尤其顯著。但熱處理不當造成淬火裂痕或表面脫碳時則會使疲勞限降低。

5. **試驗速度之影響**

　　通常試驗速度每分鐘反覆 2000 次至 15000 次，在此範圍內，試驗速度對疲勞限無影響，據實驗結果，每分鐘反覆 30000 次以下皆無影響。

6. **溫度之影響**

　　金屬之疲勞限隨溫度之上升而下降，在 450℃ 以下時下降較緩，在 450℃ 以上時則下降頗急。

7. **疲勞恢復之影響**

　　受覆變應力之材料加熱至再結晶溫度以上時，可以使其疲勞恢復，但如果只放置於常溫或加熱至較低溫時，只會恢復其彈性而不會恢復其疲勞。

8. **試驗中斷之影響**

　　疲勞試驗通常是持續進行的，但若因事故而中斷時，短時間休息對結果無影響，長時間休息則會增加反覆次數。

11-9　疲勞破斷面觀察及斷裂過程分析

　　疲勞斷面如果以肉眼或低倍率放大鏡觀察，我們可以發現有兩種不同的區域，一種是由疲勞損壞造成的平滑區，一種是由突然斷裂所造成的粗糙區，如圖 11-8 所示。由疲勞破斷面的形態，我們大致可以把疲勞斷裂過程區分為三個時期：

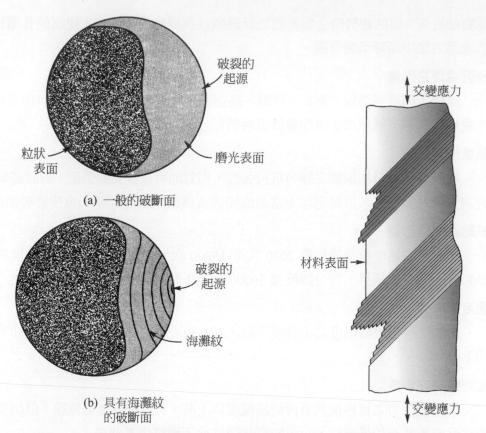

(a) 一般的破斷面

(b) 具有海灘紋
的破斷面

圖 11-8　疲勞斷面特徵圖

圖 11-9　受反覆交變應力的材料表面形成小凹口

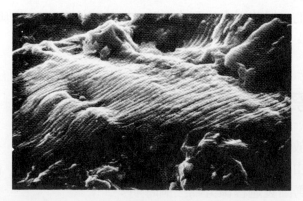

(a) 疲勞刻痕

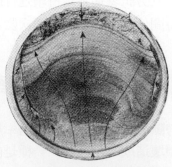

(b) 具有海灘紋的破斷面箭
頭所指為裂縫的前進方向

圖 11-10

　　第一期：裂縫產生期—材料內部的差排，受反覆的應力而移動到試片表面，累積成小凹口，再擴大成裂縫，如圖 11-9 所示。

　　第二期：裂縫傳播期—反覆的應力使裂縫逐漸的擴大。在這一階段裡，用電子顯微鏡可以觀察到斷裂面有明顯的高低刻痕，稱爲疲勞刻痕，如圖 11-10(a)所示。巨觀特徵則是可能觀察到海灘紋，如圖 11-10(b)所示。海灘紋可能是由週期性應力產生變化，或者是由斷面氧化與腐蝕差異所造成的，在實際停停開開的機件中很容易找到，在實驗室中，連續規律運轉下的疲勞斷裂試桿則不容易找到。

　　第三期：最後斷裂期—試桿所殘留的截面積不再足夠承受所加的最大應力時，即突然的斷裂，故造成粗糙斷裂區。

11-10　實驗結果

材料種類	試樣編號	重錘重量 (kg)	最大應力 (kg/mm²)	旋轉週數	斷口位置	斷面狀況

11-11 問題討論

1. 試說明疲勞試驗的意義及其重要性。

2. 何謂疲勞限？如何求得？

3. 影響疲勞限的因素有哪些？

4. 材料疲勞斷裂之過程可分為哪幾個時期？

5. 試繪圖說明疲勞斷面的特微，並觀察比較試桿在低應力高迴轉數及高應力低迴轉數下破斷面的差異。

6. 試比較疲勞破斷面及拉伸破斷面兩者間之差異並加以討論。

7. 抗拉強度和疲勞限之間有何關係？

12 火花試驗

12-1 實驗目的

判別鋼鐵材料的種類及其大概的化學成分。

12-2 使用規範

CNS 3915 G2031 鋼之火花試驗法 Method of spark test for steels

12-3 火花試驗概說

欲判別鋼材的種類及其成分，可利用化學分析法、螢光分析法、剖面檢查法、磁性檢驗法、金相組織檢驗法及火花試驗法等種種方法，其中以火花試驗法最為方便和經濟，雖然它無法像化學分析法能夠精確地測出鋼鐵中的各種化學成分，但由於不需要昂貴的設備且又可迅速的得到結果，所以仍然廣為工程人員及現場操作者所採用，是一種非常實用的方法。火花試驗除了可以判別鋼種成分，將其分類利用外，還有以下幾種用途：

1. 判別材料表面脫碳、滲碳或氮化之程度。脫碳層有低碳鋼火花，爆發極少；滲碳層有高碳鋼火花，爆發極多；氮化層之火花極少。

2. 判別鋼材在高溫時之耐氧化性，在氧氣中試驗火花時，若火花易於發生則耐氧化性較弱，若火花不易發生則耐氧化性較強。

3. 判別鋼材是否經過淬火，淬火過的鋼材火花量較多，可環繞磨輪，火花流線之發射角度較大。

4. 判別展性鑄鐵石墨化的程度，隨著石墨化程度的增加，火花形態愈接近碳鋼形態。

12-4　實驗設備

　　火花試驗機：如圖 12-1 所示，此試驗機由一暗箱和一砂輪機構成，內部並且裝有一除塵抽風機。此砂輪機為 1/4 馬力，轉速 3000〜3600 rpm，砂輪磨石粒度在 36〜46 之間，結合度為 $P〜Q$，圓周速度 20 m/s 以上。此試驗機操作簡單，做實驗時通常先用已知成分之標準試棒(圖 12-2)來了解各種鋼材的特徵，再用未知成分的試棒來練習判斷之。

圖 12-1　火花試驗機

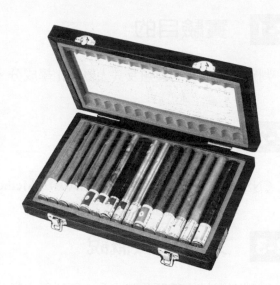

圖 12-2　標準試驗棒

12-5　實驗原理

　　鋼鐵在砂輪上摩擦時，彼此因硬度不同，使鋼鐵在摩擦下產生微小顆粒，此微小顆粒將摩擦時所產生之高熱帶出，在空氣中高速進行，因燃燒狀態而呈現金黃色的火花線條。鋼鐵中若含有不同合金元素則會產生各種形狀與顏色的線條。火花微小顆粒中若含有碳素，則碳與氧作用而產生二氧化碳，大量二氧化碳的產生，使顆粒的體積膨脹並且形成高氣壓，終致突然爆裂而產生火花分枝。鋼中含碳量愈多爆裂火花分枝愈多，含碳量愈少爆裂火花分枝愈少。如係合金鋼材料，其火花會受合金元素之影響而顯現不同的特徵。所以我們由火花的發生情形可以來判斷鋼材的種類及成分。

12-6　火花之形狀名稱及特徵

鋼鐵在砂輪上摩擦時,其火花形狀如圖 12-3 所示,可分為根部、中央和花端三個部分,整個火花由流線和爆裂分枝構成。

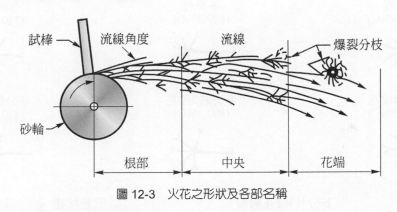

圖 12-3　火花之形狀及各部名稱

12-7　碳鋼之火花特徵

碳鋼之火花主要受含碳量之影響,其爆裂分枝形態與含碳量的關係如圖 12-4 所示,其流線和分枝的特徵和含碳量的關係如表 12-1 和圖 12-5 所示。

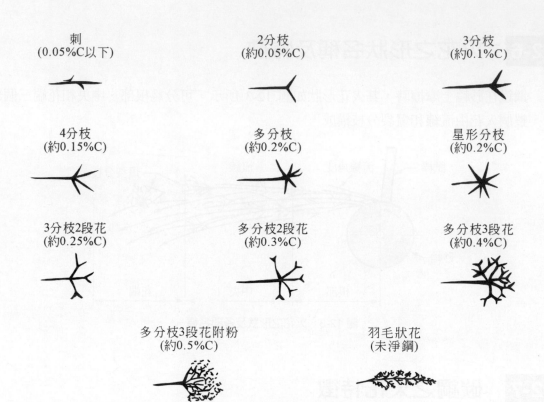

刺
(0.05%C以下)

2分枝
(約0.05%C)

3分枝
(約0.1%C)

4分枝
(約0.15%C)

多分枝
(約0.2%C)

星形分枝
(約0.2%C)

3分枝2段花
(約0.25%C)

多分枝2段花
(約0.3%C)

多分枝3段花
(約0.4%C)

多分枝3段花附粉
(約0.5%C)

羽毛狀花
(未淨鋼)

圖 12-4　碳分枝形態與含碳量之關係圖

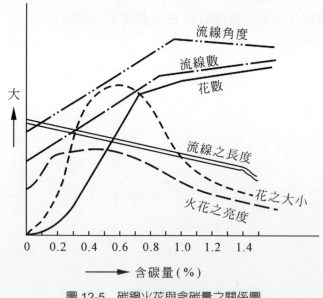

流線角度

流線數

花數

流線之長度

大

花之大小

火花之亮度

0　0.2　0.4　0.6　0.8　1.0　1.2　1.4

含碳量（%）

圖 12-5　碳鋼火花與含碳量之關係圖

表 12-1　碳鋼火花與含碳量之關係

C%	流線					分枝					手之感覺
	顏色	亮度	長度	粗細	數量	形狀	大小	花粉	數量	刺	
0	橙色	暗	長	粗	少		小	無分枝	少		軟
0.05						2 分枝		無		發生於花根	
0.1						3 分枝		無		發生於花根	
0.2						多分枝		無		發生於花根	
0.3						多分枝 2 段花		開始附著		發生於花根	
0.4						多分枝 3 段花	大	有			
0.5		明	長	粗							
0.6											
0.7											
0.8											
0.8 以上	紅色	暗	短	細	多	複雜	小	有	多	無	硬

12-8　合金鋼之火花特徵

　　合金鋼之火花除了受含碳量的影響外，還受合金元素之影響。合金元素有的可以助長碳分枝，如 Mn、Cr、V 等；有的會阻止碳分枝，如 W、Si、Ni、Mo 等，其所形成的火花特徵如圖 12-6 所示。合金元素除了影響碳分枝外，並會影響火花顏色，氧化性的元素如 Al、Mn、Si、Ti 等會增加火花之光輝，非氧化性之元素如 Cr、Ni、W 等則會減少火花之光輝，使其呈現橙色或暗紅色。一些合金元素對火花特性的影響如表 12-2 所示。

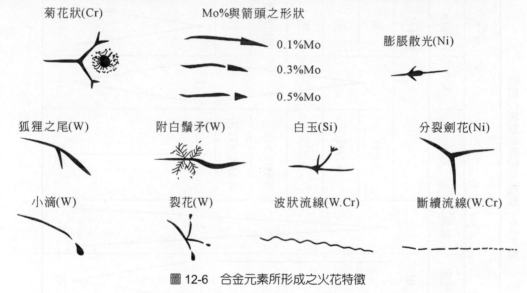

圖 12-6　合金元素所形成之火花特徵

表 12-2　合金元素對火花特性之影響

影響區別	添加元素	流線				分枝				手中感覺	特徵	
		顏色	亮度	長度	粗度	顏色	形狀	花粉	數量		形狀	位置
助長碳分枝	Mn	淺黃色	明	短	粗	白色	複雜細樹枝狀	有	多	軟	花粉	中央
	Cr	橙黃色	暗	短	細	橙色	菊花狀	有	不變	硬	花	花端
	V	變化少					細		多			
阻止碳分枝	W	暗紅色	暗	短	細波狀斷續	紅色	小滴狐狸尾	無	少	硬	狐狸尾	花端
	Si	黃色	暗	短	粗	白色	白玉	無	少		白玉	中央
	Ni	黃色	暗	短	細	黃色	膨脹閃光	無	少	硬	膨脹閃光	中央
	Mo	橙紅色	暗	短	細	橙紅色	箭頭	無	少	硬	箭頭	花端

12-9　鋼鐵火花形狀特徵

圖 12-7 為各種鋼鐵火花之描圖，圖 12-8 為一些鋼鐵火花之實例照片圖。初學者對於火花往往不易辨認，可以先參照圖片說明，再進而觀察比較之。但有一點必須注意，實例照片圖在拍攝時，火花微細部分很難感光出來，並不是火花的全貌，所以只能當參考用。

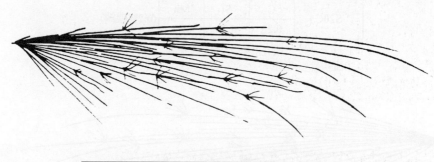

SUY	C	Si	Mn	
	0.05	0.14	0.28	(近乎純鐵)

1. 祇有流線且看起來較粗。
2. 少數流線上有 2 分枝、3 分枝及多分枝。

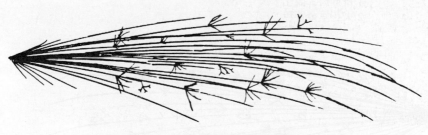

S10C	C	Si	Mn	
	0.09	0.25	0.45	(0.1%碳鋼)

1. 有 3 分枝、4 分枝及多分枝，少數流線有 3 分枝二段花。
2. 整個流線相當光亮。

圖 12-7　各種鋼鐵火花描圖及特徵說明

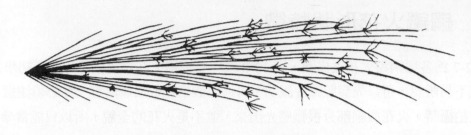

S20C	C	Si	Mn	(0.2%碳鋼)
	0.23	0.23	0.43	

1.有 3 分枝二段花和多分枝二段花。
2.流線都很光亮。

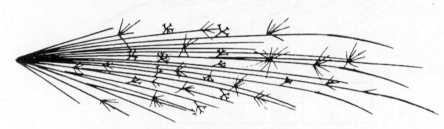

S30C	C	Si	Mn	(0.3%碳鋼)
	0.32	0.24	0.74	

1.多分枝二段花，尺寸相當大。
2.火花呈金黃色。

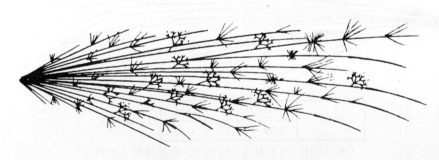

S40C	C	Si	Mn	(0.4%碳鋼)
	0.41	0.22	0.70	

1.多分枝三段花或更多段花，火花大而分枝複雜。
2.流線數量多。

圖 12-7　(續)

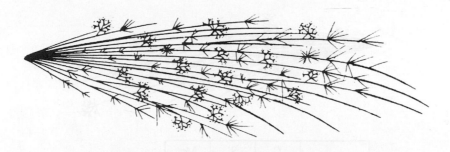

S50C	C	Si	Mn	(0.5%碳鋼)
	0.51	0.26	0.75	

1.多分枝三段花或更多段花且附花粉。
2.流線多而細。

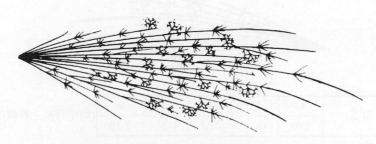

SK5	C	Si	Mn	(碳素工具鋼)
	0.88	0.28	0.36	

1.多分枝三段花或更多段花且附花粉。
2.流線較 0.5%碳鋼細，且較暗紅。
3.分枝較細短。

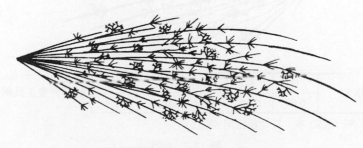

SK3	C	Si	Mn	(碳素工具鋼)
	1.05	0.25	0.43	

1.特性類似 SK5，但流線分枝更多更細。
2.顏色較 SK5 暗紅。

圖 12-7　(續)

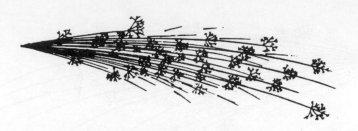

FC30	C	Si	Mn	(鑄鐵)
	3.11	1.69	0.66	

1.流線呈暗紅色且非常細。

2.分枝複雜且細短。

SKS2	C	Si	Mn	Cr	W	(切削合金工具鋼)
	1.05	0.25	0.52	0.56	1.10	

1.流線薄而紅。

2.鎢之附白鬚矛出現且有狐尾。

SKS3	C	Si	Mn	Cr	W	(耐磨合金工具鋼)
	0.99	0.30	0.99	0.59	0.54	

裂花較 SKS2 多，其他特性同 SKS2。

圖 12-7　(續)

SKS4	C	Si	Mn	Cr	W	(耐衝擊合金工具鋼)
	0.47	0.26	0.47	0.68	0.75	

裂花數目較 SKS2 及 SKS3 少一點，且流線稍厚。

SKH2	C	Si	Mn	Cr	W	Mo	V	Co	(高速鋼)
	0.77	0.23	0.33	4.08	17.60	0.54	0.86	0.25	

1.火花為斷續波浪狀流線。
2.深紅色火花，無碳分枝，能見度低，不容易看見火花。

SKH4A	C	Si	Mn	Cr	W	Mo	V	Co	(高速鋼)
	0.74	0.23	0.28	4.10	17.25	0.56	1.13	9.15	

1.無裂花或小滴，流線呈波浪狀。
2.火花呈深紅色，無碳分枝。

圖 12-7　(續)

SKH9	C	Si	Mn	Cr	W	Mo	V	(高速鋼)
	0.85	0.20	0.30	4.10	6.06	4.90	1.8	

1.流線末端有分枝，端點有膨脹狀。
2.火花深紅色，較 SKH2 明顯易見。

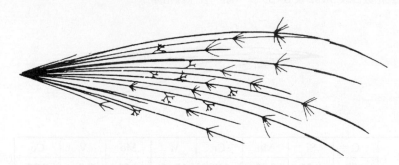

SCr420	C	Si	Mn	Cr	(含鉻構造用鋼)
	0.21	0.28	0.74	1.02	

1.與 0.2%碳鋼火花相似，不易分別。
2.聲音較碳鋼尖銳，手中感覺較硬。

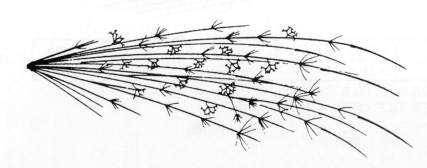

SCr440	C	Si	Mn	Cr	(含鉻構造用鋼)
	0.39	0.22	0.70	1.01	

1.與 0.4%碳鋼火花相似，不易分別。
2.聲音較碳鋼尖銳，手中感覺較硬。

圖 12-7　(續)

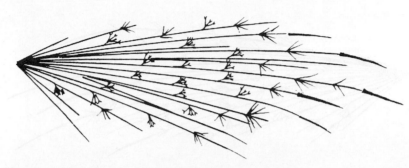

SCM420	C	Si	Mn	Cr	Mo	(含鉻鉬構造用鋼)
	0.20	0.26	0.74	1.06	0.17

除有 0.2%C 碳鋼之火花特性外，有鉬之箭頭狀火花。

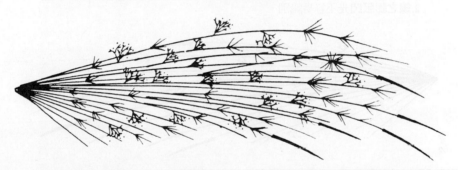

SCM440	C	Si	Mn	Cr	Mo	(含鉻鉬構造用鋼)
	0.40	0.25	0.77	1.04	0.15

除有 0.4%C 碳鋼之火花特性外，尚有鉬之箭頭狀火花，但受到碳火花之
蒙蔽影響。

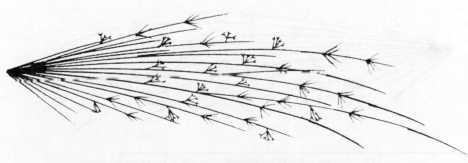

SNC415	C	Si	Mo	Cr	Cr	(含鎳鉻構造用鋼)
	0.16	0.26	0.56	2.04	0.37

與 0.15%碳鋼相似，不易分別，但聲音較尖銳，手中感覺較硬。

圖 12-7　(續)

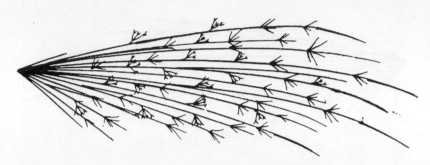

SNC631	C	Si	Mn	Ni	Cr	(含鎳鉻構造用鋼)
	0.32	0.29	0.49	2.68	0.66	

1.與 0.3%碳鋼火花類似，不易分別，但聲音較尖銳，手中感覺較硬。
2.鎳之膨脹閃光不容易識別。

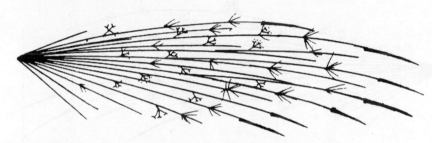

SNCM420	C	Si	Mn	Ni	Cr	Mo	(鎳鉻鉬構造用鋼)
	0.18	0.30	0.53	1.70	0.52	0.20	

1.花根及中央有鎳之膨脹閃光。
2.流線根部稍暗而鉬之箭頭狀火花醒目。

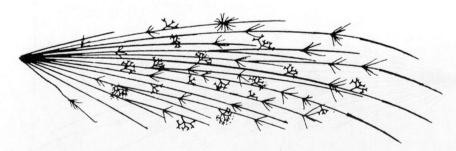

SNCM447	C	Si	Mn	Ni	Cr	Mo	(含鎳鉻鉬構造用鋼)
	0.48	0.33	0.90	1.85	0.71	0.16	

1.分枝小而流線紅。
2.鎳之膨脹閃光可見，而鉬之箭頭難見。

圖 12-7　(續)

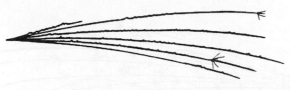

SUS304	C	Ni	Cr	(不銹鋼)
	0.07	8.66	18.22	

1.火花大部分只有流線。
2.流線呈波浪狀。

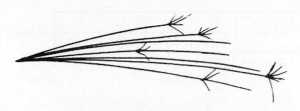

SUS410	C	Cr	(不銹鋼)
	0.12	12.25	

1.中央及端點有多分枝。
2.不銹鋼之流線稍厚。

SUS430	C	Cr	(不銹鋼)
	0.06	16.00	

1.流線數少且短。
2.中央近端點有 3 分枝。

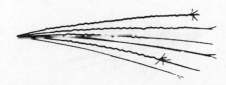

SUH3	C	Si	Mn	Ni	Cr	Mo	(耐熱鋼)
	0.38	1.94	0.38	0.41	10.64	0.82	

1.碳分枝稀少。
2.流線深紅色而短，且部分呈斷續流線。

圖 12-7　(續)

CH 12

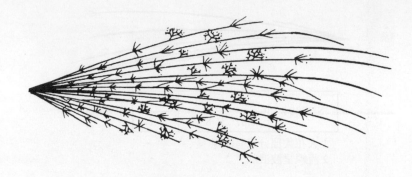

SUJ2	C	Si	Mn	Cr	(軸承鋼)
	0.98	0.17	0.30	1.33	

1.碳分枝多且茂盛。
2.流線細,火花類似 SK3。

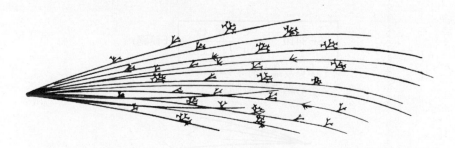

SUP6	C	Si	Mn	(彈簧鋼)
	0.63	1.57	0.85	

1.流線細長。
2.火花呈黃色,分枝細短。

SKD11	C	Si	Mn	Cr	Mo	V	(耐磨合金工具鋼
-------	------	------	------	-------	------	------	或冷作模具鋼)
	1.48	0.22	0.41	11.60	0.88	0.26	

1.流線薄而短。
2.很多小藥花狀火花產生。

圖 12-7　(續)

純鐵(0.02%c)

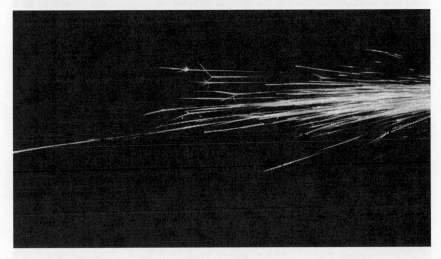

S20C(0.23%C)

圖 12-8 各種鋼鐵火花照片圖

S50C(0.51%C)

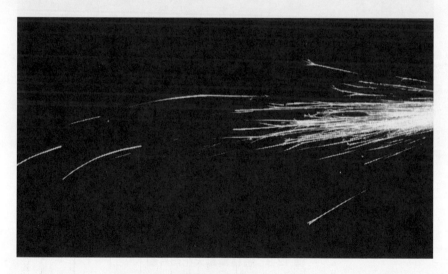

SK5(0.88%C)

圖 12-8 (續)

FC30(3.11%C，1.69%Si，0.66%Mn)

SKS3(0.99%C，0.59%Cr，0.54%W)

圖 12-8 （續）

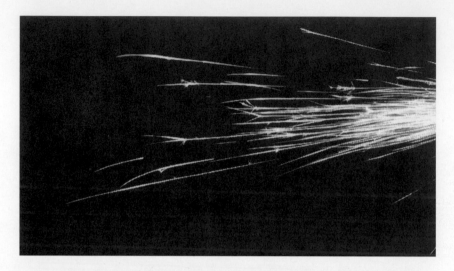

SCr420(0.21%C，1.02%Cr)

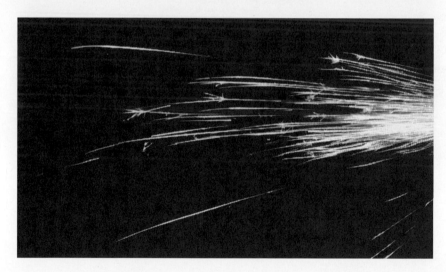

SNCM447(0.48%C，1.85%Ni，0.71%Cr，0.16%Mo)

圖 12-8 （續）

SKH9(0.85%C，4.10%Cr，0.06%W，1.80%V，4.90%Mo)

SUS304(0.07%C，8.66%Ni，18.12%Cr)

圖 12-8　(續)

CH 12

SKD11(1.48%C，11.6%Cr，0.08%Mo，0.26%V)

SUP6(0.63%C，1.57%Si，0.85%Mn)

圖 12-8 (續)

12-10　實驗方法

1. **試驗通則**
   (1) 使用同一器具在同一條件下進行。
   (2) 在火花試驗機或微暗的室內進行，並避免風吹的影響。
   (3) 壓在砂輪上的壓力須適當且一定，以 0.2%碳鋼能產生 50 公分火花長度的壓力為標準。
   (4) 火花之方向宜水平或微向上斜飛，觀察時以橫向目視觀察之。
   (5) 觀察火花應就根部、中央、花端各部分之特徵加以觀察，並且注意到：
      ① 流線之顏色、數量、亮度、角度、粗細及長度。
      ② 爆裂分枝之顏色、數量、形狀、大小及有無花粉等。
      ③ 手中感覺軟硬的程度。
   (6) 試棒有氧化層、脫碳層、滲碳層等應先行研磨除去，所生火花才能代表母材成分。

2. **試驗方法**
   (1) 以手盈握試棒上端，手置於砂輪上端平板，適當加壓 600 公克至 1000 公克，斜角研磨砂輪。
   (2) 先用標準試棒，依照順序由低碳鋼至高碳鋼逐一進行試驗，試驗前可先參考圖片說明然後觀察比較之。
   (3) 碳鋼火花熟悉後再對合金鋼試棒逐一進行試驗。
   (4) 熟記各標準試棒的火花特徵並自行或找人測驗之。
   (5) 取未知成分試棒進行試驗，試驗時記錄火花特徵並判斷試棒材質。

12-11　鋼種鑑別程序

　　熟練的操作員可以依火花形態迅速的判別鋼種，不熟練者可以依照表 12-4 和表 12-5 所示的鋼種推定程序進行判別的工作。通常先以有無碳鋼火花分枝分成兩大部分，即碳鋼、低合金鋼群或是高合金鋼群，如表之第一分類，然後再進行細部判別：

1. **若為碳鋼、低合金鋼**

    (1) 先以碳分枝形態分為低碳(0.25%C 以下)，中碳(0.25～0.5%C)，高碳(0.5%C 以上)三種鋼種，如表之第二分類。

    (2) 再以有無特殊火花區別是單純碳鋼或低合金鋼，如表之第三分類。

    (3) 再以表 12-1 和表 12-2 及圖 12-4 及圖 12-6 所示的火花特徵推定鋼種之成分。

2. **若為高合金鋼**

    (1) 先以流線之顏色分為不銹鋼、耐熱鋼、高速鋼和合金工具鋼。如表之第二、三分類。

    (2) 再以表 12-2 及圖 12-6 所示之火花特徵推定鋼種之成分。

12-12　鋼種識別顏色記號

鋼種除了可以用火花鑑別外，市面上為了使用和整理上的方便，通常在鋼料端面漆上識別顏色，如表 12-3 所示。

表 12-3　市面上常見鋼料及識別顏色記號

JIS 規格	AISI 規格	顏色記號	JIS 規格	AISI 規格	顏色記號
SKH2	T1	綠白色各半	SKD62	H12	藍黑色各半
SKH3	T4	綠黃色各半	SKT5	F2	黑白色各半
SKH4	T5	紅綠色各半	SNCM439	4340	藍十字
SKH9	M2	綠藍色各半	SNCM220	8620	白十字
SKS2	07	全綠色	SCM440	4140	紅十字
SKS3	01	藍黃色各半	SCM415	4118	綠十字
SKS4	W2	藍白色各半	SNC236	3140	黃十字
SKD1	D3	全白色	SCR440	5140	紅綠色十子
SKD4	H14	紅白色各半	SK2	W1～11 1/2	全紅色
SKD5	H20	紅黃色各半	SK3	W1～10	全紅色
SKD11	D2	全紫色	SK5	W1～8	全藍色
SKD61	H13	藍紅色各半	S45C	1045	全黃色

表 12-4 鋼種推定程序表(一)

碳鋼或低碳鋼合金群

第1分類			第2分類			第3分類			鋼種推定		
觀察	特徵	分類	觀察	特徵	分類	觀察	特徵	分類	特徵	推定例(CNS)	推定例(JIS)
有無碳火花分枝	有碳火花分枝	碳火花分枝	分枝範圍	多分枝	0.25%C 以下	特殊火花	僅有碳火花	碳鋼	羽毛狀	S10C1、S15C2、S(14)C 未淨鋼	S10C、S15C S20C
							有特殊火花	低合金鋼	朦朧閃光、分枝劍花 Ni 菊花狀 Cr 箭頭 Mo	NiCr 鋼 Cr 鋼、S20Cr、 CrMo 鋼、S15CrMo	SNC415 SCr420 SCM420
				多分枝數段花	超過 0.25%C 0.5%C 以下	特殊火花	僅有碳火花	碳鋼		S(55)C(F) S30C、S45C	S30C、S40C S45C
							有特殊火花	低合金鋼	朦朧閃光、分枝劍花 Ni 菊花狀 Cr 手中感覺硬 Mn 樹枝狀花 Si 白玉 Mo 箭頭	NiCr 鋼 S15NiCr1 Cr 鋼 S40Cr、 CrMo 鋼 S40CrMo NiCrMo 鋼 S47NiCrMo CrMn 鋼 SiMn 鋼	SNC236 SCr440 SCM440 SNCM447
				多分枝樹枝狀	超過 0.5%C	特殊火花	僅有碳火花	碳鋼		工具鋼 S105C(T) S85C(T) 彈簧鋼 S80C(S) S100C(S)	SK3 SK5
							有特殊火花	低合金鋼	菊花狀、手中感覺硬 Cr 白玉 Si 樹枝狀花 Mn	軸承鋼 S100Cr1(BB) S100Cr2(BB) S100Cr3(BB) SiMn 鋼 S60SiMn1(S) S60SiMn2(S)	SUJ1 SUJ2 SUJ3 SUP6 SUP9

CH 12

表12-5　鋼種推定程序表(二)

高合金鋼群

第1分類			第2分類			第3分類			特徵	鋼種推定	
觀察	特徵	分類	觀察	特徵	分類	觀察	特徵	分類	特徵	推定例(CNS)	推定例(JIS)
有無碳火花分枝	無分枝	流線系	流線色	橙色	橙色系	特殊火花	無分枝	純鐵		純鐵	SUY
				橙紅色	橙色系	特殊火花	花端膨脹	不銹鋼	磁性	S33Cr(CR)	SUS420
									非磁性	S6NiCr1(CR)	SUS304
				暗紅色	暗紅色系	特殊火花	無分枝花端膨脹	耐熱鋼		S40CrMo(HR)	SUH3
							無分枝斷續波狀流線	高速鋼	分枝花、小滴	S80W1(HS)	SKH2
									分枝花、小滴	S80WCo1(HS)	SKH3
									分枝花、無小滴	S80WCo2(HS)	SKH4A
									花端附貼膨脹花	S85WMo(HS)	SK9
				細流線		特殊火花	附白鬚子	合金工具鋼(TC，TA，TS系)		S105CrW(TC) S95CrW(TA) S50CrW(TS)	SKS2 SKS3 SKS4
						特殊火花	細小菊花狀	合金工具鋼(TA系)		S210Cr(TA) S150CrMoV(TA)	SKD1 SKD11

12-13 實驗結果

試件編號	流線特徵					分枝特徵					手中感覺	判斷成分	眞實成分
	顏色	明暗度	長度	粗細	數量	顏色	形狀	大小	數量	花粉			
1													
2													
3													
4													
5													
6													
7													
8													

12-14　問題討論

1. 火花試驗有何優點？又有何限制？

2. 何謂碳花？其主要受何種因素而改變？

3. 整箇火花束可區分為那三段？又從特性區分可歸納成那二類？

4. 碳鋼與合金鋼之火花特徵有何不同的地方？

5. 試說明未知成分試棒鑑別的程序。

6. 火花試驗除判別成分外還有那些用途？如何判別？

13 磨耗試驗

13-1 實驗目的

測定材料與其他固體接觸時表面耐磨損的能力。

13-2 磨耗概說

磨耗是兩固體表面互相接觸，經摩擦而使表層材料脫落的現象，接觸面產生磨耗的型式基本上可分為四種：

1. 黏著磨耗

固體表面如果有凹凸不平的峰端，當磨耗時突起部分彼此接觸而產生黏著的現象，如圖 13-1 所示。黏著部分因磨耗壓應力的作用而剪斷，導致材料從較弱的一邊披黏著到較強的一邊，如圖 13-2 所示，而產生損耗的現象，此種磨耗稱為黏著磨耗。這種現象發生在合金性質相近的兩密接固體表面間，且在其中的一個表面上可以發現黏著了另一個機件材料的碎片。

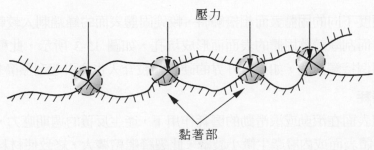

壓力

黏著部

圖 13-1　黏著

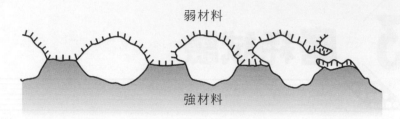

圖 13-2　黏著部弱材料被剪斷

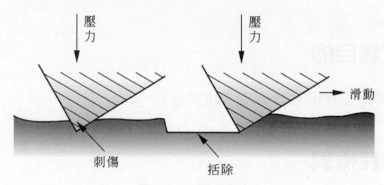

圖 13-3　刺傷與刮除

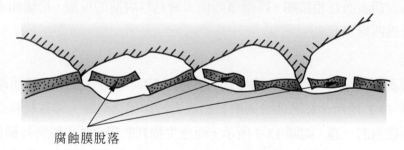

圖 13-4　腐蝕膜被剝離情形

2. **刮擦磨耗**

　　兩個硬度不同的固體表面相接觸時，較硬固體表面的峰端刺入較軟物體的表面，經磨耗作用而刮除較軟固體的表面而形成坑孔，如圖 13-3 所示，此種磨耗稱為刮擦磨耗。在兩個接觸面間，如果有外界的硬質顆粒介入也會引起刮擦磨耗。

3. **表面疲勞磨耗**

　　兩固體表面在滾動或滾滑動的磨耗作用下，產生反覆的週期應力，經相當時間的轉動後，物體表面或內層產生微小裂縫，此裂縫繼續擴大，終致使材料表面突然成塊脫落而留下坑孔，此種磨耗稱為表面疲勞磨耗，這種現象經常發生在齒輪和軸承等機件上。

4. **腐蝕磨耗**

　　兩固體接觸面暴露在腐蝕性氣體或液體的環境下，表面因受到腐蝕而產生硬脆的氧化物，這些氧化物與母材的結合力較弱，在磨耗時很容易被剝離，此種現象稱為腐蝕磨耗，如圖 13-4 所示。

　　磨耗除了以上四種主要的損壞型式外，事實上還受許多複雜因素的影響，所以磨耗試驗除了了解試片彼此間磨耗量的大小之外，還必須對整個磨耗狀況有充分的了解，這樣才能正確的去選擇材料及改善其耐磨性，以下是影響耐磨性的一些因素：

1. **黏著性**

　　不易黏著的材料組合耐磨性較大。

2. **表面氧化膜**

　　氧化膜可防止凝著者較好，若易凝著或脫落則磨耗增多。

3. **化學安定性**

　　易腐蝕者容易引起腐蝕磨耗。

4. **熱傳導性**

　　摩擦熱散熱較快者較不易磨損。

5. **硬度與強度**

　　硬材料接觸點變形少，耐磨耗性好，接觸不良時不易服貼，會增加磨耗量。

6. **表面糙度**

　　粗糙度大時接觸不良且易引起刮除作用，故磨耗量大。

7. **潤滑劑**

　　潤滑劑可以形成油膜減少磨耗量，但接觸壓力大時油膜破裂，金屬會因黏著而增加磨耗量。加潤滑劑的磨耗試驗比較能模擬實際狀況，但磨耗量易受潤滑劑的性質，滲入摩擦面的程度及溫度等因素之影響，而且磨耗量太少也不容易測定，所以加潤滑劑的試驗不容易比較材料的耐磨耗性，通常也可以乾式法進行磨耗試驗。

13-3　實驗設備

　　磨耗試驗機：磨耗試驗機的種類很多，一般都針對機件運轉的特性而設計，大體上可區分為滑動磨耗和滾動磨耗試驗機兩大類，其裝置分別如圖 13-5 所示。圖中(a)～(e)為滑動型磨耗，(f)則爲滾動型磨耗。滑動型試驗機適合模擬機件中滑塊的磨耗現象，滾動型試驗機則適合於模擬齒輪之齒面、凸輪面及鋼軌等之磨耗現象。圖 13-6 爲西原式(Nishihara)磨耗試驗機，係滾－滑動磨耗試驗的一種機型。其測試試片與對磨標準試片都是圓輪，兩者的轉速可以經由齒輪的調整而相等或有快慢，若兩者齒數相等則只發生滾動磨耗，若齒輪數不同，則會形成滾－滑動磨耗。假定測試試片齒輪數爲 n_1，對磨標準試片的齒輪數爲 n_2，且 $n_1 > n_2$，則兩者間的滑動比爲$(n_1 - n_2)/ n_1 \times 100\%$，此試驗機滑動比有 9、20、30%三種，其對應的齒輪數分別爲(66，60)、(70，56)，(74，52)。標準對磨試片轉速爲 800 rpm，壓縮荷重 30～300 kg，計數器每一個數字代表 100 轉。

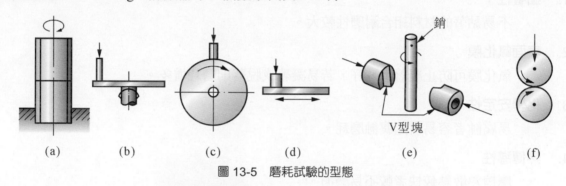

圖 13-5　磨耗試驗的型態

圖 13-6　西原式磨耗試驗機

13-4 實驗原理

如圖 13-7 所示，當兩固體圓輪互相接觸而產生滾－滑動磨耗時，接觸表面會產生壓應力和剪應力兩種應力，壓應力垂直於接觸面，剪應力則平行於接觸面，剪應力與壓應力通常成正此關係，其比例常數稱爲摩擦係數。一般在乾燥無潤滑的情況下，摩擦係數約在 1/3～1/4 之間。

假設　　$P=$ 兩試片間之壓力(kg)

　　　　$E=$ 試片之彈性係數(kg/mm²)

　　　　$r_1=$ 上側試片之半徑(mm)

　　　　$r_2=$ 下側試片之半徑(mm)

　　　　$b=$ 試片之寬度(mm)

　　　　$\sigma=$ 試片之壓應力(kg/mm²)

則　　　$\sigma = 0.418\sqrt{\dfrac{PE}{b}\left(\dfrac{1}{r_1}+\dfrac{1}{r_2}\right)}$

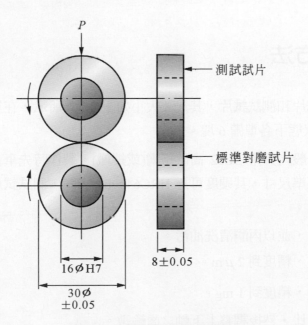

圖 13-7　試片尺寸及裝置情形

　　做實驗時，在一適當的壓應力下，選擇數個不同的轉數做測試，然後再分別計算出測試試片和標準對磨試片的磨耗量，可以畫出磨耗量－迴轉數曲線，由此曲線我們可以了解試片的磨耗情形，圖 13-8 為 Ni-Cr 鋼和鑄鐵互相組合磨耗的結果，兩者間的滑動比為 9%，$\sigma = 50$ (kg/mm^2)。

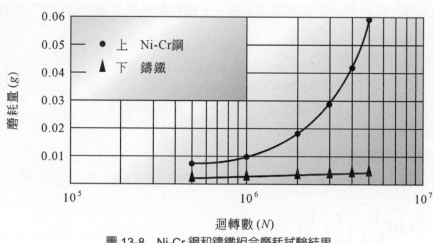

圖 13-8　Ni-Cr 鋼和鑄鐵組合磨耗試驗結果

13-5　實驗方法

1. 車製標準對磨試片和測試試片，其尺寸大小如圖 13-7 所示，在無潤滑狀態下各準備 10 塊，在潤滑狀態下各準備 6 塊。

2. 標準對磨試片一般均採用 SUJ2 高碳鉻鋼(或鑄鐵)，製作時先車製成毛胚，經熱處理後，再精磨成標準尺寸，其硬度可達 HRC64～65 之間，測試試片如果經一般硬化處理者製作法亦同。

3. 量測試片之硬度，並以丙酮清洗油污。

4. 量測試片之尺寸，精度到 2 μm。

5. 量測試片之重量，精度到 1 mg。

6. 選擇適當的滑動比，然後調整上下軸之齒輪數。

7. 將測試試片和標準對磨試片分別裝在上、下軸上。

8. 旋轉荷重把手，選擇所需的荷重。

9. 調整計數器使之歸零。

10. 無潤滑狀態試驗時將循環油關閉，加油試驗時可採用 SAE#30，90 的潤滑油。

11. 啟動按鈕開始試驗，無潤滑狀態將轉數定為 0.5×10^4，1.0×10^4，$\cdots$，5×10^4 共 10 次，潤滑狀態試驗分別將轉數定為 0.5×10^6，1.0×10^6，2.0×10^6，$\cdots$，5×10^6 共 6 次。

12. 到達轉數後取下兩試片，分別量測磨耗量和外徑減少量並觀察其摩擦面情形。

13. 畫出磨耗量和迴轉數曲線。

13-6 實驗結果

	測試試片				滑動比 (%)			標準對磨試片				
材料種類	處理狀況	編號	硬度 (HRC)	外徑減 (mm)	磨耗量 (mg)	迴轉數 (N)	磨耗量 (mg)	外徑減 (mm)	硬度 (HRC)	編號	處理狀況	材料種類
		1.								1.		
		2.								2.		
		3.								3.		
		4.								4.		
		5.								5.		
		6.								6.		
		7.								7.		
		8.								8.		
		9.								9.		
		10.								10.		

13-7 問題討論

1. 何謂磨耗？基本上可分為哪四種機構？

2. 影響耐磨耗性的因素有哪些？

3. 滑動、滾動，滾滑動磨耗三者間有何差別？

4. 何謂滑動比？如何求得？

5. 繪製各種材料磨耗量與轉數之關係曲線，並進一步討論磨耗量之變化特性，如為直線型、拋物線型或指數線型。

14 金相組織試驗

14-1 實驗目的

1. 熟練金相組織試驗的試片準備過程。

2. 利用金相顯微鏡觀察金屬材料的顯微組織，從所顯示的晶粒形狀、方向、大小、分佈等判明材料之性質，並從中觀測出夾雜物、裂隙、氣孔等缺陷，以判別材料加工方法之良劣和熱處理之是否適當。

3. 熟練金相照片拍攝與暗房作業。

14-2 使用規範

1. CNS 11276 B6091　工具顯微鏡 Toolmakers" microscopes

2. CNS 2910　G2020　鋼內非金屬介在物之顯微鏡試驗法 Microscopic testing method for non-metallic inclusions in steel

3. CNS 10436 G2177　鋼料沃斯田體晶粒度試驗法 Method of austenitic grain size determination for steel

4. CNS 10437 G2178　鋼料肥粒體晶粒度試驗法 Method of ferritic grain size determination for steel

14-3　實驗設備及材料

1.　水冷式砂輪切割機。

2.　加熱加壓的鑲埋機。

3.　研磨拋光機。

4.　熱風吹風機。

5.　金相顯微鏡，手動壓平器和照相設備。

6.　暗房沖洗設備和沖洗底片、相紙的材料。

7.　碳化矽砂紙(120#、220#、400#、600#、800#、1000#、1200#)或金鋼砂紙(3,2,1,0,00,000,0000)。

8.　Al_2O_3 粉、Cr_2O_3 粉和鑽石拋光劑、蒸餾水、腐蝕皿、腐蝕液、棉花、夾子、玻璃板和油泥等。

9.　環氧樹脂、硬化劑和酚樹脂。

10.　鑄鐵和碳鋼棒。

14-4　實驗原理

　　金相顯微鏡觀察原理如圖 14-1、14-2 所示。從光源射出的光線，經過透鏡調整後，以三稜鏡或透明平面玻璃，把部分光線轉向垂直下射，續經物鏡投射在拋光後的試片表面上，然後由試片表面反射回來的光線，依序透過物鏡，平面玻璃及目鏡的放大，進入觀察者的眼睛，由於試片表面平整故此時眼睛觀察到的只是相同亮度之光。此時若用適當的腐蝕液腐蝕試片表面，隨著材料組織之差異，腐蝕作用也就不同。試片的相界及晶界，特別易受腐蝕形成凹斜槽。當垂直於試片的光線照到此凹斜槽時，不再垂直反射，而是轉向(如圖 14-2)，所以此處眼睛所觀察到的呈黑色，其他的平整區則呈亮白色。因此組織遂形成明暗的區別，藉著此種差異，我們遂得以觀察材料內部的微細組織。

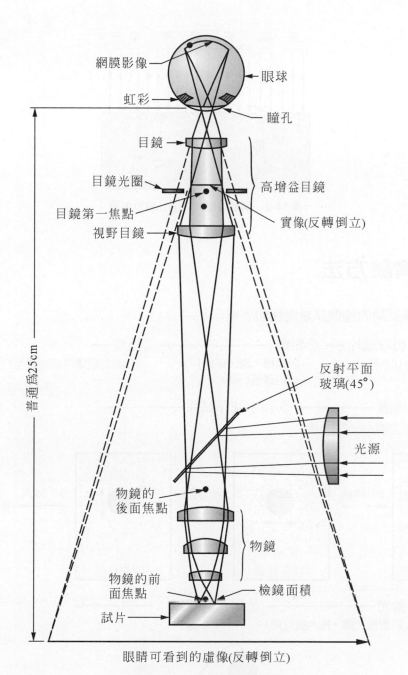

圖 14-1　金相顯微鏡的原理

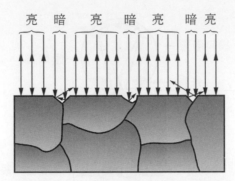

圖 14-2　腐蝕後試片表面光線反射圖

14-5　實驗方法

金相組織試驗的整個試驗流程如下所示：

①切取試片 ⟶ ②粗磨 ⟶ ③鑲埋 ⟶
（切割機械）　（砂輪機，磨床研磨）　　（加熱加壓鑲埋或冷鑲埋）
　　　　　　　或粗砂紙研磨）

④細磨 ⟶ ⑤用水洗淨試片 ⟶
（手磨或研磨機研磨）

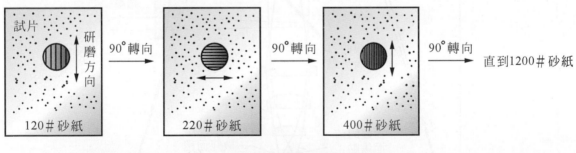

⑥拋光 ⟶ ⑦用水洗淨試片 ⟶
（研磨拋光機，配合拋光劑）

⑧用酒精洗淨試片拋光面 ⟶ ⑨吹乾試片 ⟶
　　　　　　　　　　　　　　　(熱風吹風機)

⑩檢查拋光面　　⑪腐蝕　　　⑫用酒精或水洗淨試片
　(金相顯微鏡)　　(腐蝕液)

⑬吹乾試片　　　⑭觀察　　　⑮拍攝金相
　(熱風吹風機)　　(金相顯微鏡)

⑯暗房沖洗底片、相片

14-5-1　試片之準備

試片準備的過程，其詳細步驟與所需用設備詳述如下：

1.　切取試片

　　切取試片乃從較大的材料中切取具有代表性的小試片以便利處理。故切取試片時先要適當選擇切取的部位和方向，其次尚須注意充分的冷卻，免得試片因切削而局部發熱，使得組織產生變化。一般對軟質材料常使用手弓鋸或鋸床來鋸取，而對硬質材料則常使用水冷式砂輪切割機(如圖 14-3)或低速切割機(如圖 14-4)來切取。試片大小通常以 18～22 mm 高的長方體(例：15×15×20 mm)或圓柱體(例：ϕ 16×20 mm)為宜。

(a) 外觀

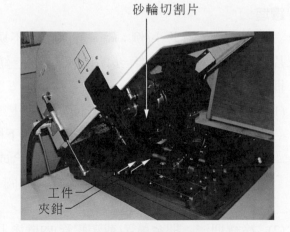

砂輪切割片

工件

夾鉗

(b) 挾持和切斷裝置

圖 14-3　水冷式砂輪切割機

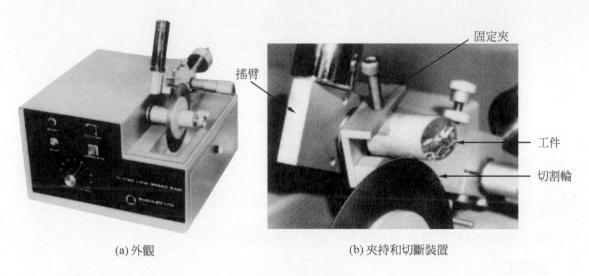

(a) 外觀　　　　　　　　　　　(b) 夾持和切斷裝置

圖 14-4　低速切割機

2. **粗磨**

　　試片切取之後，切割面若出現過熱、變形或不平整的現象時，可用 120#以下的碳化矽砂紙進行手磨，或用安裝細砂輪的磨床磨平。此外，務必要記得把試片邊緣毛邊去除並作倒角，免得研磨拋光時刮損砂紙或拋光絨布。

3. **鑲埋**

　　當試片太過薄小(例：絲、帶、片等)不易握持時，或欲觀察試片邊緣組織時，試片就需要鑲埋，以利進一步的研磨及觀察。鑲埋的方法可分成加熱加壓鑲埋法和冷鑲埋法兩種：

(1) 加熱加壓鑲埋法：將加壓圓筒內壁噴上一層脫模劑，再依序將試片和粒狀的酚樹脂放入熱鑲埋機加壓圓管的上柱塞與下柱塞間(如圖 14-5)，經加壓(4200 psi)和加熱(140～160℃)，使酚樹脂與試片融合成圓柱體，再用冷卻器冷卻至室溫後，打開洩壓閥並移去上柱塞，再鎖緊洩壓閥，藉加壓桿頂出鑲有試片的熱鑲埋體(如圖 14-6)。

(2) 冷鑲埋法：把金屬管(或塑膠管)內壁塗上一層凡士林以利脫模，再將試片用夾子固定，放入金屬管中，然後把事先混合好的環氧樹脂及硬化劑倒入金屬管內，數十分鐘後將硬化，再從管中頂出鑲有試片的透明圓柱體，(如圖 14-7)。環氧樹脂和硬化劑混合時，其體積比為 100：3。

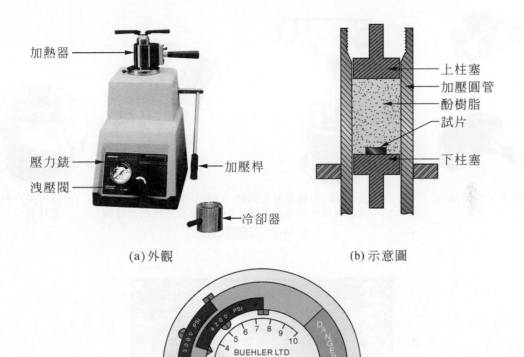

加熱器

壓力錶
洩壓閥

加壓桿

冷卻器

(a) 外觀

上柱塞
加壓圓管
酚樹脂
試片
下柱塞

(b) 示意圖

(c) 壓力錶

圖 14-5　熱鑲埋機

　如圖所示之鑲埋機，溫度約可達150°C，壓力可達4200 psi，一般所用
溫度120~220°C，壓力約在 3000~4200 psi，約10,000 次使用期限嵌入後，
塑膠圍繞著試片之外緣，在兩分鐘後便可呈現完整。

　(1) 下驟先將試片，切割時打開加壓桿，在 mold 表面上擦拭淨，以人手做，並將
加熱器做好，並依照本機關使成 120°C 的溫度並稍移動開關關至3.5 cm
並將注溫板原數以注，並觀察壓力錶達壓力，直至升高至壓力，而面其處
自行緩慢升至，上壓封狀用模填入適量樹脂，填充完成後以開關方始，瞬間
位於底緣之組後，此溫度板處理加壓，直觀則處，指向指動或加之緩，
其後到壓升溫度，加溫至約最高壓力正常開所表示之溫度，若出力，兵外加力
如壓力低至90 約始測溫度，並與加力90 人為加壓力，時續為，看可注意
力線滑，並發向適溫並擦拭壓力處以壓不會溫力壓焊。

　在壓力時度於向使用所需過程嵌入壓溫，最後將出力錶升為溫力3500
psi，以避免上溫焊處而後期間加壓力，直至溫焊後取出完時試片試之調整

圖 14-6　鑲有試片的熱鑲埋體

(a) 夾子

(b) 用夾子夾緊試片

(c) 混合好的樹脂及硬化劑倒入放有試片的金屬管中

(d) 分開金屬管取出鑲有試片的透明圓柱體

(e) 鑲有試片的透明圓柱體

圖 14-7　冷鑲埋法

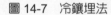

變形之晶粒

真實之顯微組織

圖 14-8　表面晶粒之變形

4. 細磨

　　細磨的目的在除去切割時表面損壞或晶粒變形的深度(如圖 14-8 所示)。一般常用 120#、220#…1200#等八種碳化矽砂紙，或用 3,2,1,0,00,000 和 0000 七種金鋼砂紙進行研磨。研磨方式可分成手動式和機械式兩種：

(1) 手動式研磨法：可將砂紙平鋪在 5 × 200 × 300 mm 的玻璃板上，以大姆指、食指和中指握緊試片，並將試片按在砂紙上，保持直線方向，平穩的向前推出約 25 cm 或稍短於砂紙的長度，試片回程時應離開砂紙，免得試片產生圓弧面，而造成金相觀察時不易聚焦。試片用某一種粒度的砂紙研磨到磨痕皆在同一方向時，則可改用較細之砂紙，此時須先將試片轉動 90°再進行研磨，使舊的磨痕可被完全磨除而形成新的磨痕，如此可以清楚的看出舊磨痕是否已經全部被磨掉。另外由於研磨方向和舊磨痕成 90°切割，故研磨效率得以大幅度提升。研磨時，施加之壓力要適度，太輕則浪費時間；太重則產生深淺不規則的磨痕。

　　手動式研磨法亦常使用如圖 14-9 所示的濕式研磨器。研磨器上分裝有 220#，

320#，400#，600#的四種耐水砂紙，並附有給水裝置，使砂紙上形成一層薄的水膜，增進研磨效率，縮短研磨時間。

圖 14-9　濕式研磨器

(2) 機械式研磨法：常使用帶式轉動研磨機(如圖 14-10 所示)，研磨時抓妥試片輕壓砂紙上即可進行細磨，或用自動研磨拋光機(如圖 14-11)進行研磨，先用夾持器將鑲有試片的熱鑲埋體固定之，再安裝到夾頭上面，設定研磨的時間、壓力及轉速，並配合裝妥砂紙、壓框的研磨盤進行自動研磨。

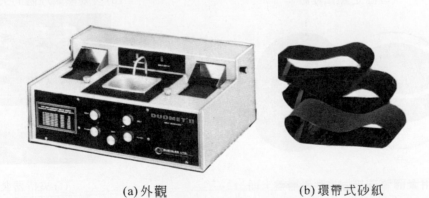

(a) 外觀　　　　　　　(b) 環帶式砂紙
圖 14-10　帶式轉動研磨機

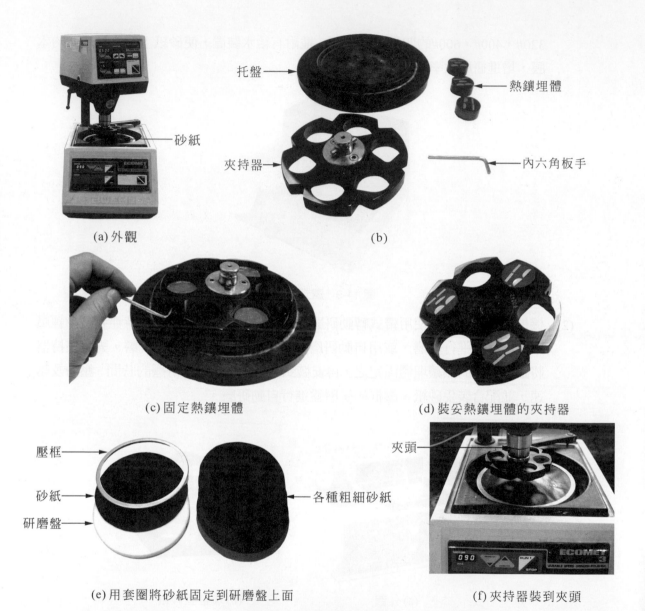

(a) 外觀

托盤

熱鑲埋體

夾持器

內六角板手

(b)

(c) 固定熱鑲埋體

(d) 裝妥熱鑲埋體的夾持器

壓框

砂紙

研磨盤

各種粗細砂紙

夾頭

(e) 用套圈將砂紙固定到研磨盤上面

(f) 夾持器裝到夾頭

圖 14-11 自動研磨拋光機

　　細磨時不管是採用手動式或機械式研磨法，常又可各自細分為濕磨與乾磨兩種。經此較後發現濕磨較乾磨具有下列多項優點：

(1) 試片的研磨層被水沖除，可保持砂紙磨粒的銳利。

(2) 試片被充分冷卻，不會因摩擦生熱而使表層顯微組織起變化。

(3) 砂紙脫落之磨粒也會被水帶走，可避免磨粒埋入試片表面。

(4) 可縮短研磨時間。

5. 抛光

　　抛光的目的是要除去細磨後試片上殘留的磨痕及缺陷層，以產生平整、無磨痕如鏡面的表面，以便作精確的顯微組織觀察。抛光可分成機械抛光及電解抛光兩種：

(1) 機械抛光：機械抛光是在加有抛光劑的旋轉圓布輪(例：棉布、尼龍布、絨布、純羊毛布)上進行，所用的機械種類甚多，如圖 14-12 爲迴轉式圓盤研磨機。抛光時抓緊試片，把待抛光面輕壓旋轉圓布輪上，並將抛光劑(氧化鋁粉懸浮液)噴到旋轉的圓布輪上，以抛光試片。抛光時試片不宜固定在同一位置，應把試片沿圓布輪的法線方向來回運動(如圖 14-13 所示)使圓布輪均勻磨耗，並避免試片產生單方向的痕跡。

(a) 單盤型　　　　　　　　　　　　(b) 雙盤型

圖 14-12　迴轉式圓盤抛光機

圖 14-13　抛光時試片的移動方向

　　依抛光的程度常可分成粗抛光和精抛光兩階段。粗抛光時，圓布輪旋轉速度宜在 550 rpm 左右，且使用棉布或尼龍布，而抛光劑常用 $1 \sim 15\,\mu m$ 的氧化鋁粉懸浮液。精抛光時，轉速宜降爲 300 rpm 左右，並改採用含有多量絨毛的直紋絨布或更高級的純羊毛布，抛光劑亦改用 $0.3\,\mu m$ 或 $0.05\,\mu m$ 的氧化鋁粉懸浮液。此外，鑽石抛光劑也逐漸推廣使用到試片抛光，對碳化硼、燒結鎢等極硬的材料勢必用它不可；而對石墨之鑄鐵及含矽的鋁合金等含有軟相及硬相的材料，使用鑽石抛光劑也可獲得良好的拋光面。鑽石拋光劑有油溶性和水溶性或粉狀,顆粒最小的可至 0.25μ。

拋光時,最好每一種粒度的拋光各自單獨使用一個圓布輪。另外為避免拋光面受到刮傷,每次拋光前須將試片及手清洗乾淨,以防止粗顆粒落到細顆粒圓布輪上,而造成較深的刮痕。

拋光完成後,先用水清洗,以除去氧化鋁粉,再用酒精清洗除去水分,最後用熱風式吹風機吹乾,以便腐蝕作業。

若有大量試片需要拋光時,可使用自動研磨拋光機來拋光,如圖 14-14 為振動式自動拋光機;或如圖 14-15 為自動研磨拋光機,配合絨布研磨盤可進行自動拋光。如此可在短時間內得到大量拋光良好的試片。

圖 14-14　振動式自動拋光機

拋光絨布

圖 14-15　自動研磨拋光機

(2) 電解拋光:機械拋光在試片上常會產生些微的損傷層,雖在腐蝕時將會除去,但若不腐蝕而直接觀察或不允許此損傷層存在的場合時,宜改採用電解拋光。此外對於不銹鋼、鋁及銅合金等較軟的材料,由於機械拋光效果不好,最好改採用電解拋光。

電解拋光設備如圖 14-16 所示,將試片放在浸於電解拋光液的陽極處,再加入適當電壓、電流後,則試片表面將面對陰極而逐漸溶解,形成平整光亮的平面。隨著試片和電解拋光液的不同,電流與電壓的關係曲線也有所不同,不過一般常會出現的關係,如圖 14-17 所示,此圖為銅在磷酸電解液的情形;此曲線可分成五個區域,在 $A\sim B$ 區,電流與電壓成正比增加,試片表面部分溶解,形成暗晦的腐蝕面；$B \sim C$ 區為不穩定區；$C \sim D$ 區則電流維持定值，此時拋光膜形成，發揮拋光效果，D 點係最佳拋光點；$D \sim E$ 區產生氣泡，拋光膜被破壞，形成孔蝕；$E \sim F$ 區產生氣泡更多，試片表面更加凹凸不平。故拋光時的操作電壓應控制在 $C \sim D$ 區，尤其以 D 點更佳。

電解拋光液的組成及電解條件，如表 14-1 所示。鋼及鐵用過氯酸為電解液時，須特別注意，為防止因過熱而爆炸，電解液槽須經常冷卻至 30℃ 以下。

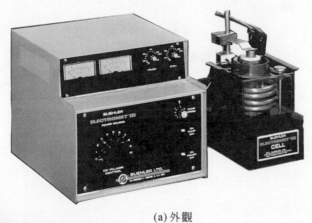

(a) 外觀

(b) 試片在電解拋光中

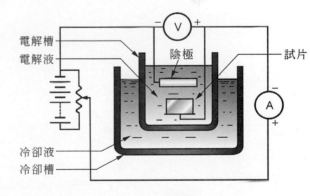

(c) 示意圖

圖 14-16　電解拋光設備

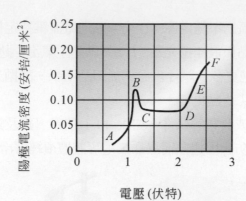

圖 14-17 電壓－電流關係曲線

表 14-1　電解拋光液與電解條件

金屬及合金	電解拋光液的組成		溫度(°C)	電解條件	陰極	時間	備註
鋼及鐵	過氯酸* 冰醋酸	1 份 20 份	24	45V 0.2A/cm²	不銹鋼	3～4 分	適用於鐵、碳鋼及不銹鋼等
	過氯酸 蒸餾水	56 份 44 份		0.15～2V 0.01A/cm²	鐵		適用於鐵及矽鐵
	過氯酸* 乙醇 甘油	2 份 7 份 1 份	16～32	5V～15V 0.5～2.2A/cm²	不銹鋼	0.5～2.5 秒 10～15 秒 20～30 秒	高速鋼用 碳鋼與合金鋼用 不銹鋼用
	過氯酸* 乙醇 蒸餾水	5 份 75 份 15 份	21～24	20～30V 1.3A/cm²	不銹鋼	40～60 秒	適用於鑄鋼
	過氯酸* 乙醇	6 份 94 份	24	35～40V	不銹鋼	15～60 秒	適用於不銹鋼
	過氯酸* 無水醋酸	1 份 2 份	24	50V 0.06A/cm²	鋼或鋁	4～5 分	適用於沃斯田鐵鋼。槽液在使用前 24 小時先備妥
	過氯酸* 無水醋酸 蒸餾水	185 份 765 份 50 份	24	50～60V 1.5～2.5A/cm²	不銹鋼	0.5～2 分	適用於碳鋼及低合金鋼。槽液在使用前 24 小時先備妥
	過氯酸* 冰醋酸	1 份 10 份	24	50～60V 1.5～2.5A/cm²	不銹鋼	0.5～2 分	適用於碳鋼及低合金鋼。
	冰醋酸 鉻酸	19 份 1 份	17～19	20V 0.4A/cm²	不銹鋼	數分	
銅	正磷酸 蒸餾水	3～4 份 6～7 份	16～27	1.5～1.8V 0.06～0.08A/cm²	銅	10～15 分	適用於錫青銅以外的合金
黃銅	正磷酸 蒸餾水	3 份 5 份	16～27	1.9V 0.13～0.15A/cm²	銅	10～15 分	α 型黃銅用
	正碳酸 蒸餾水	3 份 6 份	16～27	1.9V 0.09～0.11A/cm²	銅	10～15 分	用於 α 型黃銅，而不適用於含鉛的銅合金

表 14-1 (續)

金屬及合金	電解拋光液的組成	溫度(℃)	電解條件	陰極	時間	備註
青銅	正磷酸　　　2 份 蒸餾水　　　1 份	21～24	10～20V 0.8A/cm²	不銹鋼	10～20 秒	
	正磷酸　　　67 份 濃硫酸　　　10 份 蒸餾水　　　23 份	24	2.0～2.2V 0.1A/cm²	銅	15 分	含 Sn 6%以下的青銅用
	正磷酸　　　47 份 濃硫酸　　　20 份 蒸餾水　　　33 份	24	2.0～2.2V 0.1A/cm²	銅	15 分	含 Sn 6%以上的青銅用
鋁	過氯酸*　　　7 份 無水醋酸　　13 份	24	22～25V 0.01～0.02A/cm²	不銹鋼	3～4 分	充分攪拌，鋁 1g 溶入 1000C.C 中最好
	過氯酸*(20%)　　1 份 乙醇　　　4 份	24	30～80V 1～4A/cm²	不銹鋼	10～60 秒	應充分攪拌，以免過熱，適用於含 Si 2%以下的鋁合金
	硝酸(濃)　　　1 份 甲醇　　　2 份	24	4～7V 1.0～2.8A/cm²	不銹鋼	20～60 秒	可用於鋁合金
鎂	正磷酸　　　3 份 乙醇　　　5 份	24	1.5V 0.01A/cm²	不銹鋼	3～5 分	
	過氯酸*　　　50 份 蒸餾水　　　140 份 乙醇　　　760 份	24	0.6～0.9A/cm²	鎳	60 秒	
鋅	過氯酸*(20%)　　1 份 乙醇(96%)　　4 份	38 以下	50V 0.8A/cm²	不銹鋼	10 秒	純 Zn(99.99%)用
			100V 0.6A/cm²	不銹鋼	30 秒	含 2%Pb，1%Sn，0.2%Fe 的粗鋅用
			45～60V 2～3A/cm²	不銹鋼	10 秒	含 1.6～4% Cu 的鋅合金用
			45～60V 1.2～1.9A/cm²	不銹鋼	10 秒	含 4%Al，1% Cu 的鋅用
	25%氫氧化鉀溶液	24	2～6V 0.16A/cm²	銅	15 分	以空氣或氮氣攪拌溶液
	正磷酸　　　185 份 乙醇　　　315 份	24	2.5V 0.02A/cm²	鎳 不銹鋼	30 分	

表 14-1　(續)

金屬及合金	電解拋光液的組成	溫度(℃)	電解條件	陰極	時間	備註
鋅	乙醇　　　　144c.c. AlCl₃(無水)　10g ZnCl₂(無水)　45g 水　　　　　32c.c. n-丁醇　　　16c.c.	10～15	25～40V	不銹鋼	0.5～3 分	高純鋅用
鉛	過氯酸*　　　41份 無水醋酸　151份 蒸餾水　　　8份	24	110V 0.1A/cm²	銅	15 分	效果不保險(即不一定能夠成功)
鉛及鉛合金	過氯酸*(20%) 　　　　　　1份 乙醇(96%)　4份	38 以下	18～25V 2～3A/cm²	不銹鋼	10 秒	適於純鉛。用於過熱時很危險
	過氯酸*(20%) 　　　　　　1份 乙醇(96%)　4份	38 以下	15～28V 3.0～7.5A/cm²	不銹鋼	10 秒	適用於 2～5% Sn 合金
			12V 1.5A/cm²	不銹鋼	10 秒	適用於 40% Sn 合金
鎳	濃硫酸　　　39份 蒸餾水　　　29份	35 以下	0.4A/cm²	鎳	4～6 分	小心試藥之混合及反應
	過氯酸*　　　1份 醋酸　　　　2份	18	50V	不銹鋼	1 分	
鉻	過氯酸*　　　1份 冰醋酸　　　20份	24	45V 0.15～0.2A/cm²	不銹鋼	3～4 分	

*含過氯酸的液體之作成及使用須特別注意操作，因為會過熱而爆炸，故需將電解液槽冷卻之。

　　電解拋光與機械拋光此較之，顯然具有下列的優點：

(1) 與機械拋光的最佳狀態同等或得到更好的加工面。

(2) 不大需要個人的熟練或經驗。

(3) 大試片與小試片同樣容易拋光。

(4) 拋光很多同種試片時，可節省許多時間。

(5) 特別適合於難用機械拋光的單相合金及軟質金屬。

(6) 除了點蝕以外，不會產生機械拋光常發生之變形及其他傷痕。

6.　腐蝕

　　拋光完成的試片拋光面上有如鏡面，在顯微鏡觀察下除有色組成物(如鋼鐵內的夾雜物，鑄鐵中的石墨)、裂縫、針孔及其他拋光缺陷外，全面的反射光極強，無法辨別其實際顯微組織，故須使用適當腐蝕液腐蝕試片表面，隨著組成物對腐蝕液抵抗的強弱不同，使得腐蝕後之試片表面反射光出現強弱的情況，而顯示出晶界，各種相界及不同結晶之方向性。

(1)　浸入腐蝕法：把試片拋光面向下浸入腐蝕液中(如圖 14-18)，並不斷擺動，但不得擦傷表面，待一定的時間後，取出立即用酒精沖洗，再用熱風吹乾。

(2)　擦拭腐蝕法：用耐腐蝕夾子夾持沾有腐蝕液的棉花團擦拭試片拋光面，經一定的時間後，停止擦拭並立刻用酒精沖洗，再用熱風吹乾。

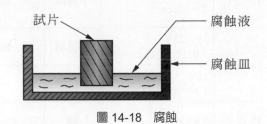

圖 14-18　腐蝕

　　腐蝕時間以使顯微組織對比最清楚時為恰當，腐蝕時間太長則在晶粒面產生局部腐蝕成為腐蝕孔，引起觀察誤差。此時應將試片重新細磨和拋光後，再作腐蝕。而腐蝕時間太短則組織不明顯，此時應重新精拋光後再腐蝕，若僅作重覆腐蝕，效果反而不好。表 14-2 為顯微鏡組織所用之腐蝕液。對於某些腐蝕反應遲鈍的材料，則常用低電壓之電解腐蝕器來進行腐蝕，如圖 14-19 所示。至於電解腐蝕之腐蝕液及電解條件可參考表 14-3。

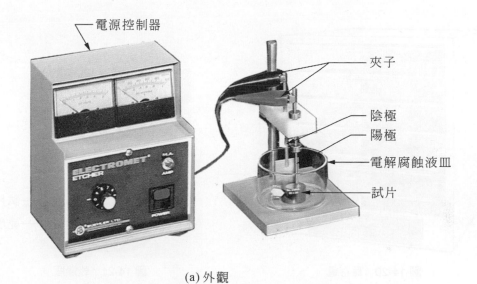

(a) 外觀

(b) 試片在電解腐蝕中
圖 14-19 電解腐蝕器

7. **試片之保存**

　　試片如需長時期保存，應預防空氣潮濕，而將之保護在特製的保存櫃(如圖 14-20)或玻璃製密封之乾燥瓶(如圖 14-21)內。保存櫃或乾燥瓶內皆存放有藍色的粒狀乾燥劑，當乾燥劑吸收的水分漸多後將由藍色轉為淡色，此時乾燥效果變差，須將乾燥劑重新烘乾再使用。

圖 14-20 保存櫃

試片
乾燥劑

圖 14-21 乾燥瓶

表 14-2 顯微組織檢查用腐蝕液

A.碳鋼、低合金鋼、中間合金鋼用腐蝕液

腐蝕液	用途
1. 硝酸酒精溶液(Nital) 　硝酸　　　　　　　　　　1～5 CC 　乙醇或甲醇　　　　　　　100 CC	顯示鋼鐵中波來鐵和肥粒鐵的晶界，並顯示肥粒鐵和麻田散鐵的差別。腐蝕時間數秒～1分鐘。
2. 苦味酸酒精溶液(Picral) 　苦味酸　　　　　　　　　　4 g 　乙醇或甲醇　　　　　　　100 CC	顯示碳鋼、低合金鋼及鑄鐵的淬火、回火組織。但不腐蝕肥粒鐵相，故不顯示其晶界。腐蝕時間 10 秒～2 分。回火鋼 10～20 秒。淬火鋼 1 分鐘以上。正常組織 30 秒～2 分。
3. 酸性苦味酸酒精溶液 　鹽酸　　　　　　　　　　　15 CC 　苦味酸　　　　　　　　　　1 g 　乙醇或甲醇　　　　　　　100 CC	顯示沃斯田鐵晶粒，適用於淬火及回火鋼。此 Picral 的腐蝕速率更快。
4. 鹽酸(濃)　　　　　　　　　1 CC 　水　　　　　　　　　　　100 CC	用在淬火鋼，若加入 500 CC 的水，可用作弱電流的電解腐蝕液。
5. 苦味酸　　　　　　　　　　2 g 　氫氧化鈉　　　　　　　　25 g 　水　　　　　　　　　約 100 CC	適於鐵鋼中雪明碳鐵和其他碳化物的著色。把試片放入此溶液中加熱 5～10 分鐘(80℃)，則雪明碳鐵會由褐色變成黑色。配製此液的方法是先把氫氧化鈉 25g 溶入 60～70 CC 的水中，再加苦味酸 2 g，緩慢加熱溶解之，然後再加水稀釋到 100 CC，並放入棕色瓶中保存之。新鮮的溶液，腐蝕效果較佳。
6. 氯化第二銅　　　　　　　　10 g 　氯化鎂　　　　　　　　　40 g 　鹽酸(濃)　　　　　　　　20 CC 　溫水及乙醇　　　　　約 1000 CC	將兩種氯化物溶於少量溫水，再加乙醇至 1000 CC。可用在磷的偏析狀態之檢查。把試片之研磨面浸入此液中，1分鐘後取出擦乾，再浸入另一新液中。如此反覆數次，含 P 的相上會有銅的沉著，再以沸水、酒精洗淨後觀察。

表 14-2 （續）

B.高合金鋼、不銹鋼、高速鋼、耐熱鋼

腐蝕液		用途
1. 王水 　鹽酸(濃) 　硝酸(濃)	3 份 2 份	適用於不銹鋼，調製後放置隔日再使用。此液腐蝕性強，要小心處理。
2. 硝酸 　醋酸	30 CC 20 CC	適用於不銹鋼及富 Ni 或 Co 的合金。
3. 鹽酸 　硝酸 　乙醇	10 CC 3 CC 100 CC	適用於檢查淬火鋼的晶界及淬火、回火高速鋼的組織。
4. 硝酸 　鹽酸 　甘油	10 CC 20～30 CC 20～30 CC	適用於 Fe-Cr 合金、高速鋼、沃斯田鐵組織的高錳鋼、Ni-Cr 鋼等，研磨與腐蝕反覆操作，可得好結果。
5. 硝酸 　氟化氫 　甘油	10 CC 20 CC 20～30 CC	適用於 Durion 型的高 Si 合金。
6. 赤血鹽 　氫氧化鈉 　水	10 g 10 g 100 CC	適用於 Cr 鋼、W 鋼及高速鋼等的碳化物或複碳化物之檢查，也用於碳化鐵共晶的組織檢查。在室溫或較高的溫度下使用。
7. 氯化第二鐵 　鹽酸 　水	5 g 50 CC 100 CC	適用於沃斯田鐵系不銹鋼，以棉片浸液擦拭表面，30 sec 以下，水洗後再用酒精沖洗之。
8. 鹽酸 　氯化第二銅 　乙醇	100 CC 5 g 100 CC	適用於沃斯田鐵鋼、肥粒鐵鋼。
9. 硫酸銅 　鹽酸 　水	4 g 20 CC 20 CC	適用於不銹鋼、氮化鋼。
10. 過氧化氫(工業用) 　氫氧化鈉溶液(10%)	10 CC 20 CC	適用於無碳的 Fe-W 合金，使其化合物呈黑色。若含有碳，則使複碳化物更成暗黑色。新配製液的效果較佳，腐蝕時間約 10 分鐘。

表 14-2　(續)

C.銅及銅合金用腐蝕液

腐蝕液	用途
1. 氨水　　　　　　　　　　　20 CC 過氧化氫(3%)　　　　　8〜20 CC 水　　　　　　　　　　0〜20 CC	適用於銅及銅合金。鋁青銅腐蝕時所產生的覆膜，可用弱 Grard 液消除之。腐蝕 1 分鐘。
2 氯化第二鐵　　　　　　　　25 g 鹽酸　　　　　　　　　　25 CC 水　　　　　　　　　　100 CC	適用於銅、黃銅、青銅、鋁青銅等。
3. 過硫酸銨　　　　　　　　　10 g 水　　　　　　　　　　　90 CC	適用於銅、黃銅、青銅、白銅、鋁青銅等。
4. 10%氯化銅銨液中添加氨水使成中性或鹼性	適用於銅、黃銅、白銅。最常用來腐蝕 α-β 黃銅的 β 相。
5. 硝酸(不同的濃度)	適用於銅和銅合金，可得深腐蝕像。

D.鋁及鋁合金用腐蝕液

腐蝕液	用途
1. 氟化氫(48%)　　　　　0.5 CC 水　　　　　　　　　100 CC	一般用。擦蝕 15 秒或浸蝕 30〜45 秒。
2. 氫氧化鈉　　　　　　　1 g 水　　　　　　　　　100 CC	一般用。擦蝕 10 秒。
3. Keller 試液 氟化氫(48%)　　　　　1 CC 鹽酸(濃)　　　　　　1.5 CC 硝酸　　　　　　　　2.5 CC 水　　　　　　　　　95 CC	適用於 Al-Cu 合金。浸蝕 8〜15 秒後以溫水清洗，再吹乾。勿從試片表面除去腐蝕生成物。
4. 硝酸(濃)　　　　　　25 CC 水　　　　　　　　　75 CC	α-Al-Fe-Si 合金用。顯現 $FeAl_3$。在 70℃ 腐蝕液中浸蝕 45〜60 秒。
5. 硫酸(濃)　　　　　　20 CC 水　　　　　　　　　80 CC	Al-Fe-Mn、Al-Cu-Fe、Al-Cu-Fe-Mn 合金用，會腐蝕 $FeAl_3$。在 70℃ 腐蝕液浸蝕 30 秒，再用冷水清洗。

表 14-2　(續)

E.鎂及鎂合金用腐蝕液

腐蝕液	用途
1. 硝酸酒精溶液(Nital) 　硝酸　　　　　　1.5 CC 　乙醇或甲醇　　　100 CC	一般用。腐蝕數秒～1 分鐘。
2. 硝酸(濃)　　　　1 CC 　乙二醇　　　　　75 CC 　水　　　　　　　24 CC	一般用。試片研磨面向上浸蝕之，攪拌溶液並浸蝕 3 秒～1 分鐘。
3. 磷酸　　　　　0.7 CC 　苦味酸　　　　　4 g 　乙醇　　　　　　100 C	顯示化合物和固溶體的對比。

F.鋅及鋅合金用腐蝕液

腐蝕液	用途
1. Palmertion 試液 　鉻酸(99.5%)　　200 g 　硫酸鈉　　　　　15 g 　水　　　　　　1000 CC	鋅及鋅合金用。
2. 硝酸　　　　　3 滴 　戊醇　　　　　50 CC	鋅包覆鐵板的 Zn-Fe 合金用。調妥後宜在 1 小時內使用。試片腐蝕後以無水酒精清洗。

G.錫及錫合金用腐蝕液

腐蝕液	用途
1. 鹽酸　　　　　2 CC 　乙醇　　　　　98 CC	適用於腐蝕純錫晶界。
2. 鹽酸　　　　　10 CC 　醋酸　　　　　10 CC 　甘油　　　　　80 CC	Sn，Sn-Pb 合金用。在 40℃腐蝕 30 秒～10 分鐘。
3. 過硫酸銨　　　5 CC 　水　　　　　　95 CC	用於腐蝕包覆在鋼表面的 Sn。

CH 14

表 14-2 （續）

H.鉛及鉛合金

腐蝕液		用途
1. 冰醋酸 過氧化氫(30%)	3 份 1 份	用於 Pb，Pb-Ca 合金和含 Sn 大於 2%的 Pb-Sb 合金。
2. 冰醋酸 硝酸(濃) 蒸餾水	3 份 4 份 16 份	用於純鉛及含 Sn 3%以下的 Pb-Sn 合金。使用新配製液，在 40～42℃擦蝕 4～30 分鐘。

I.鎳及鎳合金

腐蝕液		用途
1. 硝酸 冰醋酸	50 CC 50 CC	Ni 蒙納合金，Ni-Cu 合金用。25%以下的 Ni 合金以 25～50%丙酮稀釋。使用新液擦蝕 5～20 秒。
2. 王水 硝酸 鹽酸 水	 5 CC 25 CC 30 CC	適用於英高鎳。腐蝕 30 秒～2 分鐘。

J.其他金屬合金用腐蝕液

腐蝕液		用途
1. 氰化鉀(5～20%) 過硫酸銨(5～20%)	1 份 1 份	用於 Ag，Au，Pt 及它們的合金。腐蝕 30 秒～3 分鐘。
2. 王水		用於 Pt、Pt 合金及 Au 合金。腐蝕液宜加溫煮沸後使用。
3. 碘 碘甲 水	1 份 3 份 10 份	Cd-Bi 合金用。
4. 5%硫酸		Be 用。腐蝕 1～15 秒。
5. 2%氯化第二鐵溶液		銀焊材用。腐蝕 5～30 秒。
6. 氟化氫(60%) 氟化銨(20%)	1 份 1 份	Ta 用，腐蝕液加熱到 50℃
7. 過氧化氫 氨水		W 用。腐蝕液調配成各種濃度使用。

表 14-3　電解腐蝕與電解條件

金屬及合金	電解腐蝕組成	溫度(℃)	電解條件	陰極	時間	備註
鋼	苦味酸　　　2g 氫氧化鈉　　25g 蒸餾水　　100 CC	24	6 V		30 秒	低合金鋼。侵蝕碳化物
	鉻酸(10%)	24	3 V	不銹鋼	不定	沃斯田鐵或肥粒鐵不銹鋼侵蝕碳化物及 σ
	氰化鈉(10%)	24	3 V	不銹鋼	不定	
	草酸(10%)	24	3 V	不銹鋼	不定	
	硝酸　　　1 份 甘油　　　1 份 鹽酸　　　3 份	24	3～6 V	不銹鋼或碳	10 秒	不銹鋼 (16-25-6) 用。腐蝕沃斯田鐵
	硝酸　　　1 份 水　　　　1 份	24	1.5 V	不銹鋼	2 分以下	沃斯田鐵或肥粒鐵不銹鋼用。表示結晶粒界
	鹽酸　　　1 份 甲醇　　　10 份	24	230 V 1 A/cm^2	不銹鋼	1～2 秒	腐蝕肥粒鐵及麻田散鐵晶粒
	硫酸　　　1 份 水　　　　19 份	24	6 V 0.1～0.5 A/cm^2	不銹鋼	5～15 秒	Fe-Cr-Ni 合金用
	過硫酸銨　10-100 g 水　　　1000 CC	24	6 V 0.1～0.5 A/cm^2	不銹鋼		依序侵蝕碳化物，肥粒鐵，沃斯田鐵
	鉬酸銨　　50 g 鹽酸　　100 CC 硝酸　　　75 CC 水　　　1000 C	24	12 V 0.3 A/cm^2	碳	2～3 分	18-8，鎳鉻及點鎳合金用
銅及銅合金	正磷酸　　　2 份 蒸餾水　　　1 份	24	0.8 V	銅	30 秒	用於錫青銅以外的合金
	硫酸鐵　　　30 g 氫氧化鈉　　4 g 硫酸　　100 CC 水　　　1900 CC	24	8～10 V 0.1 A/cm^2		15 秒	黃銅的 β 結晶變黑。
黃銅	正磷酸　　　3 份 水　　　　5 份	16～27	0.01 A/cm^2	銅	數秒	$\alpha + \beta$ 型黃銅用
	正磷酸　　　4 份 水　　　　6 份	24	0.008～0.012 A/cm^2	銅	數秒	α 型黃銅用

表 14-3 (續)

金屬及合金	電解腐蝕組成	溫度 (°C)	電解條件	陰極	時間	備註
青銅	正磷酸 67 份 濃硫酸 10 份 蒸餾水 23 份	24	0.8 V	銅	30 秒	含 Sn 至 6%之青銅用
	正磷酸 47 份 濃硫酸 20 份 蒸餾水 33 份	24	0.8 V	銅	30 秒	含 Sn 多於 6%之青銅用
鋁	甲醇 49 份 蒸餾水 49 份 氟化氫 2 份	< 24	30 V	鋁	1～2 分	以偏光產生結晶粒的對比
	正磷酸 70 份 蒸餾水 2.5 份 二乙烯二醇單乙基醚 26.5 份 氟化氫 1 份	20	50 V	碳	5～20 分	以偏光產生結晶粒的對比
	檸檬酸 100 g 鹽酸 3 CC 乙醇 20 CC 水 1000 CC	24	12 V 0.2 A/cm^2	碳	1 分	杜拉鋁型鑄造合金用
	正磷酸 210 份 戊醇 45 份 蒸餾水 65 份	24	0.75～1.2 A/cm^2	不銹鋼	1.5～2.5 分	2S 及 3S 用
鋅	過氯酸 5～7 份 冰醋酸 13～15 份	24	0.01 A/cm^2	銅	數秒	
	鉻酸 1 份 水 5 份	24	24 1 A/cm^2	鉑	10 秒	Cu-Zn 合金中判別 γ 與 ε 晶型用
錫	過氯酸 5 份 次氯酸 13 份	21～32	15 V 0.03～0.06 A/cm^2	錫	100～200 秒	不可攪拌液
鎳及鎳合金	鉻酸(10%)	24	1.5 V	白金或不銹鋼	1～3 秒	
	濃硝酸 2 份 冰醋酸 1 份 水 17 份	24	1.5 V		20～60 秒	用於鎳合金,尤適合於結晶粒的大小測定
	草酸(10%)	24	1.5～6 V	白金	15～30 秒	用於英高鎳
	硫酸	24	6 V		5～30 秒	顯示碳化物,結晶粒界。英高鎳及 Ni-Cr 合金用

表 14-3　(續)

金屬及合金	電解腐蝕組成	溫度 (°C)	電解條件	陰極	時間	備註
鈷及鈷合金	鹽酸　　　　5 份 鉻酸(10%) 　　　　1～10 份	24	6 V	白金或不銹鋼	10 秒	陰極距離為 20～25mm
鈷合金	氧化鉻　　　10 g 水　　　　90 CC	24	6 V	白金或不銹鋼	10 秒	陰極距離為 20～25mm
鈷合金	鹽酸(5～10%)	24	3 V	碳	1～5 秒	
金合金	氰化鉀(5%)	24	5 V 0.02 A/cm²	不銹鋼	20～60 秒	
銀合金	檸檬酸(10%)加幾滴硝酸	24	6 V 0.01 A/cm²	不銹鋼	15 秒	一般用
鉬	草酸(0.5%)	52	3～9 V	不銹鋼	5 秒	
	氫氧化鈉溶液(10%)	24	1.5～3 V	白金或不銹鋼	1～5 秒	

14-5-2　顯微鏡觀察

1.　顯微鏡依呈像原理

分為光學顯微鏡和電子顯微鏡兩大類。

	光學顯微鏡	電子顯微鏡(穿透式)
聚焦	玻璃	電磁鐵
照射	包含多種波長的可見光	單一波長的電子束
解像力	0.2 μm	0.2 nm(即 0.2 奈米)
放大倍率	2,000×	1,000,000×
設備費	新台幣數十萬元	新台幣數百萬元～數千萬元
試片	活的或死的皆可	必須為死的

2. 顯微鏡的原理

	解像力	原理
裸眼	100 μm	(1) 視覺。 (2) 明視距離為 25 公分,如物體移到近點內,則顯得模糊不清楚。
光學顯微鏡 light microscope (LM)	0.2 μm 放大倍率約 2000 倍	(1) 藉由可見光為光源,配合物鏡和目鏡可觀察到試片的放大影像。
掃瞄式電子顯微鏡 scanning electron microscope (SEM)	10 nm 放大倍率約 20 萬倍	(1) 成像原理是利用一束電子束掃描導電樣品的表面,並將表面產生之訊號(包括二次電子、背向反射電子、吸收電子、X 射線等)加以收集,再經放大處理後,輸入到同步掃描之陰極射線管(CRT),以顯現試片圖形之影像。
穿透式電子顯微鏡 transmission electron microscope (TEM)	0.2 nm 放大倍率約 100 萬倍	(1) 利用電子束代替光波,由於電子的波長(約 0.1〜0.2 nm)比可見光小很多,故其解像力很好。 (2) 可觀察細胞內部構造。

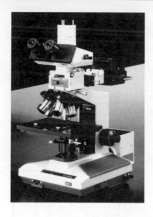

(a) 光學顯微鏡

(b) 掃描式電子顯微鏡(SEM)

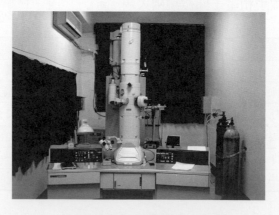

(c) 穿透式電子顯微鏡(TEM)

圖 14-22 顯微鏡的種類

3. **金相顯微鏡**

　　由於金屬試片為不透明物體，無法被可見光源穿透，故須採用反射式的光學顯微鏡，此謂之金相顯微鏡。圖 14-23 為 Olympus 公司產製的 BHM 型金相顯微鏡，而圖 14-24 加裝拍照自動控制器，可拍下高品質的金相組織照片；圖 14-25 則加裝攝影機和顯像器，可將金相組織顯示在顯像器上，並經由熱印機列印出圖片；圖 14-26 則加裝數位相機和電腦，可將拍得金相組織影像以數位檔(例：*.jpg)存入電腦，再用噴墨印表機印出。此型顯微鏡可放大之倍數，如表 14-4。

表 14-4　BHM 型金相顯微鏡放大倍率

物鏡 目鏡	MS5X	MS10X	MS20X	MS50X	MS100X
WHK 10X	50X	100X	200X	500X	1000X
WHK 15X	75X	150X	300X	750X	1500X

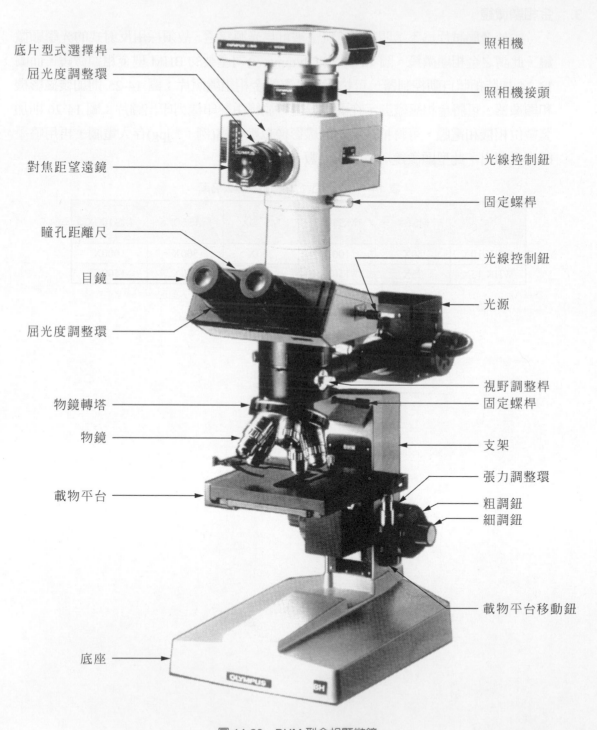

底片型式選擇桿

屈光度調整環

對焦距望遠鏡

瞳孔距離尺

目鏡

屈光度調整環

物鏡轉塔

物鏡

載物平台

底座

照相機

照相機接頭

光線控制鈕

固定螺桿

光線控制鈕

光源

視野調整桿

固定螺桿

支架

張力調整環

粗調鈕

細調鈕

載物平台移動鈕

圖 14-23　BHM 型金相顯微鏡

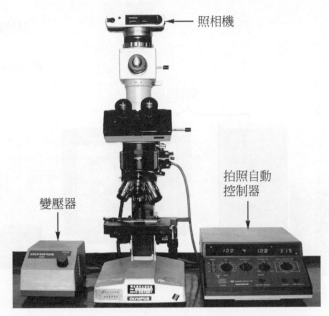

圖 14-24　BHM 型金相顯微鏡，附加拍照自動控制器

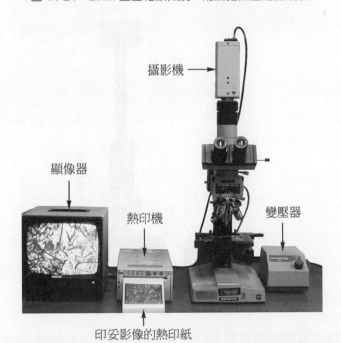

圖 14-25　BHM 型金相顯微鏡，附加攝影機、顯像器與熱印機

CH 14

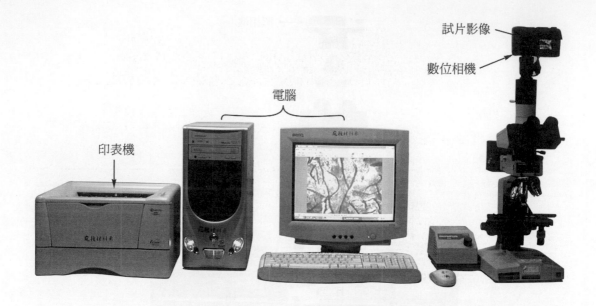

圖 14-26　BHM 型金相顯微鏡、附加數位相機、電腦與印表機

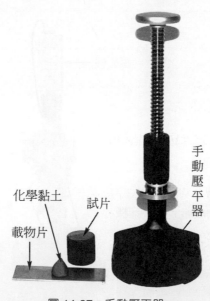

圖 14-27　手動壓平器

　　試片完成腐蝕後,欲用顯微鏡觀察時,須使試片檢查面和顯微鏡的光軸垂直。欲達此目的,可使用如圖 14-27 所示的手動壓平器。首先於載物片上面放小塊的化學黏土,再放上試片(檢查面向上),然後蓋上一張白紙,一起放入壓平器中壓平,則載物片底面將和試片檢查面平行。接著把載有試片的載物片放到顯微鏡載物台上,此時試片檢查面與顯微鏡

的光軸，將會成直角相交。

(1) 顯微鏡(Olympus BHM 型)的操作步驟

　① 將載有試片的載物片放到載物台上。

　② 調整載物台高度。

　③ 打開電源，調整電壓。

　④ 先用目鏡和低倍率物鏡配合粗調鈕來對焦點。

　⑤ 調整瞳孔距離尺和屈光度調整環。

　⑥ 轉動物鏡轉塔的塑膠側緣，改變到所要的倍率，並重調焦點。

　⑦ 修正照明系統，調整光亮度。

(2) 顯微鏡操作時，應注意的事項

　① 操作顯微鏡時，避免鏡頭和主構件沾水氣。

　② 先用低倍率物鏡來對準焦點，對準所要觀察的部位，再轉換到高倍率物鏡對準焦點。

　③ 載物台之微調鈕是在用粗調鈕大致對準焦點後才使用，不宜用微調鈕連轉數圈來對準焦點。

　④ 在高倍率物鏡下，只能使用微調鈕，勿用粗調鈕調節焦點，以免物鏡與試片碰撞。

　⑤ 迴轉物鏡轉塔時，應握轉塔的塑膠側緣來轉動物鏡，不可以握物鏡來迴轉物鏡轉塔，以免光軸發生偏差。

　⑥ 升高載物台或轉換不同倍率的物鏡時，要絕對避免物鏡和試片表面相接觸。

　⑦ 實驗完畢，應將低倍率物鏡轉至正位，調整載物台，使距離鏡頭一公分以上。

(3) 顯微組織：材料的顯微組織不只受到材質本身的限制，更受到產製過程中的熱處理和機械處理的影響。由於材料的繁雜，熱處理和機械處理的種種變化，欲在短時間內學會辨認許多顯微組織是件不容易的事。

事實上，要學會顯微組織的辨認，最佳的方法為有系統地將某一種材料(例：中碳鋼)做廣泛地熱處理(例：淬火、回火、退火)和不同的機械處理(例：輥軋、鍛造)，然後比較其中顯微組織的異同。

圖 14-28 到 14-46 為純鐵，碳鋼及鑄鐵及非鐵金屬顯微組織的金相照片。

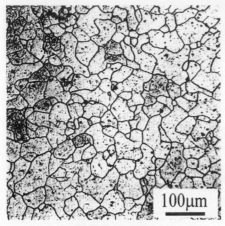

圖 14-28 純鐵

成分：0.02%C 的純鐵
浸蝕條件：5% Nital (1～3 min)
熱處理條件：950℃ × 1hr 後，爐冷
組織：呈現網狀細黑線包圍的粒狀結晶之集
　　　合組織，網狀細黑線是晶界。晶粒內
　　　的黑點為非金屬夾雜物，主要為氧化
　　　物。

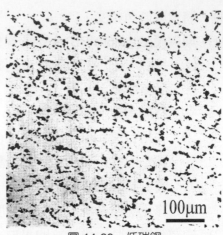

圖 14-29 低碳鋼

成分：0.17%C 鋼(S15C)
浸蝕條件：5% Picral (1～3 min)
熱處理條件：950℃ × 1hr 後，爐冷
組織：黑色的部分是波來鐵，白色的部分是
　　　肥粒鐵。

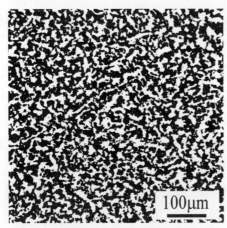

圖 14-30 中碳鋼

成分：0.40%C 鋼(S40C)
浸蝕條件：5% Picral (30～120 sec)
熱處理條件：950℃ × 1hr 後，爐冷
組織：波來鐵(黑色)量更多，肥粒鐵(白色)量
　　　更少，呈網狀組織。

圖 14-31 中碳鋼(圖 14-30 的高倍率)

成分：與圖 14-30 相同
浸蝕條件：5% Picral (30～120 sec)
熱處理條件：如圖 14-30 的試片
組織：用高倍率(670 倍)觀察圖 14-30 的黑色
　　　部分時，可看見波來鐵呈層狀出現。

圖 14-32　高碳鋼

成分：1.08%C 鋼(SK3)
浸蝕條件：5% Picral (10～60 sec)
熱處理條件：950℃ × 1hr 後，爐冷
組織：黑色部分是波來鐵，白色網狀部分是
　　　初析雪明碳鐵。

圖 14-33　高碳鋼(圖 14-32 的高倍率)

成分：與圖 14-32 相同
浸蝕條件：5% Picral (10～60 sec)
熱處理條件：如圖 14-32 的試片
組織：用高倍率(670 倍)觀察圖 14-32 的黑色
　　　部分時，可見波來鐵呈層狀出現，而
　　　白色網狀部分是初析雪明碳鐵。

圖 14-34　高碳鋼

成分：1.53%C 鋼(SK1)
浸蝕條件：5% Nital (10 sec～1 min)
熱處理條件：950℃ × 1hr 後，爐冷
組織：白色細線的網目為初析雪明碳鐵，基
　　　地為波來鐵。

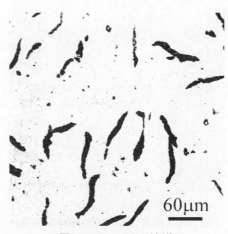

圖 14-35　FC30 鑄鐵

成分：C3.01%，1.48%Si，0.69%Mn，0.26%P，
　　　0.08%S
浸蝕條件：未腐蝕
熱處理條件：鑄造後的毛胚，無熱處理
組織：只能看見黑色的片狀石墨。

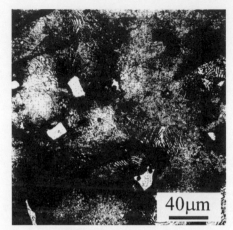

圖 14-36　FC30 鑄鐵

成分：與圖 14-35 相同
浸蝕條件：5% Picral
熱處理條件：同圖 14-35 的試片
組織：基地為層狀的波來鐵，另有黑色的片
　　　狀石墨分佈於其上面，方形磷化鐵共
　　　晶 steadite 散存其中。

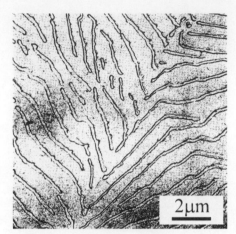

圖 14-37　波來鐵
(圖 14-35 用電子顯微鏡以高倍率拍攝)

成分：與圖 14-35 相同
浸蝕條件：5% Picral
熱處理條件：
組織：黑線包圍的細帶狀組織成分為 Fe_3C，
　　　其他部分為固溶 Si 的矽肥粒鐵。(碳鋼
　　　的肥粒鐵為單純肥粒鐵)

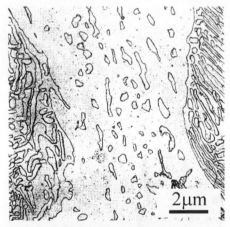

圖 14-38　Steadite
(圖 14-35 用電子顯微鏡以高倍率拍攝)

成分：與圖 14-35 相同
浸蝕條件：5% Picral
熱處理條件：
組織：以電子顯微鏡放大磷化鐵共晶(steadite
　　　組織)的照片，即中央部的帶狀，左邊
　　　與右邊稍細組織部分為波來鐵，共晶
　　　組織中被黑線包圍的小島部分為肥粒
　　　鐵，形成基地(白色)而連接的部分為
　　　Fe_3C 與 Fe_3P 的混合體。

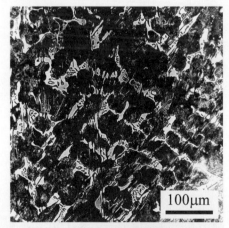

圖 14-39　白鑄鐵

成分：C2.95%，Si0.8%
浸蝕條件：3% Nital (7～8 sec)
熱處理條件：鑄造後的毛胚，無熱處理
組織：白色部分是雪明碳鐵，黑色部分是由
　　　沃斯田鐵變成的波來鐵，蜂房狀結構
　　　是鐵碳共晶(4.3%C)組織，稱為粒滴斑
　　　鐵(Ledeburite)。

圖 14-40　黑心展性鑄鐵

成分：C2.67%，Si 1.07%

浸蝕條件：3% Nital (16～18 sec)

熱處理條件：將白鑄鐵置於 900℃ 並保持
　　　　　　 1～2 天，然後於 750℃ × 5hr
　　　　　　 後，徐冷

組織：白色部分為肥粒鐵，黑色部分是回火
　　　 碳(Temper Carbon)。

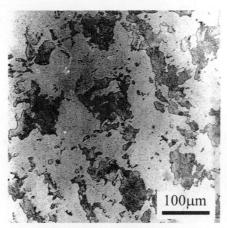

圖 14-41　白心展性鑄鐵

成分：C2.95%，Si 0.8%

浸蝕條件：3% Nital (8～10 sec)

熱處理條件：將白鑄鐵和氧化鐵粉末同時裝
　　　　　　 入退火箱 900℃ × 3 天

組織：白色部分為肥粒鐵，黑灰色帶狀為波
　　　 來鐵，黑點為回火碳。

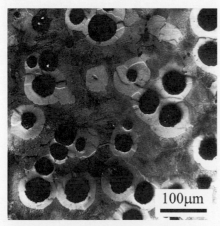

圖 14-42　牛眼組織之球狀石墨鑄鐵

成分：C3.45%，Si 2.81%

浸蝕條件：3% Nital (7～8 sec)

熱處理條件：澆注前加入 0.2%Mg

組織：基地為肥粒鐵及波來鐵之混合組織，
　　　 白色肥粒鐵包圍在球墨周圍形似牛
　　　 眼。

圖 14-43　鋁合金鑄件－Silumin

成分：Si 10.0～13.0%，Al 其餘

浸蝕條件：70℃的 10% NaOH (30～50 sec)

熱處理條件：金屬模鑄造

組織：白色為初晶 Al 固溶體，其餘部分為
　　　 Al＋Si 共晶混合物(有改良處理)。

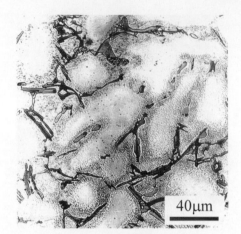

圖 14-44　鋁合金鑄件－Lautal

成分：Cu3.5～4.5%，Si 4.0～5.0%，Al 其餘
浸蝕條件：5% HF (5～7 sec)
熱處理條件：金屬模鑄造
組織：基地為 Alα 相，長條狀晶體為 Si，針
　　　狀晶則為 CuAl₂。

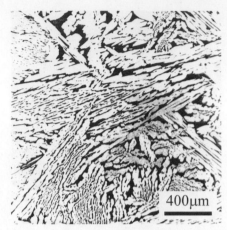

圖 14-45　黃銅鑄件

成分：Cu 60～65%，Pb 0.5～3.0%，Zn 其餘
浸蝕條件：5gFeCl₃ + 50ml HCl + 100ml H₂O
　　　　　(10～15 sec)
熱處理條件：殼模鑄造
組織：白色區域為初析樹枝狀 α 相，黑色區
　　　域為 β' 相。

圖 14-46　三七黃銅

成分：Cu68.5～71.5%，Zn 其餘
浸蝕條件：5gFeCl₃ + 50ml HCl + 100ml H₂O
　　　　　(10～15 sec)
熱處理條件：530℃ × 25 min，爐冷
組織：沿軋延縱面觀察，可看到多角化、大
　　　小均勻之 α 相晶粒，並含有退火孿晶。

14-5-3　攝影及暗房技術

當試片觀察到適當的顯微組織後,可利用金相顯微鏡上配備的照相裝置(如圖 14-24)將顯微組織拍攝到底片上,以便永久保存和作記錄用。底片是在醋酸纖維素的膠片上塗以一層溴化銀微粒而製成的。當底片曝光後,溴化銀會稍微分解。顯影液是有機性之鹼性還原液,其可使感光之溴化銀還原成金屬銀,而未感光之溴化銀在顯影液中不起變化,將於定影液中溶解掉。定影液是含 S_2O_3 之酸性溶液。通常在顯影與定影之間有一步停影過程,以使顯影過程立即停止,且避免定影液與顯影液接觸而減低效用。常用的停影液為含 1.5% 冰醋酸之水溶液。定影完畢後,須將底片置入流動之水槽中,將酸液沖洗乾淨。

暗房技術包括沖洗底片及沖洗相片。

1.　沖洗底片

圖 14-47 為沖洗底片的主要流程。而沖洗底片所需的器材則如圖 14-48。至於沖洗底片的詳細過程則如圖 14-49 的(1)～(19)所示。

沖洗底片的注意事項:

(1)　在定影結束以前,絕對不能打開桶蓋,以免底片曝光。

(2)　定影結束後打開桶蓋,底片上如有乳白色物體,表示定影不完全,應速放回桶內冀做定影處理。

(3)　隨時讓顯影液保持在 20℃。一般常將沖片桶浸在大水盤中,利用添加冰塊或熱開水;如圖 14-50 使大水盤的水維持在 20℃,則浸在大水盤中的沖片桶將使桶中的顯影液保持在 20℃。

放暗房或暗袋中把底片裝入沖片桶內　　顯影約8分　　停影1分　　定影10分　　水洗1小時

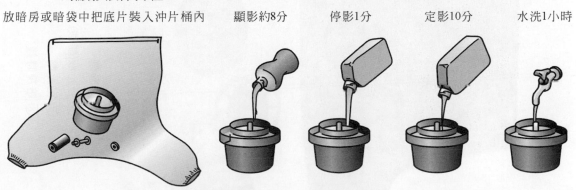

圖 14-47　沖洗底片的主要流程

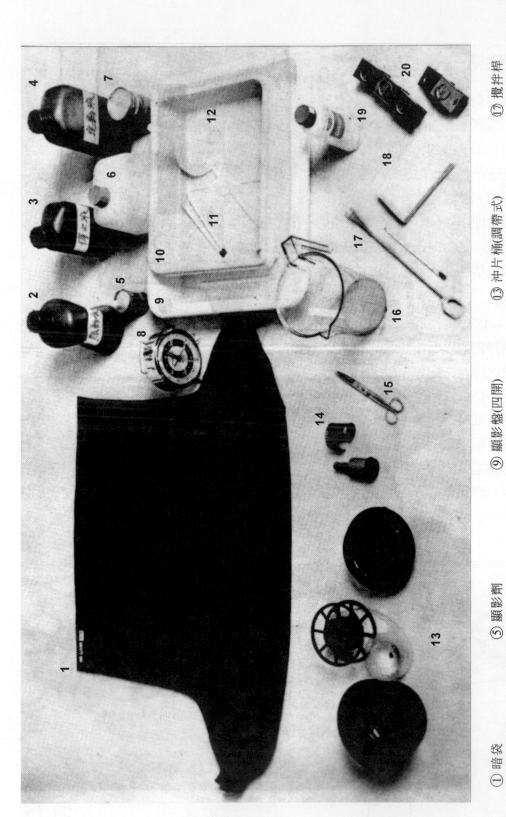

① 暗袋　　　　　　　⑤ 顯影劑　　　　　　　⑨ 顯影盤(四開)　　　⑬ 沖片桶(調帶式)　　⑰ 攪拌桿
② 顯影液罐　　　　　⑥ 停止液(醋酸)　　　　⑩ 顯影盤(六開)　　　⑭ 照相後的底片　　　⑱ 海綿
③ 停止液罐　　　　　⑦ 定影劑　　　　　　　⑪ 溫度計　　　　　　⑮ 剪刀　　　　　　　⑲ 除水劑
④ 定影液罐　　　　　⑧ 暗房時鐘　　　　　　⑫ 漏斗　　　　　　　⑯ 量杯　　　　　　　⑳ 底片夾

圖 14-48　沖洗底片所需的器材

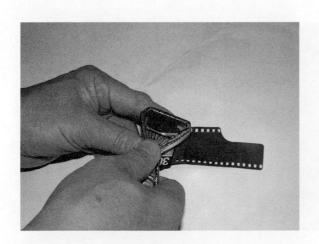

① 於關掉所有燈光的暗房中，
　用普通開瓶器打開底片匣。

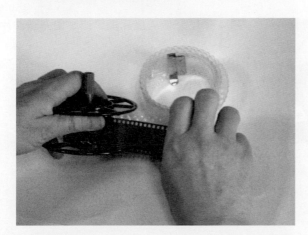

② 取出底片放到捲片輪的
　透明膠條上面，再一起
　捲繞。

③ 底片已全部捲繞到捲片輪。

圖 14-49　沖洗底片的詳細過程①～⑯

CH 14

④ 把捲繞有底片的捲片輪
裝入沖片桶中,並蓋好
桶蓋,則可防止光線進
入沖片桶,故此時可打
開暗房燈光。

⑤ 倒入底片顯影液,使充滿沖片桶
並開始計時。

⑥ 轉動攪拌桿以清除
底片上面的氣泡。

圖 14-49 (續)

⑦ 輕拍沖片桶底部，使氣泡上浮
　 脫離底片。

⑧ 顯影時間(約8分鐘左右)結束後，
　 回收顯影液。

⑨ 倒入底片停影液，使影像停止顯影
　 並開始計時。

圖 14-49　(續)

CH **14**

⑩ 停影時間(約1分鐘)結束後，
回收停影液。

⑪ 倒入底片定影液並開始計時，
並仿照步驟⑥⑦以消除氣泡。

⑫ 定影時間(約10分鐘)結束後，
回收定影液。

圖 14-49　(續)

⑬ 打開桶蓋，用水清洗掉定影液。

⑭ 將裝有底片的捲片輪取出，把透明膠條與底片自捲片輪取下，放到水槽用流動水清洗1小時。

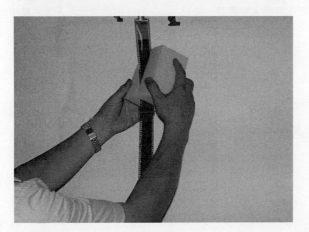

⑮ 底片經水清洗1小時後，可取出吊掛起來，再斜拿海綿，由上往下擦拭，以吸除底片上的水分。

圖 14-49　(續)

CH 14

⑯ 將底片吊掛在沒有灰塵的場所，
使它自然乾燥。

圖 14-49 （續）

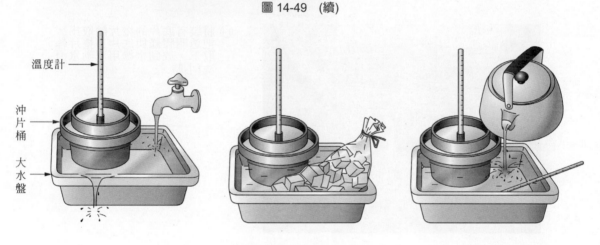

溫度計

沖片桶

大水盤

(a) 把沖片桶浸在大水盤中　　(b) 把冰塊裝入塑膠袋，降低　　(c) 把熱開水注入大水盤中
　　　　　　　　　　　　　　　　水溫，保持在20°C　　　　　　　，使水溫升至20°C

圖 14-50　把顯影液的溫度保持在 20℃

2. 沖洗相片

　　圖 14-51 為沖洗相片的主要流程。而所需的器材如圖 14-52。放大機的示意圖，
如圖 14-53 關於沖洗相片的詳細過程則如圖 14-54 的(1)～(10)所示。

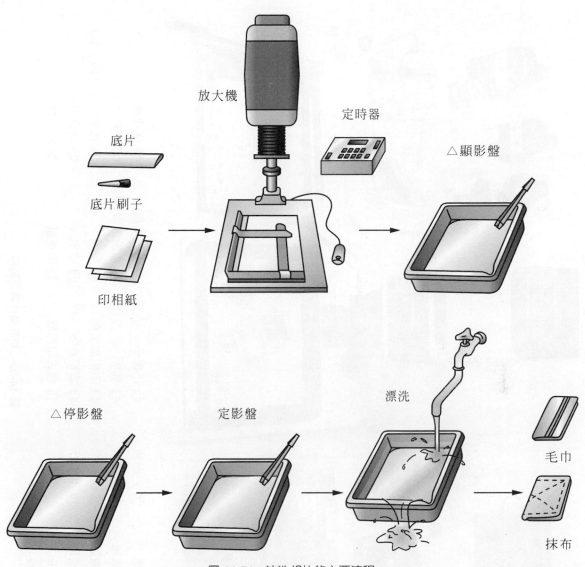

放大機

定時器

底片

底片刷子

印相紙

△顯影盤

△停影盤

定影盤

漂洗

毛巾

抹布

圖 14-51 沖洗相片的主要流程

沖洗相片的注意事項：

(1) 在水中漂洗時，要注意防止相片的重疊。

(2) 底片放入底片承架時，要用軟毛刷清除底片上的灰塵或污垢。

(3) 要打開室內日光燈時，務必將未曝光的相紙先收藏到不會曝光的袋子內。

(4) 盡可能讓顯影液保持在 20℃。一般常將顯影盤浸在大水盤中，藉著添加冰塊或熱開水；如圖 14-55 使大水盤的水維持在 20℃，則顯影盤內的顯影液將維持在 20℃。

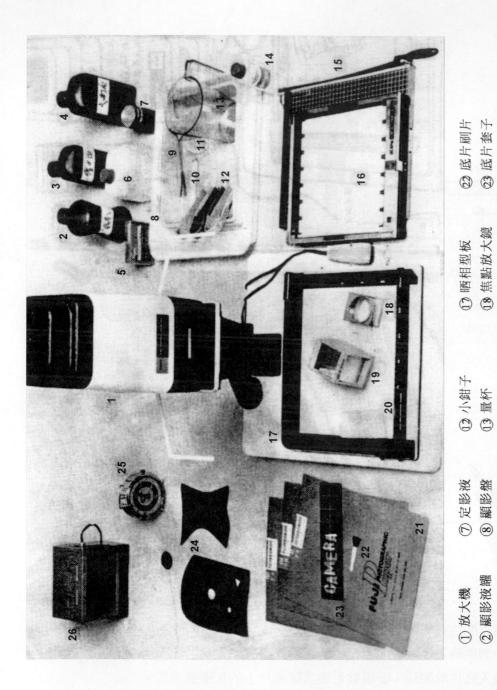

①放大機
②顯影液罐
③停影液罐
④定影液罐
⑤顯影液
⑥停影液

⑦定影液
⑧顯影盤
⑨攪拌桿
⑩溫度計
⑪漏斗

⑫小鉗子
⑬量杯
⑭印相加工劑
⑮裁相片器
⑯觸式印相紙

⑰晒相型板
⑱焦點放大鏡
⑲焦視
⑳矽布
㉑印相紙

㉒底片刷片
㉓底片套子
㉔化黑化白用具(手製)
㉕暗房時鐘
㉖安全燈

圖 14-52　沖洗相片需用器材

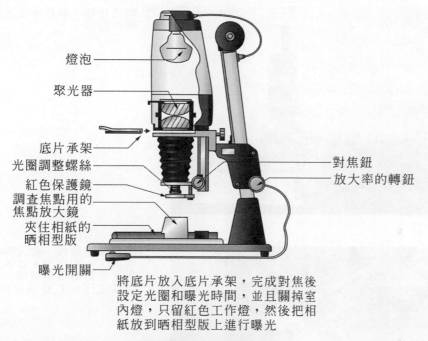

燈泡

聚光器

底片承架

光圈調整螺絲

紅色保護鏡

調查焦點用的
焦點放大鏡

夾住相紙的
晒相型版

曝光開關

對焦鈕

放大率的轉鈕

將底片放入底片承架，完成對焦後
設定光圈和曝光時間，並且關掉室
內燈，只留紅色工作燈，然後把相
紙放到晒相型版上進行曝光

圖 14-53　放大機的示意圖

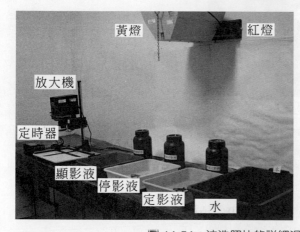

黃燈

紅燈

放大機

定時器

顯影液

停影液

定影液

水

① 放大機、顯影液、停影液、
定影液、水，準備安當。

圖 14-54　沖洗照片的詳細過程①～⑬

CH 14

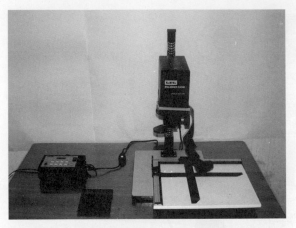

② 將底片插入底片承架，藥水膜面要朝下。

③ 掀起晒相型枚，放入與相紙相同大小的白紙，以供對焦用，此時暗房須關掉日光燈只留工作燈(紅燈或黃燈)。

④ 將定時器的聚焦/曝光切換扭，切換到聚焦位置。

圖 14-54 (續)

⑤ 轉動放大機光圈使最亮,再
調整底片位置與晒相型板配
合。然後轉動對焦鈕使影像
清晰。

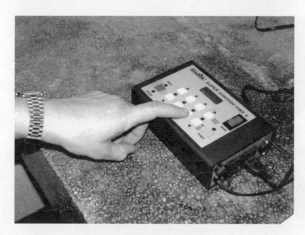

⑥ 選擇適當的放大機光圈與曝
光時間。

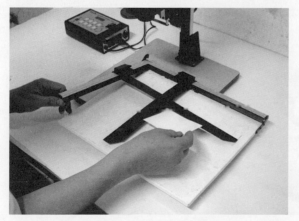

⑦ 切換到曝光位置,並取出白
紙放入待曝光相紙,按下
START鈕進行曝光。

圖 14-54 (續)

⑧ 將曝光完成的相紙曝光面朝上，用夾子夾住邊緣迅速滑入顯影液中。

⑨ 等影像不再變化，則顯影工作完成，若顯影時間超過2分鐘而影像仍蒼白且太淡時，係曝光不足；如果顯影進行不到1分鐘，影像就發黑，則係曝光過度。

⑩ 顯影完成的相紙夾到停影液中，浸泡1分鐘。

圖 14-54　(續)

⑪ 將停影完成的相紙夾到定影液中，浸泡5分鐘，即可開日光燈檢視。

⑫ 將定影完成的相紙，夾到水槽中浸泡。

⑬ 再立刻移到有流動水的水槽中，水洗1小時，然後取出，自然風乾。

圖 14-54　(續)

CH **14**

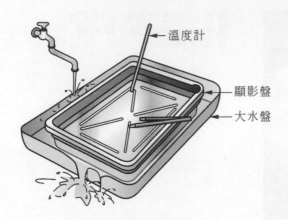

(a) 把顯影盤浸在大水盤中

(b) 把冰塊加入膠袋，降低水溫，維持在20℃

(c) 把熱開水注入大水盤，使水溫升至20℃

圖 14-55 把顯影液的溫度維持在 20℃

14-6 實驗結果

試片編號	1	2	3
試片材質			
腐蝕液			
腐蝕時間			
顯微鏡倍率			
顯微鏡照片			
材料組織分析			

14-7　問題討論

1.　使用砂紙研磨試片時，每改換較細之砂紙時，為何要將試片轉動 90°，使新磨痕與舊磨痕成 90°？

2.　檢查材料之顯微組織的目的為何？

3.　常用於腐蝕碳鋼的 5%Nital 腐蝕液，應如何調配之？

4.　如何沖洗底片，試說明之。

14-8　補充資料

1.　**倒立式顯微鏡**

　　一般常用的金相顯微鏡有兩種型式：一為正立型(如圖 14-22)，另一種為倒立型(如圖 14-56)。正立型在使用時，試片高度不可太高，免得無法放入載物台與物鏡之間。倒立型則無此困擾，唯倒立型於觀測時試片表面由於在載物台面上滑動而容易磨損，故使用上須注意試片之放置。

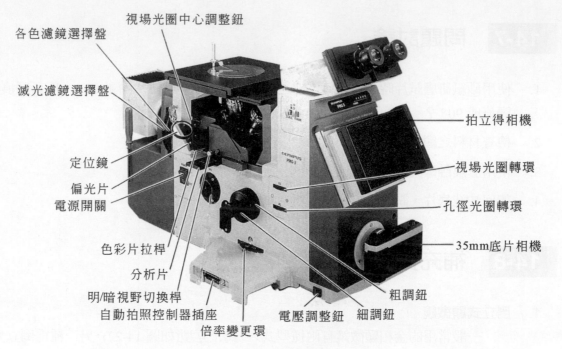

各色濾鏡選擇盤

視場光圈中心調整鈕

滅光濾鏡選擇盤

拍立得相機

定位鏡

視場光圈轉環

偏光片

孔徑光圈轉環

電源開關

35mm底片相機

色彩片拉桿

分析片

明/暗視野切換桿

粗調鈕

自動拍照控制器插座

細調鈕

電壓調整鈕

倍率變更環

(a) 左前方視圖

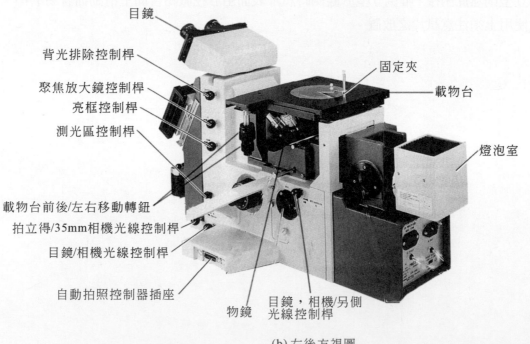

目鏡

背光排除控制桿

固定夾

聚焦放大鏡控制桿

載物台

亮框控制桿

測光區控制桿

燈泡室

載物台前後/左右移動轉鈕

拍立得/35mm相機光線控制桿

目鏡/相機光線控制桿

自動拍照控制器插座

物鏡

目鏡，相機/另側
光線控制桿

(b) 右後方視圖

圖 14-56　倒立式顯微鏡構造圖

2.　金相顯微鏡的保養與存放

　　鏡頭可說是顯微鏡的最主要部分，所以要妥善保養，在操作前，鏡頭與鏡片應作清潔，如圖 14-57(a)～(h)。物鏡內面污穢時，如果用吹風刷子無法除去，宜委託代理商清洗。

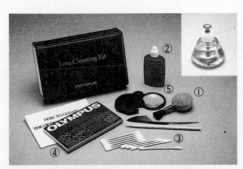

(a) 顯微鏡保養包。

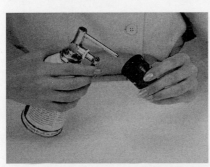

(b) 使用罐裝空氣(或照相機用的吹風刷子)輕輕的除掉物鏡灰塵。

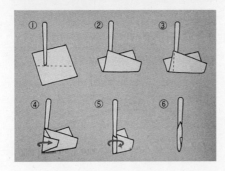

(c) 小木棒上捲鏡頭紙的方法。

圖 14-57　顯微鏡擦拭法

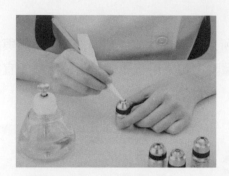

(d) 以紙端沾酒精由裡向外(逆時針方向)擦拭物鏡。

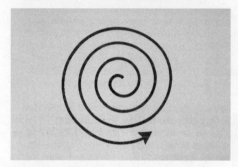

(e) 如同(d)步驟擦拭目鏡。

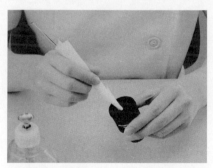

(f) 濾色鏡的擦拭法。

圖 14-57 顯微鏡擦拭法(續)

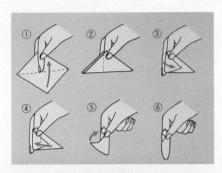

(g) 用來擦較大的鏡片或物鏡時，以鏡頭紙包手指的方法。

(h) 反轉物鏡(當放大鏡用)檢查物鏡是否清理乾淨。

圖 14-57　顯微鏡擦拭法(續)

　　顯微鏡使用完畢後，若長久不使用最好卸下所有鏡頭(先卸下物鏡再卸目鏡，避免灰塵侵入)，擦拭乾淨，放入乾燥箱內。但如果要繼續使用，可以放在桌上，暫時用塑膠袋套住，但室內須有空調保持乾燥。

CH 14

15 碳鋼的熱處理實驗

15-1 實驗目的

1. 觀察不同含碳量的鋼棒，經退火或正常化處理後之顯微組織，並測量其硬度。
2. 研究不同的沃斯田鐵化溫度及淬火液對淬火後碳鋼材質的影響。
3. 研究不同的回火溫度對碳鋼材質的影響。

15-2 使用規範

1. CNS 11277 B1350　鐵及鋼之高週波淬火回火熱處理 Hardening by induction heating and tempering of iron and steel
2. CNS 2911　G2021　鋼之硬化能試驗法 Method of hardenability test for steel

15-3 實驗設備和材料

1. 高、低溫熱處理爐，如圖 15-1 所示。
2. 冷卻用油槽和水槽。
3. 衝擊試驗機。
4. 金相研磨及觀察設備。
5. 硬度試驗機。
6. 直徑 15 mm 的 AISI 1020，1045，1080 和 1095 鋼棒。

7.　AISI 1080 的衝擊試片 17 片。

8.　試片匣數個，鑄鐵層，淬火油，夾鉗，耐火手套，安全面罩。

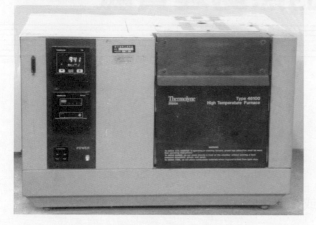

(a) 高溫爐(T_{max} /1400℃)　　　　　　　　　(b) 低溫爐(T_{Max} /1100℃)

圖 15-1　熱處理爐

15-4　實驗原理

　　所謂熱處理是指對材料施以適當的加熱和冷卻，而利用加熱和冷卻的配合來得到所需要的機械性質為目的之處理。會受熱處理而顯著改變的機械性質包括抗拉強度、硬度、衝擊值、疲勞限、延性等。一般而言，具備有變態，有固溶限條件之材料，都可以利用熱處理來改善其機械性質。而在人類歷史上扮演重要角色的鋼鐵材料，就是有變態的特性，遂成為熱處理的主要對象，因此鋼鐵材料常被施行退火、正常化、淬火及回火等熱處理。

　　對鋼鐵材料實施熱處理時，一定要加熱和冷卻，而在加熱和冷卻時，我們若想知道在某一溫度下材料會變成何種狀態或它的組織變為如何，以便了解某一溫度下材料的機械性質，常須藉助鋼鐵材料的平衡狀態圖來獲取這些知識。圖 15-2 為 Fe-C 平衡狀態圖(全圖)，它將各種不同含碳量的 Fe-C 合金在某一溫度下達成平衡(反應平衡)時的相顯示出來。而圖 15-3 亦為 Fe-C 平衡狀態圖，但只顯示純鐵和鋼的部分，未示出鑄鐵部分，此圖並將含碳量不同的鋼作各種熱處理時適用的加熱範圍標示出來。通常研究鋼的組織時，一般常採用圖 15-3。茲將圖 15-2 內重要的點與線之意義說明如下：

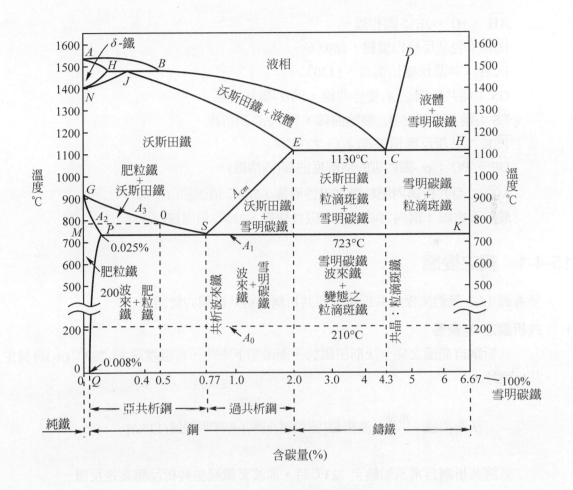

圖 15-2　Fe-C 平衡狀態圖(全圖)

A：純鐵熔點 1534℃。

J：包晶點(0.18%C，1493℃)。

C：共晶點(4.3%C，1130℃)。

S：共析點(0.8%C，723℃)。

G：純鐵之 A_3 變態點 910℃。

P：碳在 α-鐵內的最大溶解度點(0.025%C)。

E：鋼之最高含碳量，2%C。

Q：室溫下 α-鐵含碳量，0.008%C。

$\widehat{AB}$、$\widehat{BC}$、$\widehat{CD}$：液相線。

$\overparen{AH}$、$\overparen{HJ}$、$\overparen{JE}$：固相線。

$\overline{HJB}$：包晶反應恒溫線，1493°C。

$\overline{ECH}$：共晶反應恒溫線，1130°C。

$\overparen{GS}$：亞共析鋼之 A_3 變態曲線，為 α-鐵初析線。

$\overparen{ES}$：過共析鋼之 A_{cm} 變態曲線，為 Fe_3C 初析線。

$\overline{PSK}$：共析反應恒溫線(A_1)，723°C。

$\overparen{GP}$、$\overparen{PQ}$：α-鐵內碳的溶解度曲線(固溶線)。

$\overset{.....}{MO}$：亞共析鋼內肥粒鐵之磁性變態，768°C恒溫線(A_2)。

最下面虛線：鋼內雪明碳鐵之磁性變態，210°C恒溫線(A_0)。

15-4-1　鋼之變態

參考圖 15-3 我們來探討共析鋼、亞共析鋼和過共析鋼的變態。

1.　共析鋼之 A_1 變態

共析鋼自高溫之完全沃斯田鐵態平衡冷卻下來時，當溫度降到 723°C(A_1)將發生共析變態。

$$沃斯田鐵 \xrightarrow{冷卻} 波來鐵[肥粒鐵(88\%)＋雪明碳鐵(12\%)]$$

若將共析鋼自常溫加熱至 723°C時，則波來鐵發生共析反應之逆反應。

$$波來鐵 \xrightarrow{加熱} 沃斯田鐵$$

2.　亞共析鋼之 A_1 和 A_3 變態

亞共析鋼(以 0.4%C 之鋼為例)自高溫之完全沃斯田鐵態平衡冷卻下來時，當溫度降到該鋼的 A_3 變態點時，先有肥粒鐵於沃斯田鐵粒界析出，隨著溫度下降，肥粒鐵量愈多，而沃斯田鐵量愈少，當溫度降至 723°C(A_1)時，剩餘的沃斯田鐵發生共析變態，該部分沃斯田鐵轉變成波來鐵。

$$沃斯田鐵 \xrightarrow{冷卻} 肥粒鐵＋沃斯田鐵 \xrightarrow{冷卻} 肥粒鐵＋波來鐵$$

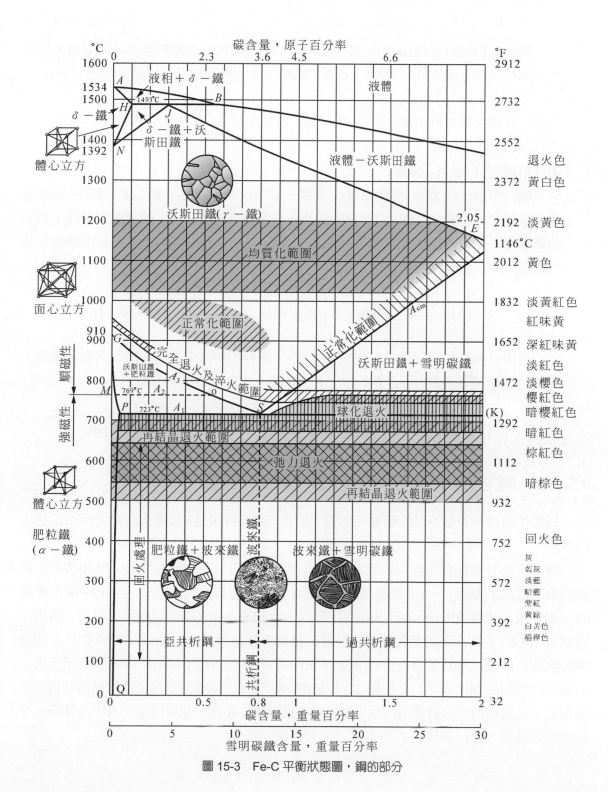

圖 15-3　Fe-C 平衡狀態圖，鋼的部分

　　將亞共析鋼自常溫加熱至 723℃(A_1)時，鋼料內的波來鐵轉變成沃斯田鐵，而剩下之肥粒鐵要等溫度升至該鋼的 A_3 變態點時，才會轉變成沃斯田鐵。

$$肥粒鐵＋波來鐵 \xrightarrow{\text{加熱}} 肥粒鐵＋沃斯田鐵 \xrightarrow{\text{加熱}} 沃斯田鐵$$

3.　**過共析鋼之 A_1 和 A_{cm} 變態**

　　過共析鋼(以 1.0%C 之鋼為例)自高溫之完全沃斯田鐵態平衡冷卻下來時，當溫度降至該鋼的 A_{cm} 變態點時，首先雪明碳鐵在沃斯田鐵粒界析出，隨著溫度下降，雪明碳鐵量愈多，而沃斯田鐵量愈少，待溫度降至 723℃(A_1)時，剩下的沃斯田鐵發生共析變態，該部分沃斯田鐵變為波來鐵。

$$沃斯田鐵 \xrightarrow{\text{冷卻}} 雪明碳鐵＋沃斯田鐵 \xrightarrow{\text{冷卻}} 雪明碳鐵＋波來鐵$$

　　把過共析鋼自常溫加熱至 723℃(A_1)時，鋼料內的波來鐵轉為沃斯田鐵，而剩下的雪明碳鐵要等溫度升至該鋼的 A_{cm} 變態點時，才會變成沃斯田鐵。

$$雪明碳鐵＋波來鐵 \xrightarrow{\text{加熱}} 雪明碳鐵＋沃斯田鐵 \xrightarrow{\text{加熱}} 沃斯田鐵$$

15-4-2　鋼之連續冷卻速率對變態及組織之影響

　　鋼的平衡冷卻及緩冷時的變態和組織，在上一節已討論過，接著來討論連續冷卻速度的影響。

　　鋼的大部分變態都牽涉到碳原子的移動(即擴散，只有少數例外情形，例如沃斯田鐵轉為麻田散鐵的變態)；所以需要充分的時間才能完成變態。假如沒有充分的時間則變態的一部分或全部會被阻止，而不再進行。因此，冷卻速率的快慢控制變態的程度。為研究鋼連續冷卻時，其冷卻速率對變態的影響，常用自記膨脹計(dilatometer)來研究它。即把鋼加熱到高溫使它變為預定的組織(例如沃斯田鐵)後，以各種不同的冷卻速率冷卻下來，而觀察冷卻期間鋼所發生的長度變化，以瞭解鋼的變態究竟如何發生，或如何被延遲。在工程上，最緩慢的冷卻為爐中冷卻，然後依次為空氣中冷卻、油中冷卻、水中冷卻等。今以共析鋼為例，逐一說明如下：

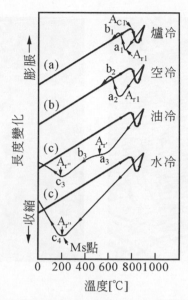

圖 15-4　共析鋼從沃斯田鐵態以各種速度冷卻時，所得的長度變化曲線

1. **爐中冷卻：粗波來鐵**

　　把沃斯田鐵變態的共析鋼在爐中緩慢冷卻時，可得到圖 15-4 所示的曲線(a)。圖中 A_{c1} 和 A_{r1} 分別表示加熱和冷卻時發生 A_1 變態的溫度，而 a_1 和 b_1 分別表示 A_{r1} 變態的開始溫度和完成溫度。由於共析鋼冷卻到 A_{r1} 點時，有足夠的時間完成共析變態，故可得到圖 15-5(a)所示的波來鐵。此種波來鐵較粗大，所以叫做粗波來鐵(coarse pearlite)。

2. **空氣中冷卻：糙斑鐵(中波來鐵)**

　　沃斯田鐵態的共析鋼在空氣中冷卻時，如圖 15-4 的曲線(b)所示。由於冷卻速率較快，沃斯田鐵被過冷到 a_2 所示的溫度 600℃附近才發生 A_{r1} 變態，而在 b_2 所示的溫度完成變態。此時所得的組織如圖 15-5(b)所示，也是層狀波來鐵，但因冷卻速度快，故其肥粒鐵和 Fe_3C 的層間距離此爐中冷卻的波來鐵更小。此種波來鐵叫做中波來鐵(medium pearlite)，亦叫糙斑鐵(sorbite)。

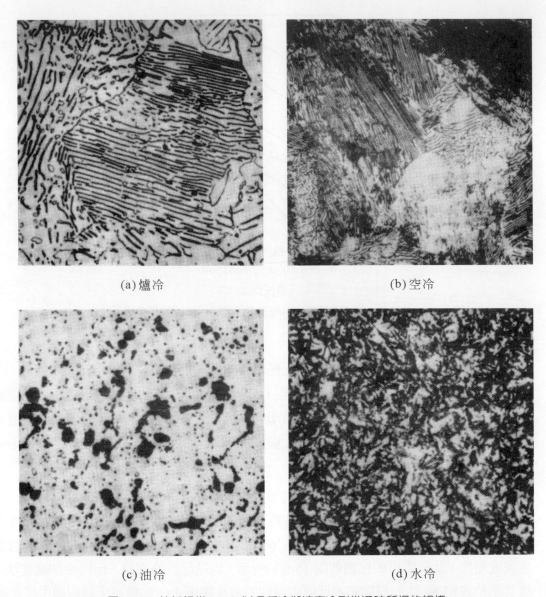

(a) 爐冷　　　　　　　　　　　　　　(b) 空冷

(c) 油冷　　　　　　　　　　　　　　(d) 水冷

圖 15-5　共析鋼從 800℃以各種冷卻速率冷到常溫時所得的組織

3.　**油中冷卻：吐粒散鐵(細波來鐵)**

把沃斯田鐵的共析鋼在油中冷卻時，如圖 15-4 的曲線(c)所示。因冷卻速率更快，沃斯田鐵會被過冷到更低的 a_3 所示溫度 550℃附近才發生變態，而呈現膨脹。此時冷卻速率較快，不能完成此階段的變態而冷卻到 b_3 所示的溫度時變態將會被中斷。此後未發生變態的沃斯田鐵會一直過冷到 c_3 所示的溫度 200℃附近始發生變態而膨脹，此後繼續膨脹到常溫。當冷到常溫時，鋼的長度會此加熱前的長度大。在 550℃ 附近所發生的變態叫 $A_{r'}$ 變態，而在 200℃ 附近所發生的變態叫 $A_{r''}$ 變態。

　　油中冷卻所得的組織如圖 15-5(c)所示，灰白色基地內含有黑色部分。黑色部分是發生 $A_{r'}$ 變態時所生成的，白色部分是發生 $A_{r''}$ 變態時所生成的。另有灰色小粒是未固溶在沃斯田鐵中的 Fe_3C 於冷卻期間殘留下來的。用高倍率的顯微鏡觀察黑色部分時，可看到很細的層狀波來鐵組織。但是它的組織比空氣中冷卻時所生成的波來鐵更細。這種組織叫做細波來鐵(fine pearlite)或吐粒散鐵(troostite)。灰白色基地的組織叫做麻田散鐵。

　　吐粒散鐵是沃斯田鐵在 550℃ 附近發生變態時所生的組織，因此當 600～500℃ 附近的冷卻速率愈快，發生 $A_{r'}$ 變態的機會愈少，所以吐粒散鐵的量愈少，甚至完全不生成吐粒散鐵。反之，如在這溫度附近的冷卻速率慢，則吐粒散鐵的量會變多。

4. **水中冷卻：麻田散鐵**

　　圖 15-4(d)表示水中冷卻時的變態情形。由於冷卻速率極快，沃斯田鐵會被過冷到 c_4 所示的溫度 200℃ 附近才開始變態而膨脹。此時的變態和油中冷卻時的 $A_{r''}$ 變態相同。發生變態的溫度 c_3，c_4 也相同。以後隨著溫度的繼續下降，變態量漸次增加而繼續膨脹到常溫。冷到常溫時，鋼的長度此加熱前的長度大。此時可得到如圖 15-5(d)所示的組織。此種組織叫做麻田散鐵(martensite)。

　　麻田散鐵為針狀(葉片狀)組織，其形成不需要碳原子的擴散，故屬於非擴散(diffusionless)過程。依據研究，體心正方(BCT)的麻田散鐵，係由面心立方(FCC)之沃斯田鐵剪變而成，故生成速率極快。麻田散鐵變態可用下式表示：

$$\gamma_{(FCC)} \xrightarrow{\text{溫度低於} M_s \text{時}} \alpha'_{(BCT)}$$

　　麻田散鐵變態的特徵除了上述的非擴散過程外，尚有如下兩點：

(1) 麻田散鐵開始生成之溫度 M_s 及變態完成之溫度 M_f 只隨含碳量而異，和冷卻速率無關，例如某鋼之 M_s 溫度為 250℃，則自沃斯田鐵變態冷卻下來時，無論冷卻速度多快，若最後溫度不低於 250℃ 則無麻田散鐵產生；反之，冷卻速率雖不快，但若能抑制 A_{r1} 及 $A_{r'}$ 變態，則溫度低於 250℃ 後就有麻田散鐵生成。而且在 250℃ 以下溫度無論冷卻速率多快，也無法阻止麻田散鐵變態。圖 15-6 表示碳鋼的含量對 M_s 和 M_f 的關係。

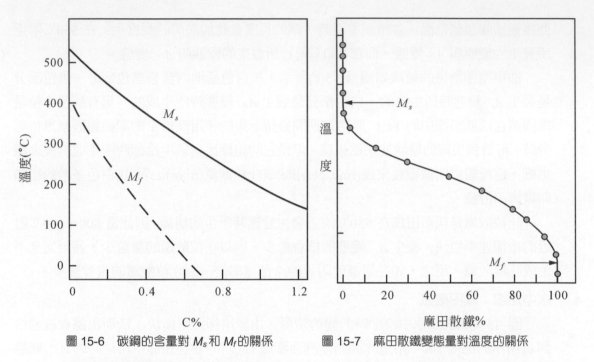

圖 15-6 碳鋼的含量對 M_s 和 M_f 的關係　　　圖 15-7 麻田散鐵變態量對溫度的關係

(2) 麻田散鐵變態的量恒與溫度成圖 15-7 所示的關係，亦即變態量為溫度函數，與時間無關。所以若最終溫度維持在 M_f 以上，則變態而得之麻田散鐵量即維持一定值，不再增加。此點強調了麻田散鐵的「非擴散」過程變態。

沃斯田鐵態的共析鋼在水中冷卻時，所得的麻田散鐵裏面會含有少量的未發生變態之沃斯田鐵。此種未發生變態而殘留下來的沃斯田鐵叫做殘留沃斯田鐵(retained austenite)。要消除此種殘留沃斯田鐵，須將共析鋼繼續冷卻到常溫以下的 M_f 點，殘留的沃斯田鐵就會繼續轉變為麻田散鐵；即在 M_f 點以下全部變為麻田散鐵。此種把材料冷卻到 0°C 以下的操作叫做深冷處理(subzero treatment)。

15-4-3　鋼之連續冷卻變態曲線圖

在實際的熱處理作業中，我們常藉助各種鋼料的連續冷卻變態圖(continuous cooling transformation diagram，CCT 圖)來了解以何種冷卻速率冷卻沃斯田鐵時，在何種溫度、何種時間會發生何種變態，而在常溫獲得何種組織。

圖 15-8 為共析鋼的連續冷卻變態圖，圖中 $\overline{aa_1a_2a_3A}$ (或 P_s 曲線)表示沃斯田鐵開始 A_{r1} 變態的溫度和時間之關係曲線；$\overline{bb_1b_2B}$ (或 P_f 曲線)表示沃斯田鐵完成的 A_{r1} 變態的溫度和時間之關係曲線。$\overline{AB}$ 為變態中止線；表示沃斯田鐵在 P_s 曲線開始 A_{r1} 變態後，繼續變態到這曲線上的溫度為止，然後波來鐵變態會被中止的溫度和時間的曲線。M_s 線表示由高

溫急冷下來尚未發生變態的沃斯田鐵，或在 $\overparen{AB}$ 上被中斷波來鐵變態($A_{r'}$ 變態)的沃斯田鐵，重新發生變態($A_{r''}$ 變態)而轉變為麻田散鐵的溫度。

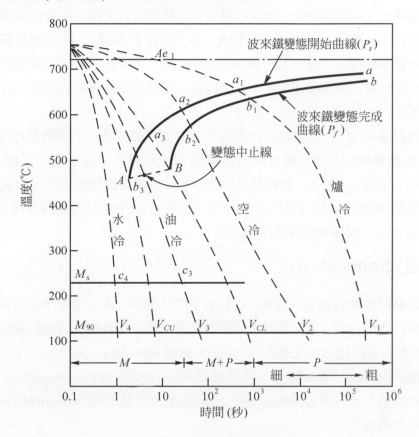

圖 15-8　共析鋼的連續冷卻變態圖

我們若以圖中 V_1 的速率(相當於爐中冷卻)冷卻沃斯田鐵時，在碰到 P_s 曲線時，如 a_1 點，就開始發生 A_{r1} 變態，而在碰到 P_f 曲線時，如 b_1 點，就完成 A_{r1} 變態。此時變態溫度高，時間充足，可得到粗波來鐵。若以 V_2 的速率(相當於空氣中冷卻)冷卻沃斯田鐵時，在 a_2 點就開始發生 A_{r1} 變態，而在 b_2 點完成 A_{r1} 變態。這時變態的溫度較低，時間較短，將得到中波來鐵。若以 V_3 的速率(相當於油中冷卻)冷卻沃斯田鐵時，在 a_3 點就開始發生 $A_{r'}$ 變態，但在 b_3 點變態將會被中止，而尚未發生變態的沃斯田鐵冷卻到 M_s 線才會變為麻田散鐵。結果在常溫所得到的組織是微細波來鐵和麻田散鐵的混合組織(另含少量殘留沃斯田鐵)。如果以 V_4 的速率(相當於水中冷卻)冷卻沃斯出鐵時，則不會碰到 P_s 曲線，因此沃斯田鐵一直冷到 M_s 線才變為麻田散鐵。在常溫將得到的組織是麻田散鐵和少量的殘留沃斯田鐵。

圖中冷卻曲線 V_{CL} 和 P_s 曲線相交後，並恰好通過 P_f 曲線的左端 B 點。冷卻曲線 V_{CU} 不和 P_s 曲線相交而和左端 A 點相切，並在低溫和 M_s 線相交。如果冷卻曲線落在 V_{CL} 的右邊，即冷卻速率此 V_{CL} 曲線慢時，沃斯田鐵會全部轉變成波來鐵而不會產生麻田散鐵。如果冷卻曲線落在 V_{CU} 和 V_{CL} 之間，沃斯田鐵一部分會在 P_s 曲線和 $\widehat{AB}$ 之溫度範圍內變為吐粒散鐵，而未發生變態之沃斯田鐵一直被冷到 M_s 時，才會發生麻田散鐵變態。如果冷卻曲線落在 V_{CU} 的左邊，即冷卻速率此 V_{CU} 曲線快，將只會產生麻田散鐵而不會產生波來鐵或吐粒散鐵。

由上面的討論可知，V_{CL} 曲線是冷卻當中，除波來鐵或吐粒散鐵變態($A_{r'}$)外，會或不會發生麻田散鐵變態($A_{r''}$)的一種分界的冷卻速率。此種冷卻速率謂之下臨界冷卻速率(lower critical cooling rate)。V_{CU} 曲線是冷卻當中，除麻田散鐵變態以外，會或不會發生波來鐵或吐粒散鐵變態的一種分界的冷卻速率。此種冷卻速率謂之上臨界冷卻速率(upper critical cooling rate)，或簡稱為臨界冷卻速率。

15-4-4 退火(annealing)

退火是把鋼料加熱到適當的溫度，保持適當的時間後，讓它慢慢冷卻的操作。退火的目的在於使鋼料內部均質，使之軟化，消除內應力，使之再結晶以調整組織或使碳化物球化等。所以退火的方法包括均質退火(homogenization annealing)、完全退火(full annealing)、球化退火(spheroidizing annealing)、再結晶退火(recrystallization annealing)、製程退火(process annealing)、弛力退火(stress relief annealing)及恒溫退火(isothermal annealing)等。在此僅討論完全退火。

完全退火的主要目的是在於調整結晶組織，使鋼料軟化，以便改善切削或塑性加工性。作業方法參考圖 15-9 和圖 15-10，即把鋼加熱到 A_3 線(亞共析鋼)或 A_1 線(過共析鋼)上方 30～50℃的溫度範圍，保持充分的時間後，讓它在爐中(或灰中)慢冷到 A_1 以下的溫度；即如圖 15-10 的 $abcde_1$ 路線。但若為了節省處理時間，可改用二段退火法(stepped annealing)，即當鋼料在爐中慢冷到變態完了以後的溫度(約在 550℃左右)時，可把鋼料從爐中取出，而放在空氣中冷卻；即如圖 15-10 的 $abcde_2$ 路線。

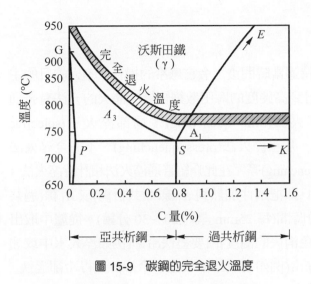

圖 15-9　碳鋼的完全退火溫度

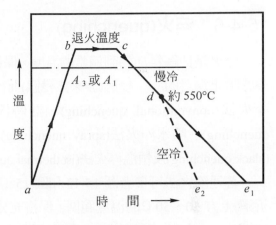

圖 15-10　退火作業方法

15-4-5　正常化(normalizing)

　　正常化是把鋼料加熱到適當的溫度，保持適當時間後，讓它在空氣中冷卻的操作。正常化之目的有二，一是使晶粒細化而改善機械性質，另一是調整軋延或鑄造組織中碳化物的大小或分佈狀態，以利後來熱處理(常指淬火)時碳化物易固溶，並藉以改善切削性，除去帶狀組織使均勻化。正常化的方法包括普通正常化、二段正常化(stepped normalizing)及恒溫正常化(isotherrnal normalizing)等。在此僅討論普通正常化。

　　普通正常化的作業方法參考圖 15-11 和圖 15-12，即把鋼加熱到 A_3 線(亞共析鋼)或 A_{cm} 線(過共析鋼)上方 30～60℃，每 25 mm 厚保溫 30 分鐘，使成均勻沃斯田鐵後，於空氣中冷卻之。

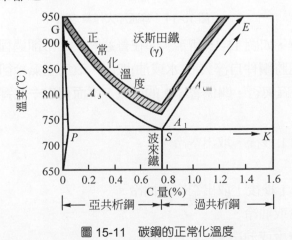

圖 15-11　碳鋼的正常化溫度

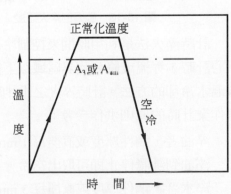

圖 15-12　普通作業化作業方法

15-4-6 淬火(quenching)

淬火是把鋼料加熱到適當的溫度，保持適當時間後，令它急冷的操作。淬火的目的主要在阻止鋼料的 A_{r1} 變態(波來鐵變態)而得到高硬度的麻田散鐵組織。淬火的方法有普通淬火法(conventional quenching)、計時淬火法(time quenching)、局部淬火法(selective quenching)、噴水淬火法(spray quenching)、加壓淬火法(press quenching)、不完全淬火法(slack quenching)及恒溫淬火法(isothermal quenching)等。在此介紹普通淬火法和計時淬火法。

普通淬火法可參考圖 15-13 和圖 15-14，即把鋼件加熱到 A_3 線(亞共析鋼)或 A_1 線(過共析鋼)上方 30～50℃的溫度範圍，保持充分時間(每 25mm 厚約 20～30 分鐘)。從爐中取出的鋼件，在冷到 $A_{r'}$ 變態前之臨界區域(火色消失的溫度)內要盡快冷卻(例如淬入水中或油中)。而在 $A_{r'}$ 以下的溫度區域，則應改採徐冷(例如空氣冷卻或溫水冷卻)，免得冷卻過快，造成鋼件淬裂或變形之危險(故稱為危險區域)。

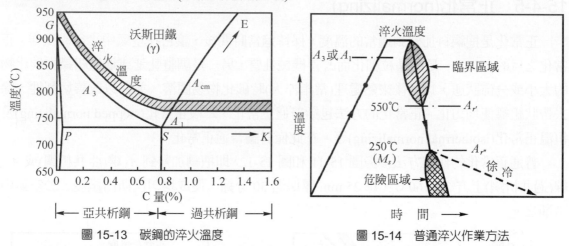

圖 15-13　碳鋼的淬火溫度　　　圖 15-14　普通淬火作業方法

計時淬火法是利用時間來控制冷卻過程，如圖 15-15 所示。即在普通淬火之冷卻過程小心計時，等溫度降到臨界區域以下後，速將鋼件自淬火液(水或油)取出，改為空氣冷卻或溫水冷卻的方法。計時淬火之「計時」正確與否，關係著淬火的成敗。下面列出一些實際作業計時的原則供作參考：

1. 淬油者，鋼件厚度或直徑每 1 mm 浸油 1 秒後，取出空冷。
2. 淬油到沸騰停止即可取出空冷。
3. 淬水者，鋼件厚度或直徑每 3 mm 浸水 1 秒後，取出空冷或油冷。
4. 淬水到水鳴或振動停止，即可取出空冷或油冷。
5. 淬水到火色消失時間之兩倍後，取出空冷或油冷。

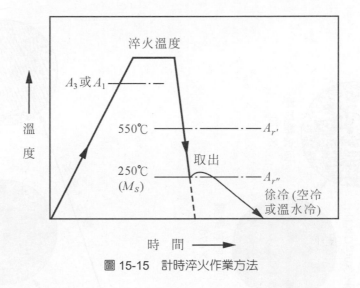

圖 15-15　計時淬火作業方法

15-4-7　回火(tempering)

　　淬火後的鋼雖然硬度高強度大，但是很脆不太實用。如果把它加熱到 A_1 線以下的適當溫度時，不但可消除淬火鋼的內應力，尚可調節硬度而得到適當的韌性。此種處理叫做回火。實用上回火分成低溫回火和高溫回火兩種。

　　低溫回火時，將淬火鋼加熱至 150～200℃，保持一段時間後，靜置於空氣冷卻之。以消除淬火鋼之內應力，使鋼件尺寸安定而硬度不致損失。用高碳鋼做成的刀具、工具等，經淬火後常再施以低溫退火。

　　高溫回火時，將淬火鋼加熱至 500℃ 以上的溫度，保持一段時間後，再空冷或水冷之。以降低硬度，而提高延性及韌性。構造用鋼不但需要相當高的強度，也要有較大的韌性，故構造用鋼淬火後常再施以高溫回火。

15-4-8　共析鋼經不同熱處理後的金相組織

　　把在常溫為波來鐵態的共析鋼(0.8%C 鋼)加熱，使成為沃斯田鐵態後，再分別作退火、正常化、淬火和回火等熱處理，可得圖 15-16 的金相組織。水淬火後，可得針狀的麻田散鐵，只殘留少量未溶解 Fe_3C(呈白色粒狀)，還有微量的殘留沃斯田鐵。油淬火後，在灰白色的麻田散鐵基地上，有黑色的吐粒散鐵，吐粒散鐵是 Fe＋細層狀的 Fe_3C 混合物。正常化後，可得中波來鐵，或叫做糙斑鐵，糙斑鐵是 Fe＋略粗層狀 Fe_3C 的混合物。退火後，可得粗波來鐵，粗波來鐵是 Fe＋粗層狀 Fe_3C 的混合物。若將水淬火後的組織，分別於 200℃，400℃ 和 600℃ 再作回火。於 200℃ 回火 1 小時，則麻田散鐵的針狀組織漸崩潰，

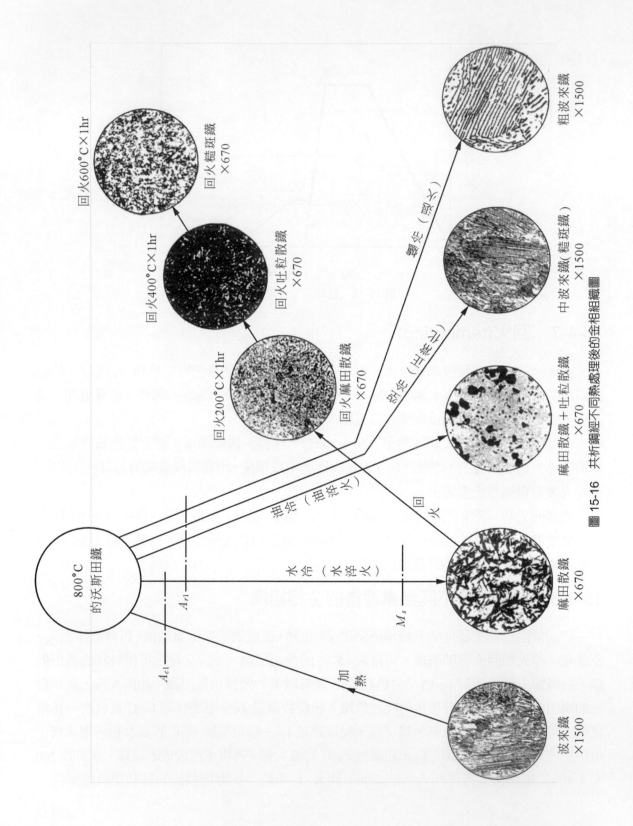

圖 15-16　共析鋼經不同熱處理後的金相組織圖

不再呈現明顯的針狀，而變為所謂的回火麻田散鐵。原本殘留的若干沃斯田鐵，則未發生分解。若於 400℃ 再回火 1 小時，則麻田散鐵的針狀組織消失，基地為典型的回火組織，此組織叫回火吐粒散鐵，即為 Fe 和細粒狀 Fe_3C 混合物。若於 600℃ 再回火 1 小時，則變為 Fe 和粗粒狀 Fe_3C 混合物，此組織叫回火糙斑鐵。

15-4-9　鋼內各種顯微組織的機械性質

圖 15-17 至圖 15-29 為碳鋼經熱處理後的各種顯微組織，不同的組織其機械性質各異，碳鋼整體的機械性質常視各種組織所佔的此例而定。表 15-1 為一些鋼鐵組織的機械性質。

表 15-1　一些鋼鐵組織的機械性質

性質＼組織	肥粒鐵	波來鐵	雪明碳鐵	變韌鐵	麻田散鐵
抗拉強度(kg/mm^2)	30～35	90～100	小於 3.5	大於 140	大於 200
伸長率(%)	40	10～15	0	18	～0
硬度(BHN)	80～90	200～350	大於 800	400	725

圖 15-17　亞共析鋼

成分：C 0.44%鋼
浸蝕條件：3% Nital (9～10 sec)
熱處理條件：930℃ × 1hr 後，爐冷
組織：白色晶粒為肥粒鐵，波來鐵是黑色及
　　　灰色的部分。

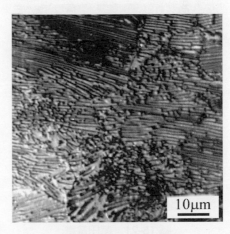

圖 15-18　共析鋼

成分：C 0.77%鋼
浸蝕條件：3% Nital (9～10 sec)
熱處理條件：950℃ × 1hr 後，爐冷
組織：波來鐵是由雪明碳鐵及肥粒鐵所形成
　　　的層狀結構，受浸蝕後，因為肥粒鐵
　　　易受侵蝕，故當光線照射時，雪明碳
　　　鐵較突出，其影像成為黑色條紋。

圖 15-19　過共析鋼

成分：C 1.13%鋼
浸蝕條件：3% Nital (7～9 sec)
熱處理條件：780℃ × 3hr 後，再徐冷
組織：白色粒狀雪明碳鐵散佈在肥粒鐵基地
　　　內。

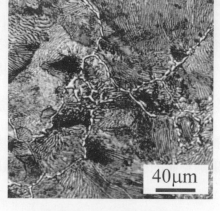

圖 15-20　網狀雪明碳鐵

成分：C 1.13%鋼
浸蝕條件：3% Nital (9～10 sec)
熱處理條件：900℃ × 1hr 後，爐冷
組織：白色界面為網狀雪明碳鐵，基地內的
　　　結構是層狀波來鐵。

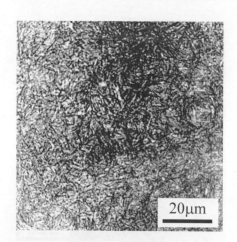

圖 15-21　麻田散鐵

成分：C 0.81%鋼
浸蝕條件：3% Nital (14～16 sec)
熱處理條件：850℃ × 1hr 後，水淬火
組織：麻田散鐵具有針狀及樹枝狀結構。

圖 15-22　麻田散鐵與肥粒鐵

成分：C 0.33%鋼
浸蝕條件：3% Nital (25～26 sec)
熱處理條件：950℃ × 1hr 後，爐冷到 750℃
　　　　　　水淬火
組織：白色肥粒鐵晶粒存在於黑色麻田散鐵
　　　基地內。

圖 15-23　麻田散鐵與節塊狀杜氏散鐵

成分：C 1.13%鋼

浸蝕條件：3% Nital (10～12 sec)

熱處理條件：850℃ × 1hr 後，油淬火

組織：黑色節塊狀的杜氏散鐵分佈在麻田散
　　　鐵的基地內，節塊狀的杜氏散鐵是油
　　　淬時在沃斯田鐵的晶粒界面所形成。

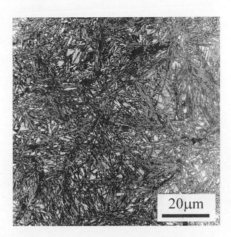

圖 15-24　麻田散鐵與殘留沃斯田鐵

成分：C 1.13%鋼

浸蝕條件：3% Nital (25～26 sec)

熱處理條件：1030℃ × 1hr 後，油淬火

組織：黑色樹葉狀結構為麻田散鐵，白色基
　　　地是殘留沃斯田鐵及麻田散鐵混合結
　　　構。

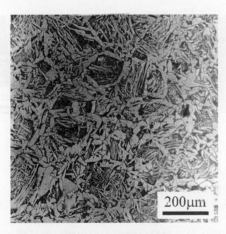

圖 15-25　過熱結構

成分：C 0.3%鋼

浸蝕條件：3% Nital (9～10 sec)

熱處理條件：1280℃ × 1hr 後，空冷

組織：白色部分是肥粒鐵，黑色部分是波來
　　　鐵，具有針狀的肥粒鐵稱為魏得曼結
　　　構(widmannstatten structure)。

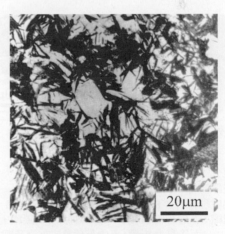

圖 15-26　上變韌鐵

成分：C 0.84%鋼

浸蝕條件：3% Nital (7～8 sec)

熱處理條件：930℃ × 1hr，鹽水淬到 400℃，
　　　　　　保持 40 秒後，再水淬火

組織：白色基地是麻田散鐵，上變韌鐵具有
　　　羽毛狀的結構。

CH 15

圖 15-27 下變韌鐵

成分：C 0.74%鋼
浸蝕條件：3% Nital (7～10 sec)
熱處理條件：890℃ × 1hr，鹽水淬到 300℃，
　　　　　　保持 15 秒後，再水淬火
組織：白色結構是麻田散鐵與殘留沃斯田鐵
　　　下變韌鐵具有黑色針狀結構。

外層　　　共析帶　　　內部

圖 15-28 滲碳結構

成分：C 0.16%鋼
浸蝕條件：3% Nital (7～9 sec)
熱處理條件：890℃ × 2hr，固體滲碳後徐冷
組織：外層經滲碳後，可看到網狀雪明碳鐵，
　　　而後是共析帶，更內部便是波來鐵及肥
　　　粒鐵。

內部　　　外層

圖 15-29 脫碳層結構

成分：C 0.81%鋼
浸蝕條件：3% Nital (7～8 sec)
熱處理條件：在 Al_2O_3 粉內 960℃ × 2.5hr，
　　　　　　爐冷
組織：最外層是已脫碳的白色肥粒鐵結構，
　　　愈內部含碳量愈高。

15-5　實驗方法

1. 取 AISI 1020，1045，1080，1095 的鋼棒，切割成高度約 20 mm，直徑約 15 mm 的試片。並用字模於試片上刻打號碼。

2. 取 1020、1045 和 1095 三種成分之試片各一支，在其 A_3 線或 A_1 線之上 50℃ 的溫度保溫 1 小時後爐冷，進行完全退火處理。

3. 取 1020、1045 和 1095 三種成分之試片各一支，在其 A_3 線或 A_{cm} 線上之 50℃ 的溫度保溫 1 小時後空冷，進行普通正常化處理。

4. 試片經步驟 2、3 後，測量其硬度，並觀察金相。

5. 取 1080 衝擊試片 16 個分為二部分，分別放到 900℃ 和 800℃ 爐中 20 分鐘。

6. 將每爐 8 個試片分為二組，4 個淬於水(W)中，另 4 個於油(O)中。

7. 測量各個試片的硬度，並觀察其金相。

8. 把經 900℃(W)，900℃(O)，800℃(W)和 800℃(O)等淬火後的四組試片，每組 3 個分別放置於 200℃，400℃，600℃ 爐中回火 1 小時。

9. 測量步驟 8 中各試片的衝擊值和硬度，並觀察金相。

15-6　實驗結果

試驗材料名稱		AISI 1020	AISI 1045	AISI 1095
熱處理前	硬度值			
	金相組織圖			
完全退火後	硬度值			
	金相組織圖			
普通正常化後	硬度值			
	金相組織圖			

AISI 1080		衝擊值	硬度	金相組織圖
熱處理前				
900℃(W)	不回火			
	200℃回火			
	400℃回火			
	600℃回火			
900℃(O)	不回火			
	200℃回火			
	400℃回火			
	600℃回火			
800℃(W)	不回火			
	200℃回火			
	400℃回火			
	600℃回火			
800℃(O)	不回火			
	200℃回火			
	400℃回火			
	600℃回火			

15-7　問題討論

1. 完全退火在什麼場合要用？如何做？

2. 是不是所有的鋼材都可以施行正常化？爲什麽？

3. 何謂淬火之危險區域及臨界區域？說明其所以危險及臨界之原因，在熱處理上要如何應付？

4. 以回火溫度爲橫座標，衝擊值和洛氏硬度值爲縱座標作圖，並討論之。

5. 爲何亞共析鋼之淬火溫度要在 A_{c3} 以上，而過共析鋼則在 A_{c1} 以上即可？

6. 說明 800℃(W)組在 200℃、400℃、600℃回火時，其金相組織的變化。

15-8　補充資料

一、鐵及鋼之高週波淬火回火熱處理

Hardening by induction heating and tempering of iron and steel

(摘自：中華民國國家標準 CNS 11277，B1350)

1. **適用範圍**

　　本標準適用於鋼鐵之高週波淬火後在加熱爐中回火之熱處理(以下簡稱為熱處理)。並包含僅高週波淬火而省略回火熱處理者。

2. **名詞定義**

(1) 熱處理之零件及材料：零件為完成品或近於完成狀態之鋼鐵製品，如機械器具之零件及鑽頭、模具、扳手等工具。

(2) 熱處理產品：零件及材料依本標準經熱處理之產品。

(3) 高週波淬火：為使熱處理材料全部或局部之表面硬化，而以感應加熱至 A_3 或 A_1 變態點以上之適當溫度後淬火之熱處理。

(4) 有效加熱帶：在加熱爐或熱浴槽中為使材料保持在依熱處理目的所需加熱溫度之精度範圍內，依事先溫度測定而設定之裝入領域。

(5) 變形：係指熱處理產品之形狀或尺度之變異、及其各方向變異之最大值。又對長方向之垂直方向之變異稱為彎曲。

3. **熱處理材料**

(1) 熱處理材料之種類：如表 15-2 或其化學成分依此為準。

表 15-2

名稱及標準號碼		種類符號	備註
(1) 結構用合金鋼			
機械構造用碳鋼鋼料	CNS 3828	S 25C，28C，30C，33C，35C，38C，40C，43C，45C，48C，50C，53C，55C，58C	
保證淬火性之結構用鋼		SCr 430H，435H，440H SCM 435H，440H，445H SNC 631 SMn 433H，438H，443H	
鎳鉻鋼	CNS 3230	SNC 236，631，836	
鎳鉻鉬鋼鋼料	CNS 3271	SNCM 431，625，630，240，439，447	
鉻鋼料	CNS 3231	SCr 430，435，440，445	
鉻鉬鋼	CNS 3229	SCM 432，430，435，440，445	
機械結構用錳鋼料及錳	CNS 4445	SMn 433，438，443	
鉻碳鋼	CNS 3231	SMnC 443	
(2) 特殊用鋼			
不銹鋼棒	CNS 3270	SUS 52B，53B	
耐熱鋼棒	CNS 9608	SUH 1B，2B，3B，4B	
碳工具鋼	CNS 2964	SK 1，2，3，4，5，6，7	
合金工具鋼	CNS 2965	SKS 2，3，31，4，41，42，43，5，51	
空心鑽鋼料	CNS 11207	SKC 3，11，24，31	
彈簧鋼	CNS 2905	SUP 3，4，6，7，9，10，11	
高碳鉻軸承鋼料	CNS 3014	SUJ 1，2，3，4，5	
(3) 鑄鍛造件			*:化學成分以CNS3828為準
碳鋼鍛件*	CNS 2673	SF 45，50，55，60	
碳鋼鑄件*	CNS 2906	SC 42，46，49	
結構用高強度碳鋼及		SCC 3，5	
低合金鋼鑄鋼件	CNS 7145	SCMn1，2，3，5，SCSiMn2，SCMnCr2，3，4 SCMnM3，SCCrM1，3，SCMnCrM2，3， SCNCrM2	
不銹鋼鑄件	CNS 4000	SCS 2	
灰口鐵鑄件	CNS 2472	GC 20，25，30，35	
球狀石墨鑄鐵件	CNS 2869	FNC 40，45，55，70	
波來鐵展性鑄鐵件	CNS 2938	FMC(P) 45，50，55，60，70	

(2) 材料熱處理程序紀錄：表 15-3 所列各項目須明白填寫。但有*號之項目，視情形可省略全部或其中部分。

表 15-3

項目	備註
(1) 熱處理材料試驗紀錄 　　鋼鐵種類或化學成分 　　爐號* 　　拉伸試驗紀錄* 　　硬度試驗紀錄* 　　硬化能深度測定* 　　晶粒度試驗* 　　脫碳層深度測定* 　　非金屬夾雜物顯微鏡試驗*	
(2) 熱處理材料之狀態區分 　　鑄造 　　鍛造 　　軋壓 　　擠壓 　　新生、再生或整修之填焊 　　壓床加工 　　抽拉 　　輥製 　　積壓 　　加熱配合 　　熔接	 包含熱、冷之別 包含熱、冷之別 包含熱、冷之別 包含熱、冷之別 包含熱、冷之別 包含熱、冷之別 包含熱、冷之別
(3) 材料有無下列各項之熱處理 　　正常化 　　退火 　　淬火回火	必要時可標示加熱溫度，保持時間、冷卻方法。
(4) 材料之前熱處理程度及對基準尺度之尺度變異之矯正程度 　　切削方法及其條件 　　對基準尺度之尺度變異之矯正程度	(參考)　切削深度較深者，有時爲造成淬火裂痕之原因。 矯正包含熱、冷之別。

(3) 熱處理材料之外觀、形狀及尺度：須說明表 15-4 所示各項。但有*記號者，視熱處理情形可省略全部或其一部分。

表 15-4

項目	備註
(1) 熱處理材料之外觀	有無龜裂、傷痕、銹、黑皮
(2) 熱處理材料之形狀 特異形狀 厚度之不同 孔部之形狀與位置	
(3) 熱處理材料之尺度及精度* 淬火部分之加工量 全部之加工量 尺度精度 形狀精度 位置精度	 (參考) 形狀精度主要為平行度、平面度、真圓度、圓筒度。 (參考) 位置精度主要為中心距離之許可差、等距離度、推定精度。
(4) 熱處理材料淬火部分之表面粗度*	(參考) 比 35S 粗者，有時會造成加熱不均及加熱裂痕之原因。
(5) 熱處理材料之珠擊處理 噴砂 噴粒	
(6) 防銹油之種類	(參考) 因種類會造成加熱不均之原因。

(4) 熱處理材料之確認：當接受熱處理材料時，關於鋼鐵種類、紀錄、外觀、形狀及尺度之確認須依第(1)、(2)及(3)之規定項目。如必要時依火花試驗、探傷試驗及其他適當方法確實了解是否合乎規定之項目。

4. 熱處理用設備

(1) 感應加熱裝置：感應裝置須符合下列各項。

① 高週波發生裝置不分電動發電機式、真空管式、火花式等種類，以常用作業條件能發生適於加熱目的之出力與週波數，在出力側或入力側有控制裝置，而所設定之電壓或電力之變動在正常狀態能控制電壓於±2.5%，電力於±5%內之精度。

② 具有控制加熱時間之時限裝置⁽¹⁾並有如表 15-5 所示之總合精度。

註(1)：時限裝置包含定時時鐘及開閉器等所有裝置。

表 15-5　　　　　　　　單位：S(秒)

時間範圍	總合精度
2 以下	0.15
超過 2 至 5	0.2
超過 5 至 10	0.3
超過 10 至 20	0.4
超過 20 至 30	0.5
超過 30 至 60	0.6
超過 60	0.8

(2) 冷卻裝置：冷卻裝置須符合下列各項。

① 冷卻劑之種類依熱處理材料之種類、形狀、尺度適用、水、油⁽²⁾、多乙稀醇水溶液等，各冷卻系統須具有淬火所需容量之槽及能將冷卻劑保持於表 15-6 之溫度範圍內之裝置。

註(2)：原則上使用熱處理油。

表 15-6　　　　　　　　單位：℃

冷卻劑	水	油	多乙稀醇水溶液
溫度範圍	10～35	40～80	10～40

② 冷卻劑之壓力及流量在一般作業條件下不得對熱處理材料之冷卻產生顯著差異。又在浸漬冷卻時，須具有能以適當流速攪拌之裝置。

③ 具有能控制於所定冷卻時間之時限裝置，並於繼電器開始冷卻操作後能保持至實際開始冷卻之時間對淬火效果不發生顯著影響。

(3) 淬火機械：淬火機械須符合固定一次淬火機械，移動淬火機械及其他適於熱處理部分之形狀者，而具有表 15-7 所示之精度。

表 15-7

機械之種類	精度
1.　固定一次淬火機械	
軸心偏差(mm)	0.5
面之偏差(3)(mm)	0.5
2.　移動淬火機械	
軸心偏差(mm)	0.5
移動速度之變動範圍(4)(mm/2)	±0.5%

註(3)：裝直徑 300 mm 以上之圓板，而在半徑 150 mm 處測定圓板上之面之偏差。

註(4)：裝直徑 50 mm 長度 500 mm 之圓棒而測定者。但如不能裝長度 500 mm 試片時須以此為準之短試片。

(4) 回火爐：回火爐須符合下列各條件。

① 加熱設備無論其熱源種類、有無使用熱浴、作業形式為連續或不連續、在有效加熱帶內加熱時，按其材料種類與熱處理種類之目標溫度能依照表 15-8 所示精度，保持或調整溫度之設備。

表 15-8　　　　　　單位：℃

目標溫度範圍	精度
400 以下	±15
超過 400	±20

② 在加熱爐或熱浴槽內之每加熱帶須具有可追蹤表示熱處理工程中熱處理之自動溫度記錄裝置。

③ 熱電溫度測定設備(5)之指示器所表示之溫度指示總合誤差在熱處理所需指示刻度範圍內將指示器讀數補正後須滿足表 15-9 之規定事項。

註(5)：熱電溫度測定設備係指由檢測器、傳送器、指示器及調節器所組成之設備。

表 15-9

設定溫度 T(℃)	400 以下	超過 400
溫度指示總和誤差	±4	$\pm \dfrac{T}{100}$

(5) 設備之保養：熱處理設備為能符合第(1)至(4)所規定之精度及性能，須以適當方法管理並須具有其紀錄。

5. **熱處理方法**

(1) 首先依其熱處理材料、熱處理種類及配合熱處理目的所需熱處理產品品質而設定熱處理工程、感應線圈、熱處理材料之裝入、淬火或回火之加熱及冷卻之作業方法及必要條件、作業後之處理及其他必要之處理方法。

(2) 感應線圈、冷卻環及調刀具之檢查：要使用所指定之感應線圈、冷卻環及調刀具時須確認感應線圈有無變形、破損、其他鐵心有無嚴重剝離，並要去除油漬、銹皮、銹等。冷卻環之水孔有無被穢物所阻害須做檢查與清除，並須確認調刀具是否能正常操作。

(3) 熱處理件之裝入：熱處理之裝入在熱處理中能正確保持熱處理件與感應線圈之相對位置，並特別注意偏心與傾斜，加熱溫度與冷卻速度須略同，又須避免發生由於熱處理件之局部加熱所引起之膨脹與變形造成放電、電蝕及其他障礙。

(4) 熱處理件之加熱及冷卻：熱處理件之加熱以所設定之條件，特別將出力變流器之捲線比等正確設定後確認加熱時間。冷卻時須適當調整冷卻劑溫度、流量、壓力、冷卻時間等。必要時，為防止熱處理件之變形應考慮以適當方法壓制熱處理件等。

(5) 熱處理件之回火加熱及冷卻：回火加熱及冷卻須符合第(1)項所定作業條件並以適當方法確認之。尤其為要防止發變形及其他有害缺陷、在淬火後即時回火或加熱至適當溫度以防止裂痕。但加熱速度要儘量緩慢。為避免依鋼鐵種類與形狀等而顯著增大脆性，要對加熱溫度之設定及冷卻速度適當實施。

(6) 熱處理件之變形矯正：熱處理件因變形而不能符合品質規定時，須矯正之。但在施予矯正時發生於熱處理件之殘留應力應對以後之熱處理及使用上不發生障礙之程度。

(7) 熱處理方法之紀錄：熱處理工程之作業方法及作業條件，應紀錄必要事項，並須加以保存之。必要時，必須買方確認之。

6. **熱處理件之品質**

熱處理件之品質，每一件須在規定或指定範圍內，並須符合下列條件。但作高調波淬火時不適用(2)及(6)之規定而可另依該產品所訂之規定及條件為準。

(1) 外觀：表面不得有龜裂及有害等缺陷。

(2) 表面硬度：表面硬度之差異範圍依處理之種類須不得超過表 15-10 及表 15-11 所示之許可值。

表 15-10

硬度 HV	表面硬度之差異範圍			
	A 級		B 級	
	單件內	同一批內	單件內	同一批內
超過 700	100	120	120	140
超過 500，700 以下	85	105	105	125
超過 400，500 以下	55	75	75	95

註(1)：測定位置須在以同一條件熱處理之範圍內。

(2)：淬火境界附近不得測定。

(3)：所謂同一批係使用同一批熱處理件，以同一作業條件熱處理者爲一批。

但同一批熱處理件之最大數量爲 8 小時以內可熱處理者。

(4)：A 級適用於下列各項。

① 汽車之刹車轉向懸吊等安全用零件。

② 冷軋用軋輥等硬度需要高度之均勻性者。

(5)：B 級適用於 A 級以外之一般零件。

表 15-11

硬度 HRC	表面硬度之差異範圍			
	A 級		B 級	
	單件內	同一批內	單件內	同一批內
超過 60	4	5	5	6
超過 50，60 以下	4.5	5.5	5.5	6.5
超過 40，50 以下	5	6	6	7

註(1)：測定位置須在以同一條件熱處理之範圍內。

(2)：淬火境界附近不得測定。

(3)：所謂同一批係使用同一批熱處理件，以同一作業條件熱處理者爲一批。

但同一批熱處理件之最大數量爲 8 小時以內可熱處理者。

(4)：A 級適用於下列各項。

① 汽車之刹車轉向、懸吊等安全用零件。

② 冷軋用軋輥等硬度需要高度之均勻性者。

參考依蕭氏硬度試驗機之表面硬度之差異

硬度 HS	A 級		B 級	
	單件內	同一批內	單件內	同一批內
超過 80	8	10	10	12
超過 67，80 以下	6	8	8	10
超過 55，67 以下	6	8	8	10

(3) 硬化層深度：硬化層深度之差異不得超過表 15-12 之許可差。硬化層深度須依 CNS 4179 鋼料火焰淬火及高週波淬火硬化層深度測定法之規定。其指示以有效硬化層為原則，但亦可採用全硬化層深度。

表 15-12　　　　　　　　單位：mm

硬化層深度	深度之差異範圍	
	單件內	同一批內
1. 有效硬化層深度		
1.5 以下	0.2	0.4
超過 1.5 至 2.5	0.4	0.6
超過 2.5 至 3.5	0.6	0.8
超過 3.5 至 5	0.8	1.0
超過 5	1.0	1.5
2. 全硬化層深度		
1.5 以下	0.3	0.5
超過 1.5 至 3	0.5	0.8
超過 3 至 4	0.8	1.2
超過 4 至 6	1.2	1.5
超過 6	1.5	2.0

註(1)：測定位置須在以同一條件熱處理之範圍內。

(2)：淬火境界附近不得測定。

(3)：所謂同一批係使用同一批熱處理件，以同一作業條件熱處理者為一批。但同一批熱處理件之最大數量為 8 小時以內可熱處理者。

(4) 淬火硬化部分範圍：淬火硬化部分範圍為表示各該熱處理件所規定或所指定之表面硬度之範圍。此時境界線位置之差異對各該熱處理件所規定或指定之淬火硬化部分各周邊範圍其許可差為±3mm。

(5) 金屬組織：淬火部分之金屬組織應爲依熱處理材料之鋼鐵種類，成所需之正常組織。並不得有顯著之結晶粒成長及其他有害缺陷。

(6) 變形：變形應在不影響以後之機械加工及使用之範圍內。關於彎曲之許可值，加工長度如未滿 1m 者以全長計，加工長度爲 1m 以上者則每 1m 不得超過表 15-13 之許可差。

表 15-13　　　　　　　單位：mm

種類	許可差	
	易矯正者	難矯正者
第 1 種	0.15	0.3
第 2 種	1	2

註(1)：第 1 種：直接使用者，或加工後立即作研磨處理或部分作研磨處理者。

　　　　第 2 種：加工後立即作研磨處理或部分作研磨處理。

　　(2)：此表中所言之種類，由買賣雙方依所需情況而決定之。

7. **熱處理件試驗方法**

(1) 探傷試驗：關於龜裂、傷痕及其他之探傷試驗須依肉眼鑑定或染色探傷試驗或下列方法之一種。

CNS 3666 鋼鐵材料磁粉探傷法。

CNS 3711 螢光浸透探傷試驗法。

(2) 硬度試驗：硬度試驗須依下列方法。

CNS 2115 維克氏硬度試驗法。

CNS 2114 洛氏硬度試驗法。

(3) 硬化層深度試驗：硬化層深度試驗須依 CNS 4179 鋼料火焰淬火及高週波淬火硬化層深度測定法之規定施行。

(4) 金屬組織試驗：關於結晶粒度、表層之滲透、脫碳等之金屬組織試驗，各別依下列方法施行。

CNS 10436 鋼料沃斯田鐵結晶粒度試驗法。

CNS 10437鋼料肥粒鐵結晶粒度試驗法。

CNS 10168 鋼料脫碳層深度測定法。

(5) 變形之測定：變形之測定須使用 CNS 4176 針盤指示錶(刻度 0.01 mm)，CNS 4759 直規，CNS 4755 測隙量規及其他適當之量具。

8. **熱處理件之檢查**

　(1)　外觀：外觀須符合第 6.(1)節之規定。

　(2)　表面硬度：表面硬度須符合第 6.(2)節之規定。

　(3)　硬化層深度：硬化層深度須符合第 6.(3)節之規定。

　(4)　淬火硬化部範圍：淬火硬化部範圍須符合第 6.(4)節之規定。

　(5)　金屬組織：金屬組織視必要而檢查，並須符合第 6.(5)節之規定。

　(6)　變形：變形須符合第 6.(6)節之規定。

9. **試驗設備**

　(1)　探傷試驗設備：探傷試驗設備由下列裝置中選用之。

　　　染色探傷試驗裝置。

　　　磁粉探傷試驗裝置(依 CNS 3666 鋼鐵材料之磁粉探傷試驗法者)。

　　　螢光浸透探傷試驗裝置(依 CNS 3711 螢光浸透探傷試驗法者)。

　(2)　硬度試驗機：硬度試驗機由下列選用之。

　　　CNS 9209 維克氏硬度試驗機。

　　　CNS 10422 洛氏硬度試驗機。

　(3)　金屬顯微鏡：金屬顯微鏡須能採用倍率在 50 倍以上之放大鏡並附有照相裝置者。

　(4)　設備之保養：為要保持試驗設備之精度和性能須以適當方法管理並保有其紀錄。

10. **熱處理之稱呼**

　　　依照其熱處理種類、符號[1]、品質、級別、種別等。

　註(1)：符號依 CNS＿＿＿＿＿(金屬熱處理程序之符號)

　　　　　例：高週波淬火回火 A 級第 1 種

　　　　　　　HQI－HT－A1

11. **標示**

　　　在送貨單或貨牌上須標示下列事項：

　(1)　熱處理種類或符號。

　(2)　品質級別及種別。

　(3)　數量或重量。

　(4)　廠商名稱或其商標。

　(5)　日期。

CH **15**

二、鋼之硬化能試驗法

Method of hardenability test for steel

(摘自：中華民國國家標準 CNS 2911，G2021)

1. **適用範圍**

　　本標準規定喬米尼(Jominy)端面淬火法，作為量測鋼硬化能之試驗方法。

2. **用語釋義**

　　本標準所用主要用語之意義，除依 CNS 12868〔鋼鐵詞彙(試驗)〕外，其餘如表 15-14 所示。

表 15-14　符號及意義

符號	意義	值
L	試片全長	100 ± 0.5mm
D	試片直徑	$25^{+0.5}_{0}$ mm
t	試片之加熱保持時間	30 ± 5 分
t_m	自爐取出試片至開始淬火之最大延遲時間	5 秒
T	冷卻水溫度	$5 \sim 30$℃
a	垂直的噴水口之內徑	12.5 ± 0.5mm
h	無試片時的水噴出高度(即自由高度)	65 ± 10mm
l	自試片的底部至噴水口端之距離	12.5 ± 0.5mm
e	硬度量測面之研削深度	$0.4 \sim 0.5$mm
d Jd＝xx Jd＝xx HV	自淬火端至硬度量測點的距離，mm 由洛氏 HRC-mm 距離 d 之喬米尼硬化能指數 由維克氏 HV30-mm 距離 d 之喬米尼硬化能指數	

3. **原理**

　　將圓柱形之試片加熱至沃斯田體區域所規定的溫度持溫時間，在其末端面噴水淬火後，量測所選用的二點間或試片長度方向所規定的點之硬度，由硬度的變化決定鋼之硬化能。

4. 淬火裝置

淬火裝置依下列規定：

(1) 試片支架：依試片不同可分兩種方式。

① 附有凸緣試片之支架如圖 15-30 所示，試片應垂直放置，並將需淬火之端面置於噴水口正上方 12.5±0.5 mm 處。

② 附有缺口(undercut)試片之支架是用於能迅速將試片放置於正確之位置。

單位：mm

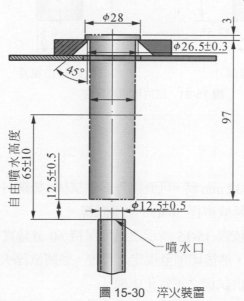

圖 15-30　淬火裝置

(2) 冷卻用噴水裝置：水自內徑 12.5±0.5 mm 之管口垂直噴出，其噴水之自由高度須為 65±10 mm。噴水開始後應立即達到規定之自由高度，在冷卻期間，此自由高度須保持穩定，為此須使用具有溢水裝置之水箱，阻止噴水時宜用一擋板插於噴水管與試片之間。

5. 試片

(1) 試片尺度：試片種類尺度如圖 15-31 所示，其選用依材料標準之規定。

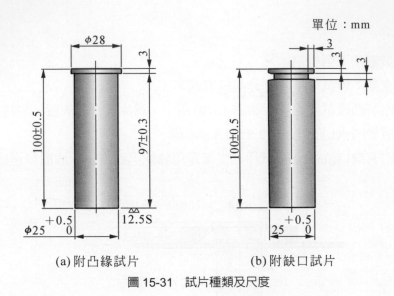

(a) 附凸緣試片　　　　　(b) 附缺口試片

圖 15-31　試片種類及尺度

(2) 試片製作方法

① 鋼料直徑為 30～32 mm 時，可直接作為供試樣，如鋼料直徑超過 32 mm 時，應將其鍛造或軋延成直徑 30 mm 之供試樣。

② 無其他規定時，依表 15-15 所示之溫度保持 60 分鐘實施正常化處理後，除去表面之脫碳層，然後切削至規定之尺度。並將欲淬火之端面精密加工。但經協議，得省略供試樣之正常化處理。

③ 對供試樣施以正常化以外之熱處理，或對試片施以熱處理時，其熱處理過程應記錄在試驗報告中。

④ 鋼料直徑超過 32 mm 時，經協議後可省略鍛造或軋延過程而直接切削成 30 mm 的供試樣，再經②一樣之正常化處理後切削成規定尺度之試片，或由此鋼料直接切削出規定尺度之試片。但是為了量測由第 7.(1)規定之原鋼料中心(軸)等距離之位置(參照圖 15-32)的硬度，上述任一情形均須註明從鋼料採取供試樣或試片之位置。

⑤ 如經特別協議，試驗用樣品也可用鑄造方式做成。

表 15-15　供試樣或試片之正常化及淬火溫度

化學成分標準值或標準值的最大值		正常化溫度 ℃	淬火溫度 ℃
Ni %	C %		
3.00 以下	0.25 以下	925	925
	0.26 以上 0.36 以下	900	870
	0.37 以上	870	845
超過 3.00	0.25 以下	925	845
	0.26 以上 0.36 以下	900	815
	0.37 以上	870	800
CNS　2905〔彈簧鋼鋼料〕SUP6、SUP7、SUP9、SUP9A、SUP10、SUP11A		900	870
CNS 4444〔機械構造用鎳鉻鉬鋼鋼料〕		980	925

備考：上表中溫度之許可差為±5℃

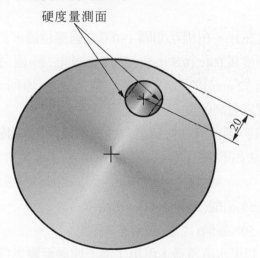

圖 15-32　機械加工取樣試片之例

6.　**淬火方法**

(1)　加熱方法

①　將試片在爐內加熱並保持如表 15-15 所示淬火溫度，持加熱至心部與表面溫度均勻後，以此溫度保持 30±5 分鐘。如經協議也可以用表 15-15 以外之淬火溫度。

② 預先以熱電偶插入試片中心部量測溫度之結果，決定必要之最小加熱時間。

③ 加熱時，用適當之方法⁽¹⁾使淬火端面不產生銹皮，並防止氧化脫碳，使其在研磨硬度量測面時，可完全除去脫碳層。

　　註(1)：例如使用保護性氣體，或將要淬火之端面埋入石墨或鑄鐵屑中，或以特殊之耐熱鋼帽套於淬火端。

(2) 淬火作業

① 已加熱至淬火溫度後之試片，須垂直安裝於試片支架上，立即將噴水口上之擋板除去，噴水冷卻之，最少需冷卻 10 分鐘，之後可以在水中冷卻。

② 試片支架在淬火開始時須不得沾濕。

③ 試片由加熱爐取出至開始噴水淬火之時間應儘量縮短，不得超過 5 秒鐘。

(3) 淬火劑：使用溫度 5～30℃之水。

7. 硬度量測方法

(1) 硬度試片

① 經冷卻後之試片，在相互間隔 180℃之對應位置，沿試片全長研磨兩平面，各面磨除深度為 0.4～0.5 mm，然後量測此二平面之硬度。

② 自直徑超過 32 mm 以上鋼料直接切削之試片，原則上宜自與原鋼料中心(軸)等距離位置處量測硬度。

備考：研磨試片時，須注意勿使研磨熱造成組織變化，因研磨熱造成之組織變化，其檢查方法如下：

① 腐蝕液

第 1 溶液－5%硝酸(比重 1.42)＋95%水

第 2 溶液－50%鹽酸(比重 1.18)＋50%水

② 方法：試片以溫水清洗後，用第 1 溶液腐蝕至變黑為止(大約 30～60 秒鐘)，然後再以溫水清洗，繼之浸入第 2 溶液約 3 秒鐘後再以溫水清洗，用微風吹乾後，即可進行檢查腐蝕面。

在腐蝕表面顯示斑紋時，表示在研磨時組織產生變化。因研磨造成之組織變化須於量測硬度前除去，為達此目的須將試片研磨面再加工及重新腐蝕，但組織變化太顯著時，則須重製新平面以便量測硬度。

(2) 硬度之量測位置

① 硬度之量測位置須為試片之軸方向距淬火端 1.5 mm 以上之各點，實際量測點之選擇可視需要情形而定。

② 描繪硬化能曲線圖時，原則上自淬火端起 1.5-3-5-7-9-11-13-15 mm 及其後每隔 5 mm 之各點量測。

③ 描繪材料標準所規定低硬化能鋼之硬化能曲線圖時，最初的量測點是自淬火端 1.0 mm 處，自次 1 點至淬火端 11 mm 是間隔 1.0 mm。最後的 5 點是自淬火端 13-15-20-25-30 mm 處的點。

(3) 硬度之量測

① 硬度之量測可由淬火端或其另一端開始。

② 硬度之量測可依洛氏 C 硬度或維克氏硬度量測，若以洛氏硬度或維克氏硬度量測時，除依第(2)節之規定外，量測方法應按 CNS 2114〔洛氏硬度試驗法〕及 CNS 2115〔維克氏硬度試驗法〕之規定。

備考：量測硬度時應使用適當之試片載台，以保持正確之量測位置且節省時間，V 形架因試片易於傾斜，故不宜採用。

當已量測硬度研磨面之背面須再進行硬度量測時，必須注意不要受到已有之量測凹痕影響。

8. **記錄**

先求得試片兩面對應點所得硬度之平均值，將軸方向硬度之變化繪製在附錄所示之硬化能圖表[2]上，圖表之縱軸表示對應點所量測之硬度平均值，橫軸表示試片之淬火端面至量測點之距離。此外，煉鋼爐號、沃斯田體晶粒度(晶粒號數及試驗方法)、化學成分、熱處理溫度、試片採取位置、水溫及其它特殊熱處理過程均須記錄。

註(2)：硬化能圖表中可省略洛氏 C 硬度刻度或維克氏硬度刻度中之一種。圖表之縱橫軸比為 2：3。

備考： 為表示硬化能可用硬化能圖表或硬化能指數。

硬化能指數係表示距淬火端一定距離之硬度，或一定硬度距淬火端之距離，以硬化能指數表示硬化能時，洛氏硬度量測可按下例省略硬度符號。

例(1)：如距淬火端距離 12 mm 處之硬度為 HRC 36 或 HV 354 時 J 12 mm＝HRC 36，J 12 mm＝36

或 J 12 mm＝HV 354

例(2)：如某點硬度為 HRC 45 或 HV 446，距淬火端距離 6 mm 時

JHRC 45＝6 mm，J 45＝6 mm

或 JHV 446＝6 mm

9.　報告

需要報告書時，以下列項目為報告事項，依協議選擇之。

(1)　此標準之引用。

(2)　材料之種類。

(3)　煉鋼爐號。

(4)　化學成分。

(5)　取樣方法。

(6)　正常化處理及試片之加熱條件。

(7)　硬度試驗方法。

(8)　試驗結果。

引用標準：CNS 2114　　洛氏硬度試驗法

　　　　　　CNS 2115　　維克氏硬度試驗法

　　　　　　CNS 2905　　彈簧鋼鋼料

　　　　　　CNS 4444　　機械構造用鎳鉻鉬鋼鋼料

　　　　　　CNS 10436　鋼料沃斯田體晶粒度試驗法

　　　　　　CNS 12868　鋼鐵詞彙(試驗)

對應國際標準：ISO 642 : 1979 steel-Hardenability test by end quenching (Joming test)

附錄(參考)
硬化能圖表

試驗日期＿＿＿＿年＿＿＿月＿＿＿日
試驗場所＿＿＿＿＿＿＿＿＿＿＿
試驗者＿＿＿＿＿＿＿＿＿＿＿

鋼種	爐號	沃斯田體晶粒度	化學成分%											熱處理溫度℃		水溫℃
			C	Si	Mn	P	S	Ni	Cr	Mo	Cu			正常化	淬火	

備考：(特殊熱處理、試片之採取位置及其他)

＿＿

＿＿

＿＿

沃斯田體晶粒度試驗方法(依 CNS 10436 之規定)

硬度試驗機(任何一種均可使用)　　　洛氏　　維克氏(圈選其中 1 個)

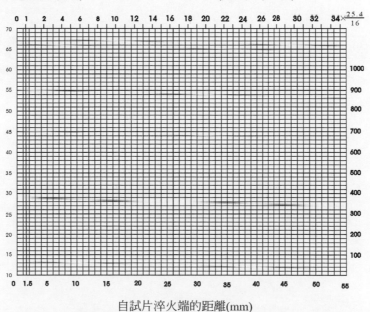

自試片淬火端的距離(mm)

備考：1.本圖中洛氏 C 硬度刻度與維克氏硬度刻度相互無關連性
　　　2.不用之硬度刻度必須塗銷。

16 非破壞試驗

16-1 前言

非破壞檢測(簡稱 NDT)，目前已被廣泛的使用，其目的在於及早發現產品內在或潛在的缺陷，使產品設備達到更安全、可靠的程度。所謂非破壞檢驗是融合了物理、材料、冶金、機械、電子等科學運用不同的方法，對材料、零件或產品，在不破壞原受檢物的情況下，同時以吾人之感官配合儀器，並取得受檢物所顯露出之現象，再加以研判擇定去留取捨。因此，操作者對有關之料件、產品之加工製造方法，過程處理和非破壞檢驗法之選擇與應用都應加以了解。

目前在工業上常用的非破壞檢測方法有射線檢測法(radiographic testing 簡稱 RT)、超音波檢測法(ultrasonic testing 簡稱 UT)、渦電流檢測法(eddy current testing 簡稱 ET)、磁粒檢測法(magnetic particle testing 簡稱 MT)，以及液滲檢測法(liquid penetrant testing 簡稱 PT)五種，此外尚有中子照相、音洩、測漏、全像攝影等。

16-2 使用規範

1. CNS 3712 Z8012 金屬材料之超音波探傷試驗法 Ultrasonic testing for metals

2. CNS 11051 Z8052 脈波反射式超音波檢驗法通則 General rules for ultrasonic testing by pulse echo technique

3. CNS 11224 Z8053 脈波反射式超音波檢測儀系統評鑑 Evaluation characteristics of pulse echo ultrasonic testing system

16-3 射線檢測(RT)

　　射線檢測是指以具有穿透能力的射線穿透試片，再達於底片或螢幕等介質，而生成影像之記錄，然後研判影像以了解試件品質(如圖 16-1 所示)。

　　射線檢測所使用的射源裝備，通常可分為兩類：一類為 X 射線，俗稱 X 光，係由高速電子流撞擊金屬靶而產生，X 射線的能量依管電壓大小而定，即陽極靶與陰極燈絲間的電壓差而定，X 射線能量愈高則其穿透能力愈強(如圖 16-2 所示)。另一類為伽瑪射線，係由不穩定同位素之衰變所產生之高能量電磁波，且所產生之伽瑪射線是單一能階或數種一定能階，目前所使用的同位素大多為銥-192，鈷-60，銫-137，銩-170(如圖 16-3 所示)。

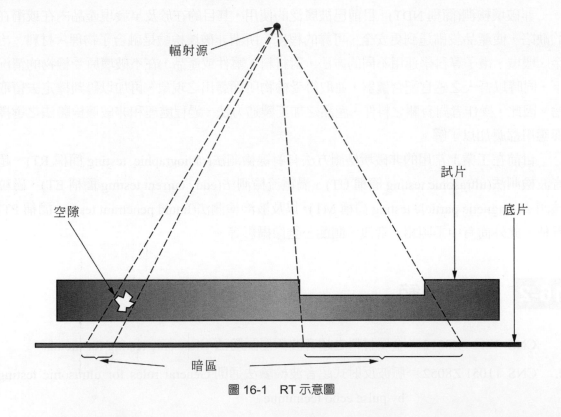

圖 16-1　RT 示意圖

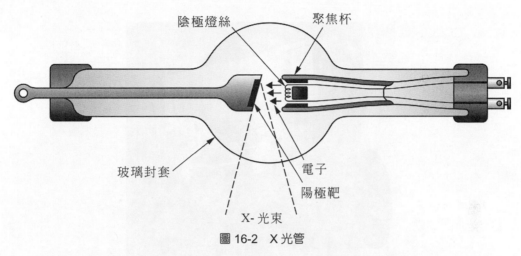

圖 16-2　X 光管

　　由於射線檢測可對任何材料進行內部探傷，留下永久性的記錄，但成本費用較高，若物件之形狀複雜或不易接近，就難以照相，且檢測人員須受有效之訓練，並應注意防範輻射傷害。

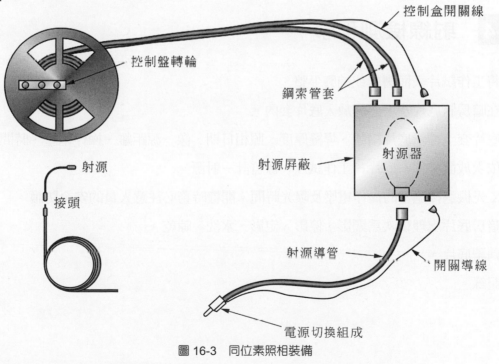

圖 16-3　同位素照相裝備

圖 16-4　射線檢測

16-4　射線檢測程序

1. 將工作試片表面磨修或補磨平整。

2. 在暗房將底片及增感屏放入底片套內。

3. 底片套上標示底片編號、焊縫厚度、照相日期、像－源距離、操作電壓、時間等。

4. 依次放置墊片－底片－工作試片－像質計－射源。

5. X 光機選擇適當的操作電壓及曝光時間。開機時務必注意人員的安全防護。

6. 暗房底片處理依次為顯影、停影、定影、水洗、晾乾。

7. 判讀底片。

8. 記錄。

射線檢測記錄表

輻射條件　Radiographic Conditions										
設備 Equipment	□ x射線 xRay	□ γ射線 γRay	底片型別 Film Type							
機型 Model	KVP，□2.5Mev，□		底片尺寸 Film Size							
電壓 Voltage	KV，	Mev	穿透計號碼 Penetrameter No.							
電流／強度 Current/Strength	MA，	μA， Ci	墊片厚度 Shim Thickness							
焦點／射源尺寸 Spot/Source Size			增感屏厚度 Screen Thickness	前 Front	後 Back					
靶片距／源片距 TFD/SFD			底片數 Film Q'ty	單 □ Single	雙 □ Double					
曝光時間 Exposure Time			曝光日期 Exposure Date							

底片處理　：　溫度　Temperature　　　顯影時間　Developing Time　　　分　Min.　　　秒　Sec.
Film Processing

底片位置圖 Orientateon of Location Mark　　　照射方式 RT Technique

16-5　液滲檢測(PT)

　　液滲檢測是指以特定的滲透液對物件表面瑕疵加以檢測(如圖 16-5 所示)。

　　液滲檢測的原理，係在被測物表面施加紅色或含螢光劑之滲透液，藉毛細作用滲入物件表面空隙或裂縫，等到足夠的滲透時間後將表面多餘的滲透劑去除乾淨，再施加顯像劑，使滲透入瑕疵內部之滲透劑藉吸著作用回到表面，形成明顯之瑕疵顯示。其優點是容易操作，不需昂貴的儀器，且很小很細的瑕疵亦能顯露出來，但不適用於多孔性材料。

　　液滲檢測法主要分為染色法和螢光法，其中螢光法需藉紫外燈(黑光燈)探照物件表面，方可顯示，且其靈敏度高。

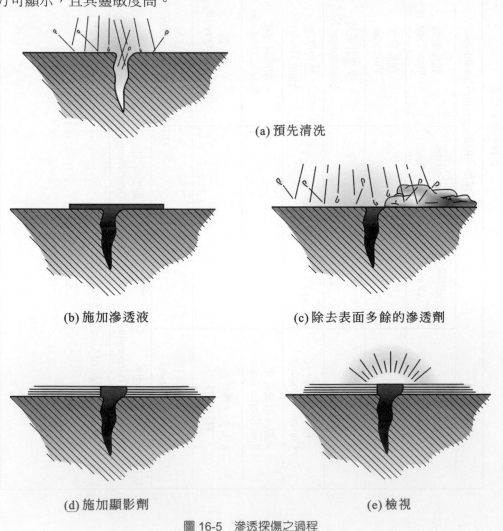

(a) 預先清洗

(b) 施加滲透液　　　　　　　　(c) 除去表面多餘的滲透劑

(d) 施加顯影劑　　　　　　　　(e) 檢視

圖 16-5　滲透探傷之過程

16-6　液滲檢測程序

1. 使用此較規塊(鋁合金 2024 材料)檢查液滲材料之靈敏度。

2. 染色溶劑清除法：步驟如下。
    (1) 試片前清潔處理，並擦乾。
    (2) 施加染色滲透液，滲透時間約 10～15 分鐘。
    (3) 除去表面多餘滲透劑。
    (4) 乾燥。
    (5) 施加顯像劑，同時觀察滲透液被吸附的狀況。
    (6) 顯像、檢視，並加以記錄。
    (7) 後清潔處理，將試片表面的液滲材料清洗乾淨。

3. 螢光溶劑清除法：步驟如下。
    (1) 試片前清潔處理，並擦乾之。
    (2) 施加螢光滲透液，滲透時間約 10～15 分鐘。
    (3) 除去表面多餘滲透液，使用黑光燈檢查。
    (4) 施加顯像劑，同時使用黑光燈檢視試片表面狀況變化。
    (5) 檢視並記錄間斷。
    (6) 後清潔處理，將試片表面的液滲材料清洗乾淨。

4. 染色後乳化法：步驟如下。
    (1) 試片前清潔處理，並乾燥之。
    (2) 施加乳化型滲透液，滲透時間約 10～15 分鐘。
    (3) 施加乳化劑於試片上，約 2 分鐘，試片表面經乳化後的滲透液即可被去除。
    (4) 水洗去表面經乳化後之多餘滲透劑。
    (5) 施加顯像劑，並觀察試片表面的變化。
    (6) 檢視並記錄觀察的結果。
    (7) 後清潔處理，將試片表面的液滲材料清洗乾淨。

滲透檢測記錄表

使用材料 PT Materials Used

名稱 Name	製造廠商 Manufacturer	型別 Type	批號 Batch No./Lot No.
滲透劑 Penetrant			
清洗劑 Remover			
顯像劑 Developer			

檢測條件 Examination Condition

室溫 Room Temperature	□ 15.5-52°C　□ 60.0-125°F
表面溫度 Surface Temperature	□ 15.5-52°C　□ 60.0-125°F
滲透時間 Penetration Time	＿＿ 分 min
顯像時間 Developing Time	＿＿ 分 min
檢測日期 Examination Date	

檢測位置簡圖 Sketch of Area Examined

16-7 磁粒檢測(MT)

　　磁粒檢測是指將磁粉粒適當的施加於物件表面，以檢測該物件表面附近的瑕疵(如圖 16-6 所示)。

　　由於磁粒檢測操作簡便，溫度範圍廣，因此廣泛的被採用。當施加磁場於鐵磁性材料時，若材料有瑕疵如裂縫、氣孔存在時，則會在瑕疵處形成局部磁漏，足以吸引噴灑在附近之磁粒而形成瑕疵顯示。但此種檢測法只能對鐵磁性材料檢測，其他非鐵磁性材料如沃斯田鐵不銹鋼、鋁、銅等由於無法強烈磁化，因此不適用磁粒檢測。另一缺點乃只能檢測表面和次表面的探傷，而內部較深處的瑕疵無法檢測。

　　磁粒檢測可分下列幾種方法：

(1) 依磁化電流分為：直流、交流和半波直流(HWDC)。

(2) 依磁化方向分為：縱向和周向磁化法(如圖 16-7 所示)。

(3) 依磁性介質分為：乾式和濕式。

(4) 依磁性介質顏色分：紅、黑、灰、褐色及螢光。

(5) 依施加磁粒和磁化先後順序分為：連續法和剩磁法。

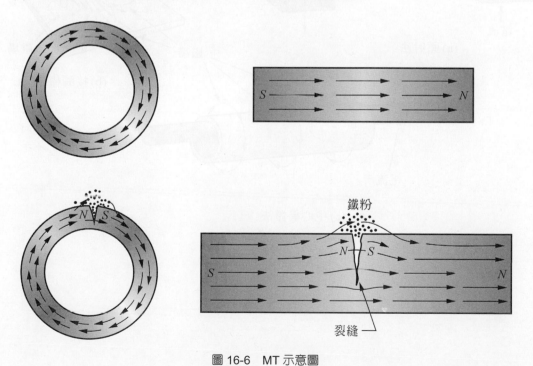

圖 16-6　MT 示意圖

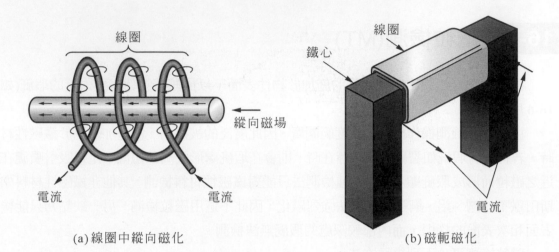

(a) 線圈中縱向磁化   (b) 磁軛磁化

縱向磁化

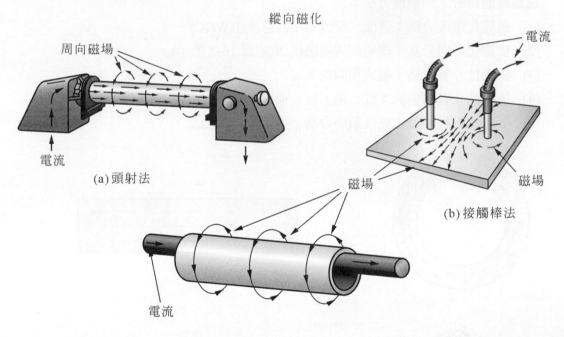

(a) 頭射法   (b) 接觸棒法

(c) 中心導體法

周向磁化

圖 16-7 　依磁化方向分

圖 16-8　磁粒檢測操作情況

16-8　磁粒檢測程序

1. **接觸棒法(prod)**

    步驟如下：

    (1) 清潔試片表面。

    (2) 接好線路並選擇適當的磁化電流。磁化電流可用直流電、交流電或整流電。

    (3) 將接觸棒緊按在清潔的檢測試片上，接觸棒間距需大於 75 mm 且小於 200 mm 範圍內。

    (4) 再按開關磁化試件，並同時噴灑磁粉粒。

    (5) 檢視磁粉粒分佈狀況。

    (6) 研判間斷位置並記錄之。

2. **縱向磁化法**

    步驟如下：

    (1) 清潔試片表面。

    (2) 使用多重固定線圈(coil)或電纜圍繞被檢物，選擇適當磁化電流。如當被檢物靠近線圈內徑時，滿足

$$NI = \frac{45000}{L/D}$$

N：圈數即安匝

I：電流(ampere)

L：被檢物長度

D：被檢物直徑

(3) 按下磁化開關，並同時噴灑磁粉粒。

(4) 檢視磁粉粒分佈狀況。

(5) 研判間斷位置並記錄之。

3. **周向磁化法**

步驟如下：

(1) 直接接觸法：即將電流直接通入被檢物磁化，以產生與電流方向垂直之周向磁場，同時施加磁粉粒，即可顯示間斷的位置，並記錄之。

(2) 中心導體法：即利用中心導體磁化周圍的被檢物，如檢查環件或圓筒之內外表面，磁化之同時施加磁粉粒，即可顯示檢驗結果，並記錄之。

4. **磁軛磁化法**

即利用交流電之電磁軛，所產生之縱向磁場檢視試件。

5. **永久磁鐵磁化法**

即利用永久磁鐵將試片磁化，其優點為使用方便，適用於無電源供給之工作處。

磁粒檢測記錄表

檢測條件 Examination Condition

項目	內容
使用裝置： Equipment used	
磁化方法 Magnetizing Method	□線圈 Coil　□直接 Direct □刺針 Prod　□軛 Yoke
磁化電流 Magnetizing Current	
退磁 Demagnetization	□有 Yes　□無 No
刺針(軛)之間隔 Pord/Yoke Space	
表面狀態 Surface preparation	□As Rolled 滾壓　□As Forged 鍛造　□Machined 加工 □As Weld 燒焊　□As Cast 鑄造　□Grinded 磨光

磁粉 Ferromagnetic Particles

項目	內容
製造廠商 Manufacturer	
商標名稱 Brand Name	
批號 Batch No.	
顏色 Color	□黑 Black　□灰 Gray □紅 Red　□螢光 Fluorescent
型別 Type	□濕式 Wet　□乾式 Dry

檢測位置簡圖及附註 Examined Area Sketch & Remark

CH 16

16-9　超音波檢測(UT)

　　超音波檢測是指以低能量高頻率的超音波,對試件內部瑕疵加以檢測,並將偵檢試件所得之訊號,整理反應在顯示器上,藉以研判了解試件品質(如圖 16-9 所示)。

　　由超音波儀器產生之高頻由 0.5 MHz 至 25 MHz 之短脈波送至探頭後,被探頭內之壓電晶體將此電的信號轉變成機械振盪的超音波,再經接觸媒質(couplant)將此超音波送至被測物內,當被測物內無瑕疵時,超音波碰到背面才被反射並由原探頭接收到,形成背面回波信號,若被測物內部有瑕疵時,超音波就會顯示瑕疵回波信號,即可探知暇疵之存在。

　　UT 檢測可分為下列數種方法:

1. **直束法**

　　對於被檢物尺寸較厚而對稱、表面平坦或平滑者,須以直束探頭直接接觸被檢物檢測面掃描檢測。

2. **斜束法**

　　對於被檢物因形狀限制、製造方法、瑕疵存在位置等關係,如鑄件、熔接件、管件及中空件者,須以斜束探頭直接接觸被檢物檢測面掃描檢測。

3. **水浸法**

　　對於被檢物因形狀限制、厚度薄、表面粗糙或大量生產等,因探頭直接接觸面受限,如棒材、板材者宜以水浸探頭作全水浸或局部水浸掃描檢測。

4. **雙晶法**

　　當被檢物厚度薄,要求精度高,檢測表面近層、衰減大者須以雙晶探頭檢測。

　　圖 16-10 至 16-15 所示為標準規塊,探頭,超音波探傷機及操作情形。

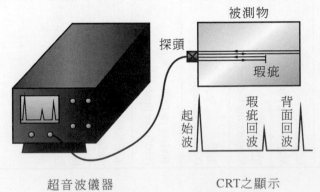

圖 16-9　UT 示意圖

圖 16-10　標準規塊

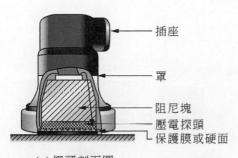

(a) 探頭剖面圖

插座
罩
阻尼塊
壓電探頭
保護膜或硬面

(b) 直束探頭

(c) 斜束探頭

圖 16-11　各種探頭

CH **16**

圖 16-12 標準規塊

圖 16-13 各種探頭

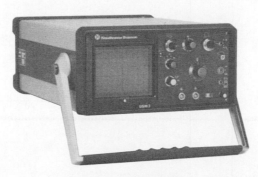

圖 16-14　超音波探傷機

圖 16-15　UT 操作情況

16-10　超音波檢測程序

1. **超音波檢測儀系統評鑑**
   (1) 螢幕水平線性。
   (2) 螢幕垂直線性。
   (3) 增幅線性。
   (4) 雜訊此。
   (5) 鑑別力。
   　　詳細操作步驟，請參閱儀器之操作手冊。

CH 16

超音波檢測記錄表

檢測方法 Method of Exam	□直束 Straight Beam□ □角束 Angle Beam	表面狀況 Surface Condition	□AS WELD　□AS ROLLED□ □AS MACHINED　□AS FORGED
換　能　器 Transducer	□Single□ □Double	頻　　率： Frequecncy	直　　徑： Diamecter
耦　合　劑 Couplant	□Machine Oil □Water □Grease　　□	靈敏度 Sensitivity	
使用設備 Eguipment Used	□ □Krautkramer	檢測日期 Examination Date	

圖 16-15　UT 操作情況(續)

2. **超音波檢測步驟**

(1) 清理試片表面。

(2) 選擇適當的探頭、接觸媒質、檢測範圍設定、頻率大小及檢測方法等。

CH *16*

(3) 找出缺陷位置。

(4) 估計並記錄缺陷深度。

16-11 渦電流檢測(ET)

渦電流檢測是指依據電磁感應原理,對導電金屬物性結構、材質狀況之變化加以鑑定或區分的一種非破壞檢測方法(如圖 16-16 所示)。

渦電流檢測藉電磁感應原理,將載有交流之線圈探頭靠近導體料件,使金屬導體在其交變磁場部份感應產生無數渦旋狀之渦電流,由渦電流變化所產生之訊號可測定料件之厚度、物性及品質。渦電流檢測只能探測料件之表面與次表面(約 6 mm 左右),更深的內部則無法檢測,且其準確性常受金屬材料件本身的導電率、導磁率、尺寸變化及探頭與料件間之距離等因素所影響。其好處是適合於生產線上自動化的大量檢測。

圖 16-17 示 ET 線圈的種類。

圖 16-18 示 ET 探傷機。

圖 16-19,16-20,16-21 示 ET 操作實例。

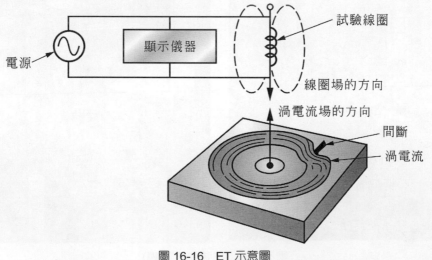

圖 16-16 ET 示意圖

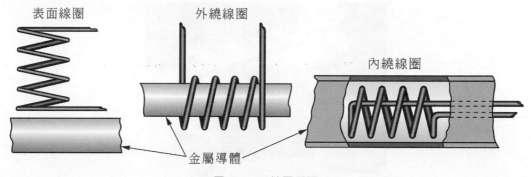

圖 16-17　線圈種類

圖 16-18　ET 探傷機

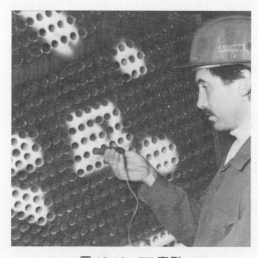

圖 16-19　ET 實例

圖 16-20　ET 實例

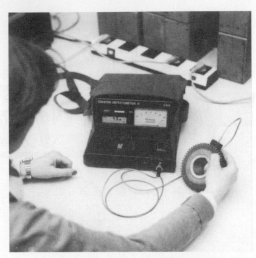

圖 16-21　ET 實例

16-12　渦電流檢測程序

1. 決定試片的材質,並清理試片。

2. 依渦電流裝備的型式,選擇適當的探頭(NFe 或 Fe-mode)。

3. 接上探頭,打開開關。

4. 按下離距補償鈕,選擇材料型式(配合探頭)。

5. 將探頭接觸於標準試片上,並按下歸零鈕,待 ready 出現,即可以標準裂縫深度作缺陷與靈敏度近似線性的關係。此時可由放大鈕適當調整靈敏度。

6. 上述校正完畢即可測試待測試片,找尋並估計裂縫深度且記錄之。

16-13　常用五種非破壞檢驗方法分析比較

為使非破壞檢驗達到預期理想的要求,必須了解其優缺點及應用範圍,始能作有效的運用,茲列表說明如下:

1. 各種方法優缺點之比較

方法	優點	缺點
RT	1.可用於任何金屬、任何材質 2.可同時檢測內部及表面瑕疵 3.底片可作永久良好記錄 4 容易研制瑕疵種類與形式 5.γ-射線不需任何電源	1.射線對人體有害 2.易受物件形狀尺寸限制，不易檢測 3.儀器設備較昂貴笨重 4.X-射線需電源 5.γ-射線會衰減
UT	1.穿透力高，可檢測很厚物件 2.對人體無害 3.可立即研制 4.電源利用蓄電池即可，便於攜帶	1.不適於粗糙、結晶顆粒粗大物件 2.不適於薄件、小件或試件表面瑕疵之檢測 3.需用參考標準塊及耦合劑等 4.需要淵博技術、經驗
PT	1.可用於多數材料 2.操作及研制簡單 3.不需特別儀器，價廉 4.不需任何電源	1.只能檢測表面開口瑕疵 2 適用溫度受限制 3.必須通風良好 4.不適於疏孔性材料 5.檢驗前後，受檢物均需清洗
MT	1.操作簡單迅速，價廉 2 適用溫度範圍較廣 3.通常善後清理容易	1.只能檢測鐵磁材料 2.只能檢測表面或次表面瑕疵 3.大多需要電源 4.檢驗完畢，受檢物需去磁
ET	1.可測出很小尺寸與瑕疵 2.線圈探頭可不需接觸試件 3.適用於高溫、高壓、輻射區、形狀不規則之試件	1.試件厚度受限制，通常在 5 mm 以下 2.對試件內部瑕疵較難檢測 3.需用參考標準塊，判定訊號不易 4.只能檢測導電體 5.對不對稱及曲折多之表面檢測不易

2. 檢測所需器材及應用範圍

方法	所需器材	應用範圍
RT	1.X 射線 　(1)X 光機，(2)電源，(3)底片套增感屏、沖片設備、判片燈、安全防護設備等 2.伽瑪射線 　(1)伽瑪射線及屏體，(2)遙控設備，(3)(其餘同X 射線)	電子業、金屬業、機械業、化工業、航空、船艦、核能、兵器等等各業。尤以焊接瑕疵、物件內部狀況等之鑑定，應用最廣。
UT	1.超音波檢測機(含電池或接電線) 2.探頭(換能器) 3.耦合劑 4.參考標準塊規	1.金屬及非金屬產品 2.鍛件、板件、焊件、貼合件等內部狀況之檢測、厚度之量測

方法	所需器材	應用範圍
PT	1.滲透劑(染色型或螢光型) 2.顯像劑 3.清洗液 4.若採螢光型，則需黑光燈	物件表面開口瑕疵之檢測
MT	1.使試件感應磁場之器材，如磁棒、磁軛、電極棒、線圈等 2.電源(永久磁鐵例外) 3.磁粒(乾式或濕式) 4.有些運用需要特殊裝備或黑光燈	1.鐵磁性材料之鍛造、焊件及擠型之物件 2.大部份在表面或次表面的瑕疵，主要是裂縫等.
ET	1.渦電流檢測機 2.參考標準塊規	1.大多為表面開口瑕疵(如裂縫、氣孔等)與次表面融合狀況 2.合金成份 3.熱處理狀況

16-14　問題討論

1. 何謂非破壞檢測？其目的為何？常用的種類？

2. 試比較破壞性與非破壞性檢驗法之不同點？

3. 射線檢測的意義及其優缺點？

4. 液滲檢測的原理及步驟？適用的範圍？

5. 磁粒檢測的原理及其優缺點？

6. 超音波檢測的原理及其限制？

7. 渦電流檢測的原理及其優缺點？

附錄 1　實驗報告的內容及格式

　　一個實驗所涵蓋的意義遠比實驗者在實驗室所做的還多。除了訓練熟悉各種試驗的特點以外，尚包括訓練及培養實驗結果的分析比較，然後從中歸納出最重要的結果；並且也在訓練實驗者能整理出一份完整的報告。要求一份內容充實而格式適當的實驗報告是整個試驗過程中極重要的一環。

　　茲敘述及建議下列的報告內容及格式以作參考。

1. **實驗報告的內容**

　　　　一份實驗報告必須包括以下各部分：

(1) 實驗目的(Experiment purpose)：述說該實驗的目的及背景。

(2) 實驗原理(Experiment theory)：將實驗所牽涉到的學理，做一簡短而適當地評述及整理。

(3) 實驗方法(Experiment methods)：描述試驗過程中三大部分：①實驗所使用儀器(含規格、名稱)，②所用材料，③實驗步驟及重要的細節等。

(4) 結果及討論(Results and discussion)：整理出試驗的數據(data)，根據數據的特性做檢討。比較各數據間的相關性並與原理做一比較，以探討結果的正確性。如果有不合理的數據，則探討導致誤差的原因，進而檢討出改進試驗的建議。可參考本書提供之問題討論內容一併探討。

(5) 結論(Summary)：將結果和討論所得到的明確事實結果以明確的方式做出簡明的敘述。這可提供閱讀報告者一精簡的印象。對一份科技性的報告而言，實驗過程中所得到的情感上的感慨並不能構成結論的一部分。

(6) 附錄(Appendix)：可包括下列各項：①試驗時參考資料，②試驗曲線與記錄表，③試驗所得之照片，④其他。

2. **實驗報告的格式**

(1) 紙張的尺寸：實驗報告紙應該採用尺寸為 29.5 ± 0.1 公分 $\times$ 21 ± 0.1 公分的標準 A4 紙。或採用學校統一印刷的實驗報告紙。

(2) 文字必須以藍色或黑色筆書寫。圖形及曲線基本上也必須用藍、黑色繪製；但在複雜的標示下，採用它種顏色標註則是可接受的。

(3) 繪畫曲線圖時其座標及座標軸必須用直尺畫好，利用方格(眼)紙是最方便又整齊的方式，也可用各種電腦軟體來繪圖。

(4) 每一張圖及表都必須有圖號、表號及描述該圖表的文字敘述。這可參考本書前面各章的處理方式。

(5) 使用標準紙時，上、下端及左右邊至少要留下 3 公分的空白，右邊則留下 2 公分左右的空白。採用實驗紙時，四邊留出空白的要求也一樣要遵行。

(6) 字體要大小適中，寫一行空一行。一行的寬度以 0.8 公分為適宜。

(7) 實驗報告除封面外，必須連續標出頁數，以阿拉伯數字為準，可標在紙張的右上角或底邊的中央位置。標在右上角的頁數，可採用以下任何一種，如：PP3、P3、3、(3)、page 3，但必須一致，如果標在底邊中央則以 3 或(3)為適當。

(8) 實驗報告的封面格式可參考如下：

機械材料實驗報告

實驗名稱：

實驗日期：　　年　　月　　日 ～　　年　　月　　日

實驗報告人：___班級___　___姓名___　___學號___

同組實驗人：_____，　_____，　_____，

報告完成日期：　　　年　　　月　　　日

附錄 2　CNS 金屬材料拉伸試樣規格

1.　1 號試樣

本試樣主要用於鋼板、扁鋼及型鋼之拉伸試驗。

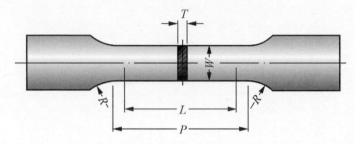

單位：mm

試樣種類	標點距離 L	平行部長度 P	寬度 W	肩部半徑 R	厚度 T
1A	200	約 220	40	25 以上	原厚度
1B	200	約 220	25	25 以上	原厚度

原度依原厚度為準，如原材料不能截取規定寬度時，其寬度得用可能製成之最大尺度。

2.　2 號試樣

本試樣主要用於材料之標稱直徑(或對邊距離)為 25 mm 以下之棒鋼之拉伸試驗。

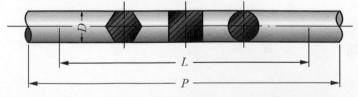

單位：mm

直徑或對邊距離 D	標點距離 L	夾持距離 P
原材料	$L = 8D$	約 $L + 2D$

3.　3 號試樣

本試樣主要用於材料之標稱直徑(或對邊距離)超過 25 mm 以上之棒鋼的拉伸試驗。

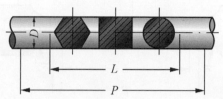

單位：mm

直徑或對邊距離 D	標點距離 L	夾持距離 P
原材料	$L = 4D$	約 $L + 2D$

4.　4 號試樣

本試樣主要用於鋼鑄件、鍛鋼件、軋鋼件、展性鑄鐵、球狀石墨鑄鐵及非鐵金屬(或其合金)之棒與鑄件之拉伸試驗。

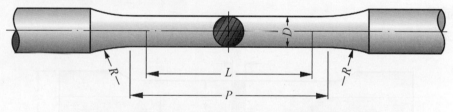

單位：mm

直徑 D	標點距離 L	平行部 長度 P	肩部 半徑 R	直徑 D
原材料	$5°$(或$4\sqrt{A_o}$)	60	25 以上	14

鋼製件及展性鑄鐵件以外之材料若不能依上列尺度製成時，得依下式決定平行部分之直徑與標點距離，此時之標點距離宜取整數值。

$$L = 4\sqrt{A_o} = 3.54D$$

A_o 為試樣平行部分之斷面積

D 為試樣之直徑

附錄 2

5. 5號試樣

本試樣主要用於管類、薄鋼板及非鐵金屬(或其合金)之板與型料之拉伸試驗。

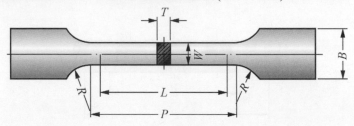

單位：mm

寬度 W	標點距離 L	平行部長度 P	肩部半徑 R	厚度 T
25	50	約60	15 以上	原厚度

對於 3 mm 以下之薄鋼片則採用

肩部半徑 $R = 20 \sim 30$ mm

夾持部分 $B = 30$ mm 以上

6. 6號試樣

本試樣主要用於厚度為 6 mm 以下之板料及型料之拉伸試驗。

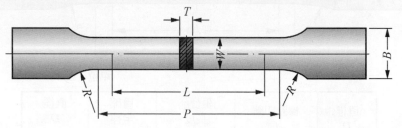

單位：mm

寬度 W	標點距離 L	平行部長度 P	肩部半徑 R	厚度 T
15	$8\sqrt{A_o}$	$L+$約10	15 以上	原厚度

A_o 為試樣平行部分之斷面積

7.　**7 號試樣**

　　本試樣主要用於抗拉強度較大之扁鋼、鋼板及方鋼之拉伸試驗。

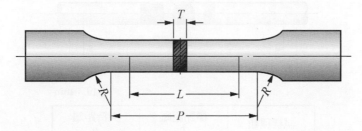

單位：mm

寬度 W	標點距離 L	平行部長度 P	肩部半徑 R	厚度 T
$\geq T$	$4\sqrt{A_o}$	約 1.2L	15 以上	原厚度

A_o 為試樣平行部分之斷面積

8.　**8 號試樣**

　　本試桿主要用於一般鑄鐵件之拉伸試驗，依下表內所列之原試料鑄造尺度，切削製成平行部為直徑 D 之試樣。

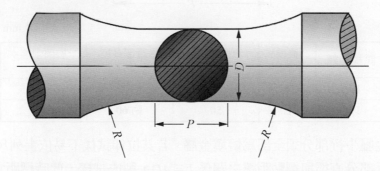

單位：mm

試樣種類	試料之鑄造尺度 (直徑)	平行部長度 P	直徑 D	肩部半徑 R
8A	約 13	約 8	8	16 以上
8B	約 20	約 12.5	12.5	25 以上
8C	約 30	約 20	20	40 以上
8D	約 45	約 32	32	64 以上

附錄 2

9.　9 號試樣

本試樣主要用於鋼線及非金屬(或其合金)線之拉伸試驗。

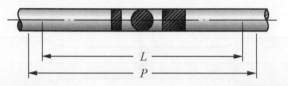

單位：mm

試樣種類	標點距離 L	夾持距離 P
9A	100	150 以上
9B	200	250 以上

10.　10 號試樣

本試桿主要用於熔填(焊接)金屬之拉伸試驗。

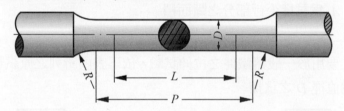

單位：mm

試樣種類	直徑 D	標點距離 L	平行部長度 P	肩部半徑 R
10A	6	24	約 32	6 以上
10B	12.5	50	約 60	15 以上

熔填金屬平行部分須全部為熔填金屬。若其拉伸試樣不易依上列尺度製成時，得依試樣平行部分直徑與標點距離之關係 $L = 4D$，製成試樣，此時標距宜取整數值。

11.　11 號試樣

本試樣主要用於管類按原管狀施行拉伸試驗。

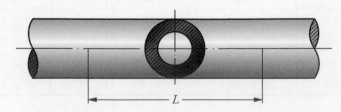

單位：mm

外徑 D	標點距離 L	平行部長度 P
原材料	50	100 以上(鎚平)

本試樣之斷面須爲由原材料截取之狀態，且兩端夾緊部分須插入心軸或鎚打扁平後，夾持在試驗機上。如鎚平時則試樣之平行部分長度須爲 100 mm 以上。

12. 12 號試樣

本試桿主要用於管類之不按原管狀施行拉伸試驗。

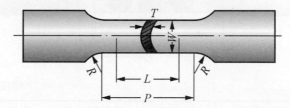

單位：mm

試樣種類	寬度 W	標點距離 L	平行部長度 P	肩部半徑 R	厚度 T
12A	19	50	約 60	15 以上	原管厚
12B	25	50	約 60	15 以上	原管厚
12C	38	50	約 60	15 以上	原管厚

試桿兩端之夾緊部分得在常溫下鎚平之。

13. 13 號試樣

本試桿主要用於板料之拉伸試驗。

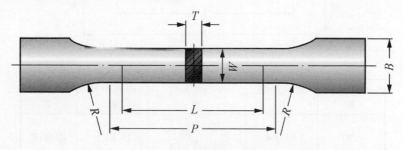

附錄 2

單位：mm

試樣種類	寬度 W	標點距離 L	平行部長度 P	肩部半徑 R	厚度 T	夾持部分寬度 B
13A	20	80	約 120	20 至 30	原厚度	—
13B	12.5	50	約 60	20 至 30	原厚度	20 以上

14. 14 號試樣

(1) 14A 號試樣：本試桿主要用於鋼料之拉伸試驗。

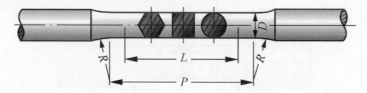

單位：mm

直徑或對邊距離 D	標點距離 L	平行部長度 P	肩部半徑 R
依材料標準之規定	圓形 5D 角形 5.65D 六角 5.26D	5.5D 至 7D	15 以上

(2) 14B 號試樣：本試桿主要用於鋼料及管類之不按原管狀施行拉伸試驗。

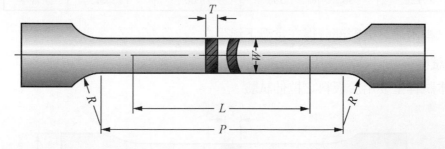

單位：mm

寬度 W	標點距離 L	平行部長度 P	肩部半徑 R	厚度 T
< 8T	$5.65\sqrt{A_o}$	至 $\dfrac{L+1.5\sqrt{A_o}}{L+2.5\sqrt{A_o}}$	15 以上	原厚度

A_o 為試樣平行部分之斷面積

(3)　14C 號試樣：本試桿主要用於管類之按原管狀施行拉伸試驗。

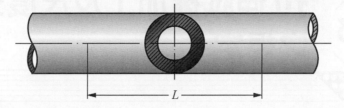

$$L = 5.65\sqrt{A_o}$$

A_o 為試樣平行部分之斷面積

附錄 3　拉伸試樣加工及尺度公差之規定

1. 試樣加工規定

首先以剪床或沖床沖成長方形，再以銑床加工成所要求的試樣尺寸，試樣不能以沖床直接沖出。

2. 試樣尺度公差規定

試樣之尺寸與平行度必須符合規定之公差內，如下表所示。

表 1　試樣平行部分標稱尺度公差

機械切削製成之直徑或寬度(mm)	直徑或寬度公差(mm)
4～16	± 0.5
16～63	± 0.7

表 2　圓形斷面平行部分尺度公差

機械切削製成之直徑(mm)	平行度公差(mm)
3～6	0.03
6～16	0.04
超過 16	0.05

表 3　矩形斷面平行部分尺度公差

機械切削製成之寬度(mm)	平行度公差(mm)
3～6	0.03
6～16	0.08
超過 16	0.10

參考資料

1. 材料工程實驗與原理　　　　　　　　　　劉增豐，葉均蔚等　編著
2. 機械工程實驗法　　　　　　　　　　　　邱燈台　編著
3. 機械工程實驗(一)　　　　　　　　　　　平正，趙善群　編著
4. 機械工程實驗　　　　　　　　　　　　　蔣麟，葉都源　編著
5. 機械工程實驗(一)　　　　　　　　　　　吳炳南　編著
6. 金屬材料試驗　　　　　　　　　　　　　江詩群　編著
7. 材料試驗　　　　　　　　　　　　　　　賴耿陽　編譯
8. 金屬材料與試驗法　　　　　　　　　　　徐景福　編譯
9. 材料試驗　　　　　　　　　　　　　　　吳思明　編著
10. 鐵鋼組織顯微鏡圖說　　　　　　　　　　賴耿陽　編譯
11. 鐵鋼顯微鏡組織與解說　　　　　　　　　徐開鴻　編著
12. 熱處理　　　　　　　　　　　　　　　　金重勳　編著
13. 機械材料　　　　　　　　　　　　　　　金重勳　編著
14. 金屬熱處理　　　　　　　　　　　　　　黃振賢　編著
15. 金屬材料　　　　　　　　　　　　　　　呂璞石，黃振賢　編著
16. 非破壞檢測　　　　　　　　　　　　　　鄭銘文　編著
17. 非破壞檢測在製造工業方面的應用　　　　徐鴻發　編著
18. 常用之非破壞檢驗　　　　　　　　　　　歐陽旭　編著
19. 材料手冊(鋼鐵材料)　　　　　　　　　　中國材料科學會　編印
20. ASM, Metals Handbook, Ninth Edition
21. "Classroom Training Handbook Nondestructive Testing" General Dynamics Convair Division
22. "Physical Metallurgy Principles" Robert E. Reed-Hill

國家圖書館出版品預行編目資料

機械材料實驗 / 陳長有等編著. –– 四版. –– 新北
　市 ： 全華圖書, 民 109.06
　　面 ； 　公分

ISBN 978-986-503-414-6(平裝)

1. CST：機械材料力學　2. CST：實驗

446.12034　　　　　　　　　　　109007019

機械材料實驗

作者／陳長有、許禎祥、許振聲、陳伯宜、楊棟賢
發行人／陳本源
執行編輯／楊煊閔
封面設計／楊昭琅
出版者／全華圖書股份有限公司
郵政帳號／0100836-1 號
印刷者／宏懋打字印刷股份有限公司
圖書編號／0157703
四版二刷／2022 年 09 月
定價／新台幣 320 元
ISBN／978-986-503-414-6(平裝)
全華圖書／www.chwa.com.tw
全華網路書店 Open Tech／www.opentech.com.tw
若您對本書有任何問題，歡迎來信指導 book@chwa.com.tw

臺北總公司(北區營業處)
地址：23671 新北市土城區忠義路 21 號
電話：(02) 2262-5666
傳真：(02) 6637-3695、6637-3696

南區營業處
地址：80769 高雄市三民區應安街 12 號
電話：(07) 381-1377
傳真：(07) 862-5562

中區營業處
地址：40256 臺中市南區樹義一巷 26 號
電話·(04) 2201-0405
傳真：(04) 3600-9806(高中職)
　　　(04) 3601-8600(大專)

歡迎加入 全華會員

全華會員

● 會員獨享

會員享購書折扣、紅利積點、生日禮金、不定期優惠活動⋯等。

● 如何加入會員

填妥讀者回函卡直接傳真 (02) 2262-0900 或寄回，將由專人協助登入會員資料，待收到
E-MAIL 通知後即可成為會員。

如何購買 全華書籍

1. 網路購書

全華網路書店「http://www.opentech.com.tw」，加入會員購書更便利，並享有紅利積點
回饋等各式優惠。

2. 全華門市、全省書局

歡迎至全華門市(新北市土城區忠義路 21 號) 或全省各大書局、連鎖書店選購。

3. 來電訂購

(1) 訂購專線：(02) 2262-5666 轉 321-324
(2) 傳真專線：(02) 6637-3696
(3) 郵局劃撥 (帳號：0100836-1　戶名：全華圖書股份有限公司)

※ 購書未滿一千元者，酌收運費 70 元。

全華網路書店 www.opentech.com.tw
E-mail: service@chwa.com.tw

※ 本會員制如有變更則以最新修訂制度為準，造成不便請見諒。

讀者回函卡

填寫日期：　／　／

姓名：

生日：西元　　　年　　　月　　　日　性別：□男 □女

電話：（　　）　　　　傳真：（　　）　　　　手機：

e-mail：（必填）

註：數字零，請用 Φ 表示，數字 1 與英文 L 請另註明並書寫端正，謝謝。

通訊處：□□□□□

學歷：□博士 □碩士 □大學 □專科 □高中・職

職業：□工程師 □教師 □學生 □軍・公 □其他

學校／公司：　　　　　　　　科系／部門：

・需求書類：

□A.電子 □B.電機 □C.計算機工程 □D.資訊 □E.機械 □F.汽車 □I.工管 □J.土木

□K.化工 □L.設計 □M.商管 □N.日文 □O.美容 □P.休閒 □Q.餐飲 □B.其他

・本次購買圖書為：　　　　　　　　書號：

・您對本書的評價：

封面設計：□非常滿意 □滿意 □尚可 □需改善，請說明

內容表達：□非常滿意 □滿意 □尚可 □需改善，請說明

版面編排：□非常滿意 □滿意 □尚可 □需改善，請說明

印刷品質：□非常滿意 □滿意 □尚可 □需改善，請說明

書籍定價：□非常滿意 □滿意 □尚可 □需改善，請說明

整體評價：請說明

・您在何處購買本書？

□書局 □網路書店 □書展 □團購 □其他

・您購買本書的原因？（可複選）

□個人需要 □幫公司採購 □親友推薦 □老師指定之課本 □其他

・您希望全華以何種方式提供出版訊息及特惠活動？

□電子報 □DM □廣告 （媒體名稱）

・您是否上過全華網路書店？（www.opentech.com.tw）

□是 □否 您的建議

・您希望全華出版那方面書籍？

・您希望全華加強那些服務？

～感謝您提供寶貴意見，全華將秉持服務的熱忱，出版更多好書，以饗讀者。

全華網路書店 http://www.opentech.com.tw

客服信箱 service@chwa.com.tw

2011.03 修訂

親愛的讀者：

感謝您對全華圖書的支持與愛護，雖然我們很慎重的處理每一本書，但恐仍有疏漏之處，若您發現本書有任何錯誤，請填寫於勘誤表內寄回，我們將於再版時修正，您的批評與指教是我們進步的原動力，謝謝！

全華圖書　敬上

勘 誤 表

書號	頁數	行數	書名	作者
			錯誤或不當之詞句	建議修改之詞句

我有話要說：（其它之批評與建議，如封面、編排、內容、印刷品質等・・・）